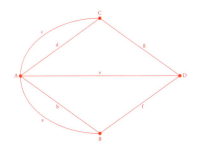

# グラフ理論の魅惑の世界

巡回セールスマン問題、四色問題、中国人郵便配達問題…

アーサー・ベンジャミン＋ゲアリー・チャートランド＋ピン・チャン　松浦俊輔訳

The Fascinating World Of Graph Theory

Arthur Benjamin, Gary Chartrand, Ping Zhang

青土社

グラフ理論の魅惑の世界　目次

まえがき　7

プロローグ　13

第1章　グラフ登場　15

第2章　グラフの分類　39

第3章　距離の分析　69

第4章　木の構成　95

第5章　グラフのトラバース　123

第6章　グラフを一周する　145

第7章　グラフの因子分解　167

第8章　グラフの分解　191

第 9 章　グラフの向きづけ　217

第 10 章　グラフを描く　241

第 11 章　グラフの彩色　269

第 12 章　グラフの同期　295

エピローグ　グラフ理論——回顧と展望　325

練習問題　331

訳者あとがき　391

参考資料　395

索引　401

## グラフ理論の魅惑の世界
巡回セールスマン問題、四色問題、中国人郵便配達問題…

# まえがき

　数学がそれにふさわしいと思われる評判を得ることはめったにない。残念ながら数学は、多くの人々にとって、難しすぎるし退屈すぎる分野だ。勉強し、理解するためにかけなければならない手間が大きすぎる。他の科目ほど楽しくない。最近では、アメリカの高校生が数学と理科で他の国の高校生にどれほど負けているのかという記事が数多く出ている。アメリカの大学を数学で卒業して学士号を取る人数が顕著に減っているという記事もある。理由がどうあれ、数学で十分におもしろがれるアメリカの才能ある高校生がそこそこいるとは、とうてい言えない。これは多くの生徒にとって機会の逸失だし、アメリカにとってもこれは機会の逸失だ。数学の中には多くの分野があり、われわれ数学者というのは、その分野がどれも血湧き肉踊るようなものだと思うものである。そんな分野それぞれの多くの興味深い定理の背後に、それがどのようにもたらされたかについての歴史――熱心な数学者が興味深く重要なことを発見した話――がある。そうして得られた定理は、発見した当人たちにとって魅力的だっただけでなく、多くの場合、他の人々にとっては驚きにもなった。多くの場合、こうした定理は――数学の内でも外でも――驚くほど役に立つことがわかっている。本書でのわれわれの目的は、数学に数々ある特筆すべき領域の一つを読者に紹介することだ。大きな喜びをもって、皆さんを

「グラフ理論の魅惑の世界」

に入っていただくようお招きする。

他のどんな学問分野でもそうだが、数学もいくつかの領域から成る。多くの点では似ているが、それぞれに独自の特徴がある。おそらく誰もがいちばんなじみがある領域と言えば、代数、幾何、三角法、微積分といったところが入るだろう。そうした科目を学習し、理解するのには、自分でも相応の手間をかける必要があっただろうが、それでも、希望的に言えば、興味を引くところもあったのではないか。もちろん、数学でなくても勉強するのは楽しいはずだ。それにしても、数学のあれこれの分野は、どこからやって来たのだろう。この問いへの答えは、人々に——おのおのの好奇心、想像力、巧妙さに——由来するということになる。その人々の多くは数学者だったが、中にはそうでない人々もいた。ときには——読んでいる皆さんがそうである（かつてそうだった）ような——学生だった場合もある。

　本書でのわれわれの目標は、グラフ理論という、今まであまり、あるいはまったく触れたことがないかもしれない分野に読者を案内することだ。この数学の分野がいかに興味深いかを示したいし、数学そのものが、ただ興味深いだけでなく、実に刺激的でありうることもわかってもらいたい。そこで、まずは案内に任せてついて来ていただきたい。そこが、われわれがグラフ理論の領域を巡る魅惑の旅路になると思っているところだ。この分野にある多くの興味深いテーマを紹介したいだけでなく、そうしたテーマがどのように見つかったかをわかってもらいたいし、それを使えば解ける問題も紹介したい。

　本書で取り上げることはたくさんあるが、その中には、実に興味深い問題、あるいは疑問が、数学的に解決されるだけでなく、数学のあるテーマ全体につながる場合が多々あるという話もある。深い、あるいは高度な数学を解説することが意図ではないが、一定の数学的命題が真であることを、われわれはどうやって納得できるかについても理解してもらいたい。

　第1章は、いくつかの興味深い問題から始まる。それはすべて、本

書の中心概念、つまりグラフによって、数学的に見ることができる。そうした問題の中には歴史的に重要だったものもあり、後の章で、問題を解くための十分な情報を解説したうえで、あらためて戻ってくる。この章では、グラフ理論の分野に出てくる根本的な概念を取り上げ、最後には、「グラフ理論の第一定理」とも呼ばれる定理を紹介する。グラフのすべての頂点の次数(ディグリー)を合計するとどうなるかという話だ。

　第2章ではまず、数学のいろいろな分野から、美しいと言われた定理を取り上げる。ここではグラフ理論がこのランキングでも上位にあることだけでなく、とくに一人の数学者がランキングの上位に挙がることも見る。そこに出てくる定理の一つから、正則グラフと呼ばれる大いに研究されたグラフの一区分が導かれる。それを元に、グラフの頂点の次数についてある程度解説する。この章の残りではグラフの構造に関するいくつかの概念や考え方を取り上げ、しめくくりには、グラフ理論の大きな謎となる、まだ誰も解けていない問題を取り上げる。

　第3章は、グラフにありうる最も根本的な性質について述べ、どの2点間でも移動が可能なグラフという考え方を取り上げる。そこから、グラフにある各地点どうしの距離や、しかじかの位置から見て遠い位置、近い位置という問題が出てくる。この章の最後には、エルデシュ数というちょっとユーモラスな概念を取り上げる。これは20世紀の高名な数学者、ポール・エルデシュと共同研究を行なったことがある数学者と共同研究を行なったことがある数学者と共同研究を行なったことがある……数学者を元にした概念だ。

　第4章は、連結したグラフが持てる中で最も単純な構造に関するもので、そこから木(ツリー)と呼ばれる区分のグラフが得られる――木に見えることが多いからである。こしたグラフは化学と関係があるし、解決のために各段階で判断をしなければならないような問題を解く助けにもなりうる。この章では最後に、任意の2地点間を最も安く移動できるようにする自動車道路網という実践的な問題を取り上げる。

まえがき　9

グラフ理論には興味深い歴史がある。この領域は、18世紀に傑出した数学者レオンハルト・オイラーが、「ケーニヒスベルクの橋」と呼ばれる問題を紹介され、それを解いただけでなく、もっと複雑な問題について論じたことに始まると、おおかた認められている。そのため、グラフの中にはオイラーの名がついた区分もあり、それを第5章で取り上げる。この章のしめくくりは中国人郵便配達問題という、やはり有名な問題で、こちらでは、郵便配達員がとれる最短の巡路が対象となる。

　第6章は19世紀の有名な物理学者で数学者、ウィリアム・ローワン・ハミルトンの名がついたグラフを取り上げる。ハミルトンはグラフ理論とはほとんど関係がなかったが、「イコシアン計算」という概念に達したのはこの人物で、ハミルトンはこれによって、十二面体を、各頂点を1回だけ通って一巡りする経路を探すというゲームを考えた。20世紀の半ば頃からは、この概念にかかわる理論的な結果が爆発的に登場してきた。この章の最後には、一定の条件に合う地点すべてを回るいちばん費用のかからない最短経路を求めるという、実用的な意味のある問題を取り上げる。

　ある対象の集合が、何らかの形で他の対象の集合と対として組み合わせられるかどうかという問題は多い――たとえば求職者と求人を組み合わせたり、人を人と組み合わせたり。第7章で取り上げるこの種の問題が元になって、19世紀の末に、グラフ理論が初めて数学の理論的な領域として検討されることになり、さらには、本書で解説されるこの構造について、「グラフ」という言葉が用いられるようになった。グラフ理論のこの問題を元にすると、どれだけ異なった種類のスケジュールの立て方がありうるかもわかる。

　第8章は、何かのグラフが他の種類のグラフ、主として閉路（サイクル）に分けられるかどうかという問題に関係する。特定の完全グラフが何らかの形で三角形に分けられるかどうかは、19世紀半ばに、数学者のトマ

ス・カークマンがある問題を立て、さらにそれを解いたときに遭遇した状況だった。この問題は「カークマンの女生徒の問題」と呼ばれることが多い。グラフの分解問題と関係するのが、グラフの頂点に一定の整数でラベルを付けて、その頂点から出る辺に、望まれるラベル付けができるかという問題である。この章は、「インスタント・インサニティ」と呼ばれるもどかしいパズルと、グラフを使ったその解き方という話で終える。

移動の際に一方通行の道路を使わなければならない状況があり、これは辺に方向を割り当てるグラフでモデル化される。これは有向グラフという概念を生む。この構造は競技会の試合(トーナメント)を表すのにも使える。ここでは辺に方向を割り当てることが、一方が他方に勝つことを表す。このことにかかわる数学を第9章で紹介する。この章のしめくくりには、投票方式によって結果が驚くほど異なるという話をする。

ある興味深い問題は、平面で辺が交わることのないようにグラフが描けるかという面から見ることができる。それは第10章で紹介する平面的グラフの概念で取り扱われる。こうしたグラフについては豊かな理論があり、この章ではそれを取り上げる。ここで取り上げられる問題の一つに、「煉瓦工場問題」という、第2次大戦中の収容所で生まれた問題がある。

数学でも有名な問題の一つは、どんな地図でも、隣りあう領域の色が異なるように四色で彩色することは可能かということに関係する。このいわゆる「四色問題」は、19世紀半ばの若いイギリスの数学者が考えたもので、この問題が知られるようになるにつれて、名声も関心も得た。「四色問題」は、解決にかかった時間の長さだけでなく、それを解くのに用いられた方法が異論を呼んだことでも知られ、第11章ではそのことも取り上げる。そこからグラフの頂点を彩色する話になり、さらにそれがスケジュールの問題から交通信号の切替の問題といったいくつかの問題を解くのに使えるという話になる。

グラフの頂点を彩色する問題を考えることは実践・理論両面から興味深いだけでなく、辺の彩色を考えるのも興味深い。これが第 12 章のテーマとなる。辺彩色の問題も、一定の種類のスケジュール問題を解く助けになる。またラムゼー数という数の区分をグラフ理論で考えることにもつながる。この章の最後では、「道色分け定理」と呼ばれる興味深い定理の話をする。これは、一方通行路だけから成り、各地点から出る道路の数が同じである交通網では、移動者が現時点で道路網上のどこにいるかに関係なく、ある目的地へ達するための指示となりうるように彩色できるという話だ。

　本書の主たる目的は、数学のたった一つの分野がいかに興味深くおもしろいかを明らかにすることだが、本書は教科書として使うこともできる。巻末には「練習問題」の部があり、それぞれの章に関係する練習問題が何題か収められている。

　最後にこの場を借りて、プリンストン大学出版のスタッフの方々、とくにヴィッキー・カーン、セーラ・ラーナー、アリソン・アヌツィス、クイン・ファスリングや、お名前を存じあげない校正者の方々の専門家としての支援に感謝する。いただいたご意見、細部に関する配慮が本書を大きく改善してくれた。著者一同、記して感謝する。

A・B、G・C、P・Z

# プロローグ

　従来の数学の教科書では、一般に、科目をボトムアップで展開し、基礎的で易しい結果から始め、徐々に歯ごたえのある高度な結果へと進んでいく。本書はそういうやり方はしていない。むしろ、われわれの意図は、魅力ある、美しい内容と考えられるものを、読者の関心を維持し、それで？ それで？ と思ってもらえるような順番で紹介することにある。結果を証明する場合もあるが、そうはしていないこともある。証明をしない場合には、直観的な見通しを提示したり、詳しい情報が載っている資料を紹介したりする。しかしそうは言いながらも、本書を教科書として使いたいと思ってくださる先生がおられる場合に備えて、巻末には各章に応じた練習問題を多数収録した。

　　　＊＊＊＊

　そこで作曲家のスティーヴン・ソンドハイム〔「今夜はコメディ（コメディ・トゥナイト）」というテレビ番組の主題歌の作曲家。以下はその替歌〕にお詫びとお礼を申しつつ、これからご案内することにしよう……

　なじみでもあり、
　特異でもあり、
　みんなのために、
　今夜はグラフ理論！

　有向のものもあり、

連結の場合もたくさんあり、
役に立ってしかも意外、
今夜はグラフ理論！

複雑なことはなし、
完成していることはあり、
離散的であることは間違いなし。

こっちに向${}^{オリエンテーション}_{}$きづけ、
新たな応用${}^{アプリケーション}$、
平明に言えば平面には、
四色で十分だよん！
微積分は明日にして、
今夜はグラフ理論！

# 第1章
# グラフ登場

「グラフ」と呼ばれる数学的構造物には、私たちが遭遇するかもしれない状況や問題を視覚化し、分析し、一般化し、多くの場合にはそれをもっとよく理解する助けとなり、もしかすると答えを見つけるのを支援することもあるという貴重な特色がある。まず、どういうふうにそうなって、こうした構造物がどんなふうに見えるかという話から始めよう。

## まず……4問

独特の数学的な雰囲気がある四つの問題から始めよう。ただ、この問題を解こうとするときには、これに出会う前に想像されそうな数学はいっさい使わないように見える。それでも、こうした問題はすべて分析できるし、比較的新しい数学的対象の力を借りて、いずれ解くこ

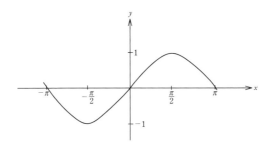

図1.1　ここでは取り上げないタイプのグラフ

とができる。その数学的対象がグラフなのだ。ここで参照しようとしているグラフは、グラフと言って一般に思い浮かべられるものとは違う。たとえば、図 1.1 には、$y = \sin x$ のグラフが示されている。本書でグラフと呼んでいるものは、この類のものではない。

## 5 人の王子の問題

　昔々あるところに、王様が治める国があって、王様には 5 人の息子がいました。王様が亡くなるとき、その国は 5 人の息子のために五つの領地に分けて、それぞれの領地が他の 4 人の息子と境界線で接するようにすることを望みました。そんなことができるのでしょうか。

　図 1.2 には、王様の望みを叶えようとしてできていない例を示す。1, 2, 3, 4, 5 という番号がついた五つの領地は、4 と 5 のあいだ以外には、何らかの境界で接している。

　王が望んだ通りに王国が五つの領地に分割できるなら、他にも成り立たなければならないことがあるだろう。それぞれの領地に一つずつ点を打って、領地どうしが境界線で接する場合は、そこの二つの点を、直線でも曲線でも線で結ぶ。A と B の領地が隣接し、C と D も領地が隣接するなら、それぞれの二つの点を結んで、その線が交わらないようにすることは必ずできる。

　たった今、初めてのグラフ（本書で言うグラフ）に遭遇したところだ。「グラフ」$G$ は点（「頂点」と呼ばれる）と線（「辺」と呼ばれる）の集合で、二つの頂点のあいだに何らかの関係があれば、辺で結ばれる。とくに言えば、図 1.2 に示した王国の五つの領地への分け方は、図 1.3 に示したグラフ $G$ になる。

　王の望みに対する答えを得ようとすれば、できるグラフには五つの頂点がなければならず、どの二つの頂点も辺で結ばれていなければならない。そのようなグラフは位数 5 の「完全グラフ」と呼ばれ $K_5$ と表される。さらに、辺がいずれも交わらないように $K_5$ が描けなけれ

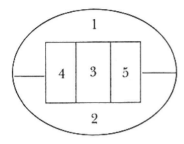
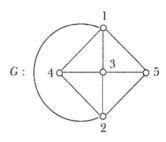

図1.2 王の望みを叶えようとした例　　図1.3 図1.2の領域を表すグラフ

ばならない。頂点 4 と 5 を結ぶ辺はないので、図 1.2 に示された王国の分割は、正解を表してはいないことになる。第 10 章まで進むと、この 5 人の王子問題にきちんとした答えが出せるようになるので、そこであらためてこの問題を取り上げることにしよう。

## 3 軒の家と 3 種の公共設備

3 軒の家が建設中で、それぞれの家を、3 種類の公共設備、つまり水道、電気、ガスにつながなければならない。どの業者も接続地点から各戸へ、途中、他の設備の配管や他の家を通らずに、直接につなぐ必要がある。さらに、3 種類の設備の業者は、どの配管とも交差せず

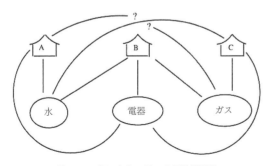

図1.4 3 軒の家と 3 種の公共設備問題

第 1 章 グラフ登場

に同じ深さに埋めなければならない。そんなことができるのだろうか。

図 1.4 は、この問題を解こうとして失敗したところを示している。3 軒の家は A、B、C で表されている。この問題はグラフの観点から見ることができるだけでなく、5 人の王子の問題ともきわめてよく似ている。この状況を、3 軒の家 A、B、C を表す三つと、三つの設備、つまり、W（水）、E（電気）、G（ガス）を表す三つの、合わせて六つの頂点で表すことができる。二つの頂点は、一方の頂点が家を表し、他方が設備を表すとき、辺で結ぶことができる。このグラフには 9 本の辺が必要となる。このグラフは $K_{3,3}$ と呼ばれ、それぞれ三つの頂点による二つの集合があり、一方の集合の頂点が、他方のすべての頂点と結ばれることを表す。「3 軒の家と 3 種の公共設備の問題」を解くには、辺が交わらないようにして $K_{3,3}$ を描けるかどうかを知る必要がある。図 1.4 の解の試みから、図 1.5 に示したグラフが得られる。

この「3 軒の家と 3 種の公共設備の問題」にも 10 章で戻ってきて、解き方を解説する。

次の問題では、頂点が人を表すグラフを紹介しよう。ここでは、ありうる二人の組合せが、知り合いか初対面どうしか、いずれかだと仮定する。

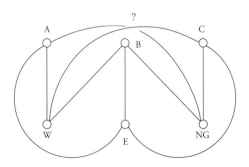

図 1.5　図 1.4 の状況のグラフによる表し方

## 3人の知り合いか、3人の初対面どうしかの問題

ある会合で、必ず3人が互いに知り合いであるか、3人は初対面かのいずれかになるようにするには、最低で何人の人が出席しなければならないか。

ここでも状況はグラフで、それも完全グラフで表せる。4人が会合に出席するとしよう。すると4頂点が4人のそれぞれに対応するグラフが得られる。二人が知り合いか初対面かを表すために、辺によってすべての頂点の対を結ぶ。すると、4頂点と6本の辺でできた、$K_4$の完全グラフができる。二人が知り合いどうしか初対面どうしかを示すために、辺を、知り合いどうしなら赤（$r$）、初対面どうしなら青（$b$）で彩色するとしよう。つまり、3人が知り合いどうしなら、グラフに赤い辺の三角形ができ、3人が初対面どうしなら青い辺の三角形ができることになる。この状況を図1.6aに示し、ここでは4人について、3人の知り合いどうし、または3人の初対面どうしが生まれないようにすることができることを表している。同様に、完全グラフ$K_5$を図1.6bのように彩色すると、5人でも指定された状況は生じないことがわかる。

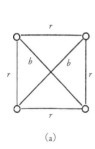
(a)

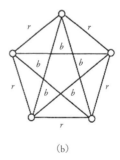
(b)

図1.6 「3人の知り合いか3人の初対面どうしかの問題」に対する答えは4でも5でもない

この3人の知り合いか、3人の初対面どうしかの問題の答えは6であることがわかっている。実際のところ、こんな早い段階でも、そのことは納得してもらえると思う。これを次のような定理として述べておこう。

**定理 1.1** 「3人の知り合いか、3人の初対面どうしか」の問題に対する答えは6である。すなわち、任意の6人のあいだでは、必ず3人が知り合いどうしか、3人は初対面どうしかのいずれかになる。

**証明** 答えが5ではないことはすでに見た。そこで、六つの頂点による、各辺が赤か青かで彩色されている完全グラフ $K_6$ を考え、結ぶ辺がすべて同じ色になる三つの頂点があることを示さなければならない。

$K_6$ の頂点を、$u, v, w, x, y, z$ で表し、たとえば $u$ に注目しよう。すると、$u$ から他の頂点につながる5本の辺がある。この5本の辺のうち、少なくとも3本は同じ色にならざるをえない。それを赤としよう。図1.7aに示したように、$v, w, x$ につながる3本の赤い辺があるとする。$u$ から $y$ と $z$ につながる辺の色はどちらでもよい。

$v, w, x$ どうしの頂点の対を結ぶ3本の辺がある。この辺のうち1本でも赤なら、たとえば $v$ と $w$ のあいだの辺が赤なら、$u, v, w$ はこ

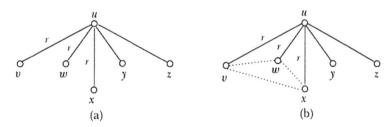

図1.7 定理1.1の証明

の会合での3人の知り合いどうしになり、赤い三角形 *uvw* で表される。逆に、*v, w, x* のどの二つを結ぶ辺も赤ではなかったら、この3本の辺はすべて青となり、*v, w, x* が互いにこの会合で初対面ということになる。このことは、青の三角形 *vwx* の辺を点線で示した図1.7b で表されている。■

次の問題は、歴史的にはあまり知られていないが、実用的な問題であり、誰でもお目にかかりそうな問題を分析するのにグラフがどう使えるかを示している。

### 求職問題

高校の生活指導の先生が、6人の熱心な生徒、ハリー（H）、ジャック（J）、ケン（K）、リンダ（L）、モーリーン（M）、ナンシー（N）のための夏期のアルバイトを見つける目的で、知り合いのいくつかの会社の重役と会った。先生は、それぞれ資格があって会社に関心がある生徒に夏期の仕事を提供する気がある6社を見つけた。6社の分野は建築（a）、銀行（b）、建設（c）、設計（d）、電子機器（e）、金融（f）だった。6人の生徒は次のような仕事に申し込んでいる。

ハリー（H）――建築（a）、銀行（b）、建設（c）
ジャック（J）――設計（d）、電子機器（e）、金融（f）
ケン（K）――建築（a）、銀行（b）、建設（c）、設計（d）
リンダ（L）――建築（a）、銀行（b）、建設（c）
モーリーン（M）――設計（d）、電子機器（e）、金融（f）
ナンシー（N）――建築（a）、銀行（b）、建設（c）

(a) この状況をどんなグラフで表せるか。
(b) 各生徒は自分が申し込んだどれかの仕事を得られるか。

**解**

(a) 頂点が12あり、そのうち六つは頭文字 H, J, K, L, M, N と記号化される6人の生徒を表し、残りの六つの頂点 a, b, c, d, e, f は六つの業種を表す。一方の頂点が業種を表しもう一つの頂点がその業種に応募する生徒である場合に両者を辺で結べる（図1.8）。

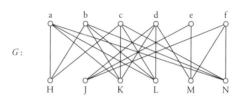

図1.8　グラフによる求職のモデル化

(b) 答えは得られる。グラフ G の辺 Ha, Je, Kd, Lb, Mf, Nc は、これが可能であることを示している（図1.9）。この状況では、ケンが得られる夏期のアルバイトの業種は設計となる。この会社がケン以外の誰かを雇いたいとしても、6人全員が申し込んでいる夏期のアルバイトを得られるだろうか。◆

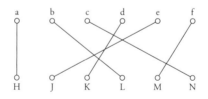

図1.9　就職状況の図解

このような「マッチング」問題については第7章でもっと詳しく見ることにする。

## 次は……有名な4問

今度は、グラフ理論の歴史で重要なだけでなく（歴史については後で述べる）、グラフ理論内部の新たな領域につながった四つの問題を取り上げる。

1736年、ケーニヒスベルクの町はヨーロッパのプロシアにあった。町の中をプレーゲル川が流れ、町を四つの区域に分けていた。あちこちに合わせて7本の橋がかかっていた。図1.10はケーニヒスベルクの地図を示しており、四つの区域はA, B, C, Dで表され、橋はa, b, …, gで表されている。

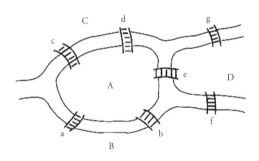

図1.10　ケーニヒスベルクとその7本の橋についての有名な問題

### ケーニヒスベルクの橋問題

ケーニヒスベルクを、7本の橋をすべて1回ずつ渡って巡ることはできるか。

ケーニヒスベルクの町とこの問題は、グラフ $G$ で表せる——もっとも、正確にはグラフではない。$G$ には四つの頂点があり、それぞれが陸上の各区域を表し、二つの頂点は、その二つの区域を結ぶ橋の数に等しい数の辺で結ばれている。ここで得られるものは「マルチグラ

フ」と呼ばれるが、それは同じ対の頂点を複数の辺で結ぶことによる。マルチグラフ $G$ を図1.11に示した。このマルチグラフを使うと、ケーニヒスベルクの橋の問題は、それぞれの辺を1回ずつ使って $G$ を巡ることは可能かというのと同じになる。実際には、歩き始めと同じ区域で歩き終わるのか、それとも歩き始めと違う区域で終わるかによって、問題は二つになる。どちらの問題への答えも、第5章で示すことにする。

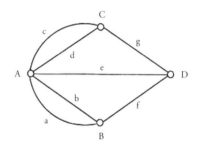

図1.11　ケーニヒスベルクの橋問題を表すマルチグラフ

さて、1852年、イギリスの地図では、境を接する州どうしの色が異なるように州を彩色するには4色でできることがわかった。そこからもっと一般的な問題が出てくる。

### 四色問題

複数の領域から成る地図では、境を接する二つの領域の色が必ず異なるように彩色することは、4色以下で可能か。

図1.12の地図は10の領域に分けられている。この領域は、1, 2, 3, 4の4色で彩色できる。結果的に言うと、この地図は境を接する二つの領域の色が必ず異なるようにすると、3色では彩色されない。

この例と、一般に「四色問題」は、グラフを使って調べることがで

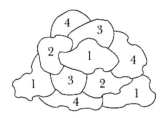

図 1.12　領域が 4 色で彩色できる地図

きる。各領域に点を置き、5人の王子の問題のときと同様に、境を接する領域どうしなら、2点を線で結ぶ。こうしてできるすべてのグラフは、辺を交差させることなく描ける。領域を彩色するのではなく、できたグラフの頂点を彩色し、辺で結ばれる2頂点の色がどれも異なるようにすることができる。このことは、図 1.12 の地図について、図 1.13 に図解してある。「四色問題」については第 11 章でもっと詳細に取り上げる。

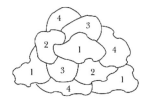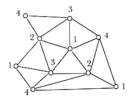

図 1.13　図 1.12 の地図を表すグラフの頂点を彩色する

　幾何学で「多面体」と言うと、3次元の立体で、それぞれの面が多角形となっている。図 1.14 は二つの多面体、立方体と八面体を示している。一般に、多面体の頂点の数を $V$、辺の数を面の数を $F$ で表す。どちらの多面体についても、$V-E+F=2$ となっている。

　1750 年、$V-E+F=2$ はあらゆる多面体に成り立つ式かという問題が出てきた。

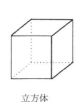

立方体
$V=8, E=12, F=6$
$V-E+F=8-12+6=2$

八面体
$V=6, E=12, F=8$
$V-E+F=6-12+8=2$

図 1.14　立方体と八面体

**多面体問題**

$V$ 個の頂点、$E$ 本の辺、$F$ 枚の面がある多面体について、$V-E+F=2$ か。

すべての多面体は、辺が交わらないグラフで表すことができる。立方体と八面体に対応するグラフは図 1.15 に示してある。ここではグラフの頂点の数 $n$ が多面体の頂点の数 $V$ で、グラフの辺の数 $m$ が多面体の辺の数 $E$ で、グラフの領域の数 $r$（外側の大きな領域も含む）は多面体の面の数 $F$ に等しい。このようなグラフすべてについて $n-m+r=2$ が示せれば、多面体問題は解けたことになる。これも第 10 章で

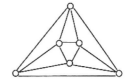

立方体のグラフ
$n=8, m=12, r=6$
$n-m+r=8-12+6=2$

八面体のグラフ
$n=6, m=12, r=8$
$n-m+r=6-12+8=2$

図 1.15　立方体と八面体のグラフ

取り上げる。

図 1.16 に示したような、十二面体という多面体もある。この多面体については、$V=20, E=30, F=12$ で、ここでも $V-E+F=2$ となる。1856 年には、十二面体の辺を、頂点を 1 回ずつ通ってたどり、戻って来られることがわかった。そのように一巡する道を求めることは、「世界一周問題」と呼ばれる。それができれば、十二面体のグラフの辺を、頂点を 1 回ずつ通過して一巡できる。十二面体に対応するグラフは図 1.17 に示してある。この場合、グラフ上の世界一周の巡路は、太線で引かれた辺をたどればよい。問題は、どのグラフがこの特性を持つかに関して生じる。

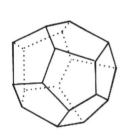
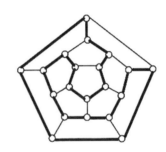

図 1.16　十二面体　　　図 1.17　十二面体のグラフでの一巡のしかた

**世界一周問題**

グラフの各頂点をちょうど 1 回ずつ通ってグラフの辺をたどる巡路があるという性質を持っているのは、どんなグラフか。

この問題は第 6 章で取り上げる。

## グラフ、ゲーム、ギャラリー、交通整理

チェスはずっと数学的なゲームと考えられてきた。そうなるとたぶ

ん、グラフ理論とつながりのあるチェスがらみのパズルや問題があると言っても意外ではないだろう。そうした問題の第一は、西暦840年までさかのぼる。

チェスの駒、ナイトは、2マス進み、進んだ方向に直角に右か左へ1マス移ったところへ進める〔いわゆる「桂馬跳び」が前後左右にできる〕。したがって、ナイトは必ず、元いたマスとは色が違うマスへ進む。

**ナイトツアー・パズル**

チェスのルールに従って、ナイトの駒が、8×8のチェス盤を、それぞれのマスにちょうど1回ずつ寄って巡り、最初のマスに戻って来られるか。

図1.18は、(1) チェス盤、(2) 840年に示されたナイトツアー・パズルの答え(マスにつけた数字はマスに寄る順番を示す)、(3) グラフを使って示した答え(チェス盤のそれぞれのマスが頂点で、2頂点を結ぶ辺は、ナイトの進み方を表す)を示す。したがって、この問題は前節で触れた「世界一周問題」に大いに似たところがある。

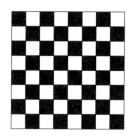 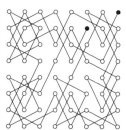

図1.18 ナイトツアー・パズルの解

次のチェス問題は、別の駒、クイーンがかかわる。クイーンは、空いたマスならどの方向にも(縦、横、斜め)何マスでも進める。クイーンは、規則に沿った一手でそのマスに達する(そこにいる駒を取る)こ

とができるなら、そのマスに利いていると言われる。チェス盤のマスに4個のクイーンを置いて、どの空いたマスもクイーンが利いているようにする方法はないことが知られている。次の問題は、5個のクイーンでできるかどうかを問うている。

## 五つのクイーンのパズル

8×8のチェス盤に、5個のクイーンを、どの空いたマスも少なくともいずれか一つのクイーンが利いているように置くことはできるか。

この問題の答えは「できる」である。チェス盤上でのそのような五つのクイーンの配置の一つを図1.19に示した。ここでもグラフ $G$ を考えて、64個の頂点がチェス盤のマスを表し、クイーンが二つのマスのあいだを一手で移動できるときに2頂点を辺で結ぶとしよう。「五つのクイーン」のパズルは、このグラフで、59個の頂点のそれぞれが、五つの頂点のうち少なくとも一つが他の59個の頂点のどれとも結ばれることを言う。これについては、第3章でグラフの支配という概念を取り上げる際にあらためて述べる。

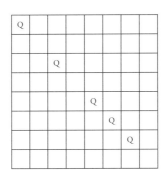

図1.19 チェス盤上のすべての空いたマスに利いている五つのクイーン

## 例 1.2

ある有名な美術館には 12 の部屋 $r_1, r_2, \cdots, r_{12}$（図 1.20）があり、そこに高価な絵が展示されている。どの部屋にも隣の部屋につながる出口がある。

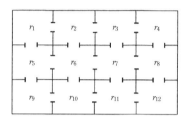

図 1.20 美術館の 12 の部屋

（a）この状況をグラフで表せ。
（b）四つの部屋に警備員を配置して、すべての部屋に警備員がいるか、隣の部屋にはいるか、いずれかになるようにすることはできるか。

**解**

（a）$G$ を、頂点の集合 $V = \{r_1, r_2, \cdots, r_{12}\}$ による位数 12 のグラフとすると、二つの頂点が隣りあう部屋を表すなら、その 2 頂点は

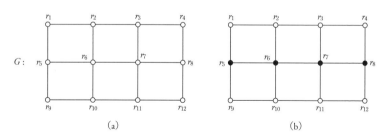

図 1.21 グラフによる美術館のモデル化

隣接する〔辺で結ばれる〕(図 1.21a)。

(b) 4人の警備員が $r_5, r_6, r_7, r_8$ にいれば、すべての部屋に警備員がいるか、警備員のいる部屋の隣かになる。グラフ $G$ では、このことは、すべての頂点が、頂点 $r_5, r_6, r_7, r_8$ のいずれかであるか、その四つのうちの一つの隣になっているかということを意味する。この状況から、他に二つの問いが考えられる。

(1) 部屋 $r_5, r_6, r_7, r_8$ に警備員を配置することによって、警備員のいない8部屋は警備員のいる部屋一つだけの隣になる。こうした部屋のうち、いくつかが複数の警備員の近くにあれば役に立つだろう。4人の警備員を、警備員がおらず、警備員のいる部屋一つだけの隣になる部屋の数が8より少なくなるように配置することはできるか。
(2) 4人より少ない警備員で、すべての部屋について、警備員がいるか、警備員のいる部屋の隣の部屋か、いずれかになるようにすることはできるか。◆

## 例 1.3

図 1.22 は、交通量が多い二つの街路の交差点を示している。L1, L2, …, L7 という7本の車線があり、車両はそこでこの2本の街路の交差点に入ることができる。この交差点には信号が1台設置されている。この交通信号の表示の一つ段階ごとに、信号が青となっている各車線の車は交差点を渡ることができる。

(a) この状況をグラフで表せ。
(b) 四つの段階があれば、すべての車線の車が交差点を渡れるかどうかを判定せよ。

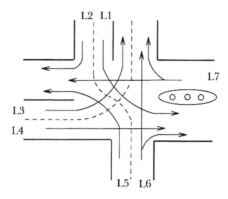

図 1.22 交差点での車線

**解**

(a) $G$ を頂点集合が $V = \{L1, L2, \cdots, L7\}$ のグラフとする。二つの頂点（車線）は、その二つの車線にいる車が事故の可能性があるため同時に交差点に入れないとき、辺で結ばれる（図 1.23）。

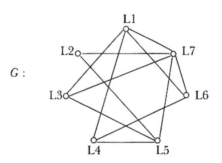

図 1.23 交差点での車線のグラフによるモデル

(b) 車線 L1 と L2 にいる車は同時に交差点に進入できるので、信号はどちらに対しても同時に青となりうる。同じことは L3 と L4、L5 と L6、L7 について言える。これを {L1, L2}, {L3, L4}, {L5,

L6}, {L7} と表してもよい。これは {L1, L5}, {L2, L6}, {L3}, {L4, L7} としても達成できる。◆

(b) の問いは別の問いも呼ぶ。信号の表示が 4 種類より少なくても、すべての車線の車両が交差点を通過することは可能か。この種の問題は、第 11 章で検討し、答えを出す。

重みや色で辺にラベルをつけると便利なグラフの例はたくさんあるが、辺に「向き」を与えることにすると、選好関係や一方通行路を示すことができる。完全グラフ $K_n$ のすべての辺に向きをつけると、$n$ 人の選手による「トーナメント」〔「競技大会」といった意味で、必ずしも「勝ち抜き」ではない〕ができる。辺の方向は、二人の選手が争った試合の勝者を示す。第 9 章では、次のような驚くべき帰結を発見する。

$n$ 人の選手によるどんなトーナメントでも、選手 1 が選手 2 に勝ち、選手 2 が選手 3 に勝ち、選手 3 が選手 4 に勝ち……と続けて選手 $n-1$ が選手 $n$ に勝つというふうに選手を表す方法が必ずある。

図 1.24a は完全グラフ $K_5$ を示し、記号 $u, v, w, x, y$ は、どの二人も何らかのスポーツの試合に参加するような 5 人を示している。図 1.24b

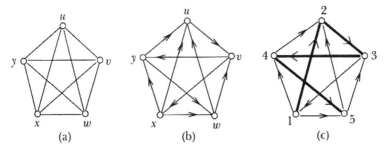

図 1.24　5 選手によるトーナメントの結果

は、こうした10試合の結果を示す。選手 $u, v, w, x, y$ をそれぞれ 2, 3, 5, 1, 4 とすると、図 1.24c に示されているように、選手1は選手2に勝ち、選手2が選手3に勝ち、以下同様となる。

## グラフ理論登場

ここで取り上げたゲーム、パズル、問題、帰結は、元からグラフ理論の一部だったわけではない。そもそもグラフ理論と呼ばれる数学の領域がなかったからだ。それが変化したのは、1891年、グラフを数学的な対象として扱う最初の純粋に理論的な論文が、デンマークの数学者ユリウス・ピーターセン（1839～1910）によって書かれていたときだった。ピーターセンがこうした対象を「グラフ」の名で呼んだことが、たぶん、その後ずっとその名が使われることの決定的な因子だったのだろう。この用語を何度も使っているいっぽうで、われわれはまだグラフの正式な定義を明らかにしていないし、グラフに関する基本的な用語を述べてもいない。そろそろ、それを行なうときだろう。そうした用語を数学者がどう定義するかについては、いくらかばらつきがあるが、本書で示す定義はよく使われている。

すでに記していて、読者もすでに経験しているように、グラフは線図、たとえば図 1.25 にあるようなもので表すことができる。グラフに関しては、二つの集合、頂点集合 $V$ と辺集合 $E$ がある。たとえば、

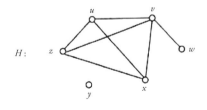

図 1.25　グラフ

図1.25のグラフ $H$ には、$V=\{u, v, w, x, y, z\}$ と $E=\{uv, ux, uz, vw, vx, vz, xz\}$ がある。すべてのグラフで、こうした集合は有限であり、無限個の点があることはない。また、$E$ のすべての元は $V$ の異なる二つの元でできている。順番は問わない(たとえば、辺 $uv$ は辺 $vu$ と同じ)。数学者は $E$ の元を $V$ の2元部分集合と呼ぶ。

数学者が採用するグラフの正式な定義は、次のようになる。「グラフ」$G$ は、「頂点」と呼ばれる対象の有限で空でない集合 $V$ で、$V$ の2元部分集合からなる集合 $E$ を伴う。$E$ の各元は $G$ の「辺」と言われる。集合 $V$ と $E$ は、それぞれ $G$ の「頂点集合」と「辺集合」と呼ばれる。実際には、$G$ は $G=(V, E)$ と書かれることが多い。グラフ $G$ の頂点集合と辺集合は、$V(G)$、$E(G)$ と書いて、グラフ $G$ が関係することを強調することがある。

グラフ $G$ にある頂点の数は、$G$ の「位数」と呼ばれ、$G$ にある辺の数はその「サイズ」と呼ばれる。

グラフの位数とサイズはふつう、それぞれ $n$ と $m$ で表記される。図1.25のグラフ $H$ については、位数 $n=6$ で、サイズ $m=7$ となる。多くの場合、グラフ $G$ は線図によって表される(そして当の線図がグラフと呼ばれる)。そこでは各頂点が小さい円で表され(そして頂点と呼ばれ)、辺 $ab$ は頂点 $a$ と $b$ を結ぶ線分または曲線を置くことによって示される。辺 $ux$ と $vz$ は図1.25のグラフ $H$ の線図では交差するが、交点は $H$ の頂点ではない。

図1.25のグラフ $H$ の辺 $e=uv$ とすれば、頂点 $u$ と $v$ は「隣接する」と言われ、$e$ は頂点 $u$ と $v$ を「結ぶ」と言われる。頂点 $u$ と $w$ は隣接でない頂点である。$u$ と $v$ は隣接する頂点なので、互いに隣り合っている。$e=uv$ は $H$ の辺なので、頂点 $u$ と辺 $e$、$v$ と $e$ は、ともに「接続している」と言う。$uv$ と $vw$ は同じ頂点 $v$ に接続しているので、両辺

は「隣接する辺」である。辺 $ux$ と $vz$ は隣接ではない。

グラフ $G$ が線図で与えられ、$G$ の頂点集合を参照する、あるいは $G$ の個々の頂点を論じたいなら、$G$ のそれぞれの頂点にラベルを割り振ると便利になる。この場合、$G$ は「ラベル付きグラフ」と呼ばれる。他方、$G$ の頂点にラベルを付けてもどうという便利もないなら、$G$ は「ラベルなしグラフ」という。図1.26のグラフ $F$ はラベル付きグラフだが、図1.26のグラフ $J$ はラベルなしグラフである。

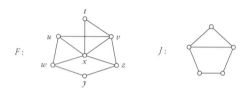

図1.26　ラベル付きグラフとラベルなしグラフ

頂点が一つだけのグラフは「単純グラフ(トリビアル)」という。つまり、単純でないグラフは少なくとも位数は2である。辺のないグラフは空グラフである。したがって、空でないグラフには少なくとも1本の辺がある。

## グラフ理論の第一定理

グラフ $G$ の頂点 $v$ に接続する辺の数は $v$ の「次数(ディグリー)」と言われ、$\deg_G v$ と表される。$v$ が $n$ 個の頂点のあるグラフ $G$ の頂点なら、$v$ には最大で $n-1$ の隣接する頂点がある。つまり、$v$ が位数 $n$ のグラフ $G$ の頂点なら、$0 \leq \deg v \leq n-1$ となる。図1.25のグラフ $H$ では、次のようになる。

$\deg y = 0$, $\deg w = 1$, $\deg u = 3$, $\deg x = 3$, $\deg z = 3$, $\deg v = 4$

次数0の頂点は「孤立点」で、次数1の頂点は「端点」と呼ばれる。

したがって、頂点 $y$ は孤立点で、$w$ は端点である。$G$ の頂点の「最小次数」は、$\delta(G)$ あるいは単純に $\delta$ で表され、「最大次数」のほうは、$\Delta(G)$ または $\Delta$ で表される。$\delta$ と $\Delta$ はギリシア語の文字デルタのそれぞれ小文字と大文字である。図 1.25 のグラフ $H$ については、$\delta = 0, \Delta = 4$ となる。どんなグラフ $G$ でも頂点の次数を足し合わせると、$G$ の各辺が 2 回ずつ数えられる。これによって次の結果が得られる。これは、グラフ理論を自分で勉強しようとすれば、これが最初に見つかりそうな定理なので、「グラフ理論の第一定理」と呼ばれることがある。

任意のグラフにおいて、頂点の次数の和は辺の数の 2 倍である。

もっと形式を整えて、語彙の念押しをすると、この事実は次のように述べられる。

**定理 1.4** $G$ を位数 $n$、サイズ $m$ のグラフとし、頂点 $v_1, v_2, \cdots, v_n$ があるとすると、

$\deg v_1 + \deg v_2 + \cdots + \deg v_n = 2m$

では位数 $n$ のグラフは何本の辺を持ちうるだろう。サイズが最大のグラフについては、すべての頂点は他の頂点に隣接していて、すべての頂点の次数は $n-1$ の完全グラフにならなければならない。定理 1.4 を適用すると、次のことがわかる。

$(n-1) + (n-1) + \cdots + (n-1) = 2m$

したがって、$m = n(n-1)/2$ となる。この問いには次のように答えてもよい。ある辺 $e$ について、$e$ にある一方の頂点の選び方は $n$ 通り、他方の頂点の選び方は $n-1$ 通りある。つまり、全部で $n(n-1)$ 通りの選び方となる。ところが $vu$ は $uv$ と同じであり、$n(n-1)$ という数は各辺を 2 回ずつ数えているので、$m = n(n-1)/2$ である。

定理 1.4 のことを、「握手のレンマ」と呼ぶ人もいる（レンマとは、数学で導かれる結果の中で、たいていは主要な関心の対象にはならないが、もっと関心を引く定理の証明で役立つようなことを指す）。人が集まっていて、その中の何組かの対で握手をするとして、一人が何人と握手するかを調べる。その数をすべて足すと、偶数になる。つまり握手の回数の2倍だ。

頂点の次数が偶数か奇数かによって、その頂点は偶、または奇と呼ばれる。図 1.25 のグラフ $H$ には二つの偶頂点と四つの奇頂点がある。グラフ $H$ の奇頂点の数が偶数であるということは、定理 1.4 の帰結である〔定理からさらに導かれる関連する帰結を「系」という〕。

**系 1.5** すべてのグラフで奇頂点の数は偶数である。

**証明** 定理 1.4 によれば、グラフの偶頂点の次数と奇頂点の次数を足すと、結果は必ず偶数になる。すると〔偶頂点の次数の和はいくら足しても偶数なので残りの〕奇頂点の次数の和は偶数であり、グラフにある奇頂点の数は偶数でなければならないということになる。■

頂点の次数については、第 2 章で相当細かく取り上げる。

# 第 2 章
# グラフの分類

　これからお目にかかり、グラフで表せるテーマや問題の多くでは、グラフの頂点の次数が取り上げられる。中には予想外の生じ方をするものもある。その一例を見るために、25 年以上前に発表された、変わった楽しい数学論文を見てみよう。

　イギリスの数学者で、数学、パズル、ゲーム、数学教育について多くの本を書いたデーヴィッド・ウェルズは、高校や大学初年級で数学が教えられるときに採られることが多い方式について、懸念を示している。ウェルズが見てとったのは、各課程にできるだけ多くの内容を詰め込むという目標があるらしく、それでは自身（や多くの人々）が重要と思っていた数学のいくつかの面を無視しかねないということだった。いくつもの大学で、数学の学生は上級になってから、研究職にある教員の研究内容を見ることができるセミナーに参加できる。そうしたセミナーでは、学生は、自分でも取り上げることができる新しい数学の概念に触れる。ウェルズは、なりたての大学生でも、一定の事項についてあれこれ考える機会を与えられるべきだと信じていた。今論じられているテーマが重要なのはなぜか。この問題に使う考え方はどこから出てきたか。この分野の背景は何か。大学初年級の数学の授業では、そうした問題に答えられることはまずない——というか、問われることすらないのだ。言い換えれば、問題を考え、問うことにもっと力点があっていい。もちろん、これはどんな分野にも（数学だけでなく）、また仕事にもあてはまり、あてはめるべきだろう。

　ウェルズは学生が大事なところを見逃していると思った。数学の美

しさについてまったく見ていないのだ。きっと読者は、「美はそれを見る者の目の中にある」という言葉を聞いたことがあるだろう。これは、美しいものは主観的だということだ。見られる側よりも、見る側のほうに左右される。それは趣味の問題、あるいは見解の問題である。そして何かが他よりも美しいかどうかは、言ってみれば程度の問題でもある。

こうした言い方はたぶん、美術や音楽にいちばんあてはまることだが、何にでもあてはまる——数学もそうだ。数学者は、概念、証明、定理が美しくなりうると考える。数学では、意外なもの、予想外のことを利用するもの、驚くべき応用があるものなどを観察することが美しくしている。ウェルズはこう問う。

数学では、過程（発見や証明の）は結果よりも重要だろうか。

そのような問いには（単純な）答えがなく、だからこそ——幸いにも——どこまでも豊かな数学や、それに対する数学者の応答の余地が残される。

## 数学における美

数学誌『マセマティカル・インテリジェンサー』1988年秋季号には、ウェルズが書いた「どれがいちばん美しいか」という題の論文が掲載された。ウェルズは読者に、24の定理を並べ、それがどれほど美しいかを判定し、0から10までの尺度で評価するよう求めた。2年後、ウェルズは結果を別の論文（「これがいちばん美しいか」という題）で伝えている。読者の投票で上位12位までに入った定理を見てみよう。

1. $e^{\pi i} = -1$.

2. オイラーの多面体定理 $V-E+F=2$.
3. 素数の個数は無限である。
4. 正多面体は五つある。
5. $1+1/2^2+1/3^2+1/4^2+\cdots=\pi^2/6$.
6. 閉じた単位円盤のそれ自身への連続写像には不動点がある。
7. 平方すると2になる有理数はない（数$\sqrt{2}$は無理数である）。
8. $\pi$は超越数である。
9. 平面の地図はすべて4色で彩色できる（「四色定理」）。
10. $4n+1$の形をした素数はすべて、一通りだけの二つの整数の平方和である。
11. 有限群の部分群の位数は元の群の位数を割り切る。
12. 任意の正方行列はその固有方程式を満たす。

上記の定理が何を言っているか、すべてはわからないかもしれないし、わからなくても意外ではないし、わかるかどうかは重要なことでもない。しかしそのうちのいくつかは見たことがあるだろう。もちろん、2と9の定理は第1章で取り上げた。

上位二つの定理は、どちらも同じ数学者、レオンハルト・オイラー（1707〜1783）による。この点には注目しておいてよい。本書ではオイラーに何度もお目にかかるが、当面、重要な数学者のリストが作られるとしたら、オイラーはどのリストでもトップテンに入っているはずだ（そしておそらく、ほとんどの人が、エウクレイデス、アルキメデス、ニュートン、ガウスといった錚々たる人々と並べてトップ5に入れるだろう）。先のリストの最上位にある定理は次のようにも書ける。

$$e^{\pi i}+1=0$$

これは、数学でもよく知られた数五つのあいだに単純な関係があることを示している。

$0$ ——加法の単位元（すべての実数 $r$ について、$0+r=r$）

$1$ ——乗法の単位元（すべての実数 $r$ について、$1 \cdot r=r$）

$\pi$ ——円にまつわる定数

$e$ ——自然対数の底

$i$ ——虚数単位

実は、自然対数の底を導入し、それを $e$ で表したのもオイラーだ。

オイラーは先のリストの5番にも関与している。この驚くべき結果を確かめたのは1735年、つまり、グラフ理論の始まりを告げるケーニヒスベルクの橋の問題に解を出した論文が出る前年のことだった。級数 $1+1/2^2+1/3^2+1/4^2\cdots$ が登場したのは17世紀で、当時の数学者はその値がおよそ8/5であることは知っていたが、正確な値を求めたのはオイラーだった。これは実に予想外のことだった。実際、アメリカの数学史家ウィリアム・ダンハムはこんなことを書いている。

> その1735年の出来事の立役者はオイラーだった。答えは数学の偉業だっただけでなく、真に驚くべきことだった……この結果が直観的でないことが、この解をさらに見事にし、それを解いた人物をさらに有名にした。

## 非正則グラフ

ウェルズが示した美しい定理のリストの上位半分からなる12の定理のうち、三つはグラフ理論と密接に関連する（2, 4, 9）。上位24の定理にはさらにもう一つ、グラフ理論の定理と解せるものがある。

20. どんなパーティでも、出席している知り合いの数が等しい人の対がある。

この定理は24定理の中での上位ではないが、それでも24のリストに

は入っている。グラフ理論の定理のようには思えないかもしれないし、数学の定理にも思えないかもしれないが、先にグラフの頂点の次数についてした話と密接に関連している。あるパーティで、どの二人も知り合いか、そうではないか、いずれかだとしよう。そこで頂点をパーティに出席している人とし、二人が知り合いであればその頂点が辺で結ばれるようなグラフ $G$ を構成する。そのとき、$G$ にある頂点のそれぞれの次数は、このパーティにいるその人物の知り合いの数となる。

グラフ理論として見た定理20が言っていることは、少なくとも二つの頂点があるグラフは、同じ次数の頂点が少なくとも二つあるということだ。これは、グラフ理論で非常に興味深い概念に直結している。位数が2以上のグラフ $G$ は、$G$ のすべての二つの頂点の次数が異なる場合、非正則という。この種のグラフの変わったところは、そんなものはないということだ。

**定理 2.1** どのグラフも非正則ではない。

**証明** 逆に、$n \geq 2$ として、位数 $n$ の非正則グラフがあるとする。$G$ は非正則なので、その頂点の次数はすべて異なる。したがって、$G$ には $0$ から $n-1$ までのすべての次数の頂点がある。しかしこれはありえない。複数の頂点があるグラフは次数 $n-1$ の頂点(他のすべての頂点に隣接する)と、次数 $0$ (他の頂点に隣接しない)の両方を持つことはありえないからである。■

数学ではしばしば、一つの問いに答えると、別の問いが見えてくる。$n \geq 2$ の整数 $n$ それぞれについて、ほぼ非正則な位数 $n$ のグラフは存在するか。グラフ $G$ が「ほぼ非正則」であるとは、$G$ に同じ次数の頂点が1対だけあるということである。この問題への答えは、「存在する」であり、小さな値の $n$ については、そのようなグラフの例を出

すのは比較的容易だ。図 2.1 は小さいほうから六つを示している。

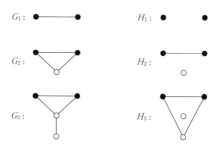

**図 2.1　同じ次数の頂点を 1 対だけ持つ 6 種類のグラフ**

グラフ $G$ の「補グラフ」$\overline{G}$ とは、$G$ と同じ頂点集合を持つ、つまり $V(\overline{G}) = V(G)$ であり、$G$ で $u$ と $v$ が隣接していないなら、その場合にかぎり、$\overline{G}$ の二つの頂点 $u$ と $v$ が隣接するというグラフのことである。位数 6 のグラフ $G$ とその補グラフ $\overline{G}$ を図 2.2 に示す。

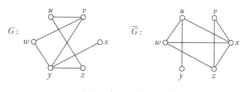

**図 2.2　グラフと補グラフ**

$v$ が位数 $n$ のグラフの頂点なら、

$\deg_{\overline{G}} v = n - 1 - \deg_G v$

であることに注目しよう。これは、二つの頂点 $u$ と $v$ がグラフ $G$ で同じ次数を持つなら、その場合にかぎり、$u$ と $v$ がグラフ $\overline{G}$ で同じ次数を持つことを言っている。念のために言うと、図 2.1 でのグラフは互いに補の対となる。$H_1 = \overline{G}_1, H_2 = \overline{G}_2, H_3 = \overline{G}_3$ である。このことは次の定理の例となっている。

**定理 2.2** $n \geq 2$ となる各整数 $n$ について、位数 $n$ のほぼ非正則なグラフは 2 種類だけあり、両者は互いに補となる。

これは定理 2.1 よりも確かめにくいが、定理 2.2 がどう証明されるか見てみよう。

**定理 2.2 の証明の考え方** 図 2.1 は頂点が 5 個未満のほぼ非正則グラフをすべて示している。頂点が 5 個の場合、ほぼ非正則グラフはどうすれば作れるだろう。簡単にできる。図 2.1 のグラフ $G_3$ を見よう。このグラフには、4 個の頂点があり、次数はそれぞれ 1, 2, 2, 3 である。$G_3$ に孤立点を一つ加えよう。これによって、頂点が 5 個で、それぞれの次数が 0, 1, 2, 2, 3 の、ほぼ非正則なグラフ $H_4$ が得られる。したがって $H_4$ の補グラフ（このグラフを $G_4$ と呼ぶ）は、次数 4, 3, 2, 2, 1 となる 5 個の頂点があり、したがってほぼ非正則である（図 2.3）。

この方式を続ければ、他にも、同じ位数のほぼ非正則グラフの対を、$G_5$ と $H_5$、$G_6$ と $H_6$ というように作ることができる（図 2.4）。

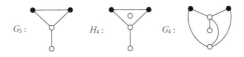

図 2.3　位数 5 のほぼ非正則のグラフを作る

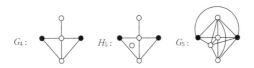

図 2.4　位数 6 のほぼ非正則のグラフを作る

位数 5 のほぼ非正則グラフは $G_4$ と $H_4$ だけかどうかは、どうすればわかるだろう。5 個の頂点があるほぼ非正則なグラフが他にもあるとしよう。$G$ は次数 0 の頂点と、次数 4 の頂点の両方を持つことはできないので、次のうち一方とせざるをえない。

（a）次数 $0, 1, 2, 3$ の頂点（そのいずれか一つの次数は 2 回出てくる）か、
（b）次数 $1, 2, 3, 4$（そのいずれか一つの次数は 2 回出てくる）

　$G$ はタイプ(a)としよう。すると、そこには孤立点は一つだけある（孤立点が二つというのはできない。その一方を除くと次数 4 の非正則グラフができることになってしまい、これはできないから）。
　$G$ から 1 個の孤立点を取り除くと、次数 $1, 2, 3$（いずれか一つは 2 回出てくる）のグラフができる。しかし、この性質をもったグラフは $G_3$ だけであることはわかっているので、元の $G$ は $H_4$ でなければならない。同様に、$G$ がタイプ(b)のものなら、その補グラフ $\overline{G}$ には孤立点が一つあり、したがって、前の論証から $\overline{G}$ は $H_4$ であることが示されているので、$\overline{G}$ は $H_4$ で、これは $G_4$ である。この論証を続けると、$G_5$ と $H_5$ は位数 6 の唯一のほぼ非正則グラフの対であることが示され、$G_6$ と $H_6$ は次数 7 の唯一のほぼ非正則グラフの対となり、以下同様となる。■

　定理 2.2 には、$n \geq 2$ となる整数 $n$ それぞれについて、位数 $n+1$ のほぼ非正則のグラフは 1 種だけあることが見えた。その頂点の次数は $1, 2, \cdots, n$ である（同じ次数の頂点が二つある）。したがって、たとえば $n = 4$ については、次数 $1, 2, 3, 4$ それぞれの頂点を持つ位数 5 のグラフがある。この性質の唯一のグラフを図 2.5 に示す。
　実は、これから見るとおり、位数 5 の場合、最大の整数を 4 として、どんな正の整数でも、それで指定される次数の頂点によるグラフがあ

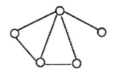

図 2.5 次数 1, 2, 3, 4 の頂点を持つ、ほぼ非正則なグラフ

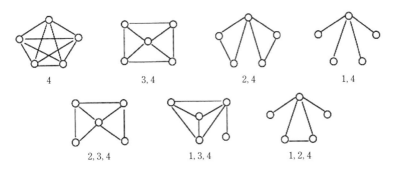

図 2.6 位数 5 で、次数の最大値が 4 となる正の次数を持つグラフ

る（図 2.6）。

結局、次のことが成り立つ。

**定理 2.3** 正の整数からなり、最大の整数が $n$ の、与えられたすべての集合について、位数 $n+1$ で、その頂点の次数がその集合の整数どおりとなるグラフがある。

**証明の考え方** これが $n=4$ について成り立つことは見た。$n=3$ について成り立つことを示すのはもっと易しく、これが $n=5$、$n=6$ について成り立つことを示すのも難しくはない。この情報を使って、最大の数が 7 となる正の整数のどんな集合をとれば、頂点がその通りの次数となる位数 8 のグラフ $G$ があることを示すことができるか、

第 2 章　グラフの分類　　47

その方法を見てみよう。たとえば、$(a, b, c, d) = (2, 5, 6, 7)$ となる $a, b, c, d$ を考えてみよう。位数 $(c-a)+1=5$ で、頂点の次数 $b-a=5-2=3$、$c-a=6-2=4$ となるグラフ $H$ があることはわかっている。このグラフ $H$ に対して、$d-c=7-6=1$ 個の孤立点を加える。さらにグラフ $K_a$（ここでは $K_2$ 〔両端を頂点とする線分〕）を加え、その各頂点と、$H$ の各頂点および先の孤立点とを結ぶ。結果として得られるグラフ $G$ は位数 8 で、その次数は 2, 5, 6, 7 である（図 2.7 を参照）。■

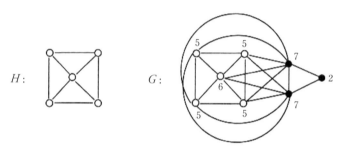

図 2.7 頂点が次数 2, 5, 6, 7 を持つ位数 8 のグラフの構成〔数字は各頂点の次数〕

## 非正則マルチグラフと、重み付きグラフ

$n \geq 2$ として位数 $n$ の非正則グラフはないが、$n \geq 3$ のすべてについて、位数 $n$ の非正則マルチグラフは存在することがわかる。マルチグラフの頂点の次数（マルチグラフの頂点の次数は頂点に接続する辺の数）が異なるなら、そのマルチグラフは非正則であると定義する。たとえば、図 2.8 のすべてのマルチグラフは非正則である。各頂点は次数でラベル付けされている。

同じ頂点の対を、多数の並行する辺で結ぶマルチグラフは描きにくい。しかし、そうした構造物の見方を変えることができる。同じ頂点 $u, v$ の対を並行して結ぶ辺をすべて、1 本の辺 $e = uv$ で置き換え、$e$ に

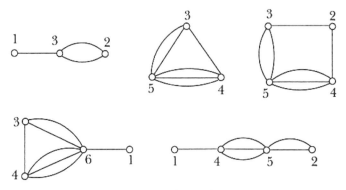

図 2.8 非正則マルチグラフ

マルチグラフで $u$ と $v$ を結ぶ辺の数を割り当てることができる。この数は $e$ の「重み」と呼ばれることが多く、「重み付きグラフ」と呼ばれるものができる。図 2.8 にあるマルチグラフから得られる重み付きグラフを図 2.9 に示す。重み付きグラフの頂点 $v$ の「次数」は $v$ に接続する辺の重みの和である。重み付きグラフ $G$ は、その頂点が異なる次数を持っているならば、非正則である。

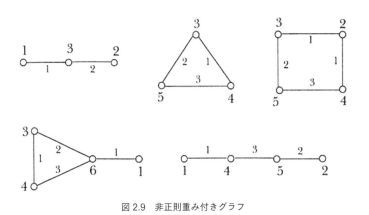

図 2.9 非正則重み付きグラフ

第 2 章 グラフの分類

与えられたマルチグラフ $H$ について、同じ頂点の対を並行して結ぶ辺をすべて 1 本の辺に置き換えるなら、こうして得られるグラフ $G$ は、$H$ の「台グラフ」と呼ばれる。定理 2.1 によれば、位数が 2 あるいはそれより大きいグラフに非正則のものはないが、位数 3 あるいはそれより大きいほとんどすべてのグラフ $G$ から始め、$G$ の辺にしかるべく重みを与えることによって、$G$ を非正則重み付きグラフに変換することができる。ここで「ほとんど」すべてのグラフと言うのは、二つの孤立点を持つグラフ $G$ は、$G$ の辺がどう重みを与えられようと次数 0 の頂点を 2 個持たざるをえないし、$G$ が二つの隣接する次数 1 の頂点 $u$ と $v$ を含むなら、辺 $uv$ にどんな重みが割り当てられようと、$u$ と $v$ の次数は $uv$ の重みとなるからである。

**定理 2.4**　孤立点がたかだか一つで、二つの隣接する端点を含まない、位数が 3 あるいはそれより大きいグラフ $G$ すべてについて、台グラフが $G$ となる非正則重み付きグラフ $H$ がある。

**証明方針**　$G$ に $m$ 本の辺があるなら、それに重み 1, 10, 100, 1000, …, $10^{m-1}$ を割り当てる。たとえば、図 2.10 のグラフ $H$ のように、$v$ が辺 $e_1, e_2, e_4, e_5$ と接続しているなら、$\deg_H v = 10^0 + 10^1 + 10^3 + 10^4 = 11{,}011$ となる。$H$ の二つの頂点すべてが異なる次数を持つので、$H$ は非正則である。■

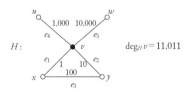

図 2.10　非正則重み付きグラフ

非正則重み付きグラフ $H$ を作るために、$G$ の辺に 10 の異なるべき乗を割り当てると、$H$ の頂点に与えられる次数は相当に大きくなる。そこで、$G$ の辺にもっと小さい重みを割り当てて、それでも非正則重み付きグラフを作ることはできないかと考えたくなる。

　定理 2.4 の証明は、$G$ の辺に 2 の異なるべき乗を割り振ることによって、つまり、$G$ の辺に $1, 10, 100, 1000, \cdots 10^{m-1}$ ではなく、$1, 2, 4, 8, \cdots, 2^{m-1}$ を割り当てることによって、少し単純化される。図 2.10 のグラフ $H$ では $v$ は辺 $e_1, e_2, e_4, e_5$ に接続し、$H$ にある $v$ の次数は、$2^0 + 2^1 + 2^3 + 2^4 = 2^7$ で、数はずっと小さくなる。もちろん、そこから直ちに、非正則重み付きグラフ（あるいは非正則マルチグラフ）を作るために、$G$ のどの辺にも割り当てる必要がある最大の重みを最小にするという問題があることがわかる。グラフ $G$ について、重みが集合 $\{1, 2, \cdots, k\}$ から選べるとして、非正則重み付きグラフを作れる最小の正の整数 $k$ は、$G$ の「非正則性の強さ」と呼ばれ、$s(G)$ で表される。

　非正則性の強さが大きいグラフの例を示すのは難しくないが、明白に異なる結果を持つ関連問題がある。すべての頂点に異なる次数をとるよう求めるのではなく、グラフの辺に重みを割り当てることによって、できる重み付きグラフの隣接する頂点の次数が必ず異なることを求めるとしてみよう。ここでも、取り上げられるグラフはいずれも、二つの隣接する端点を含むとは考えられない。グラフ $G$ の任意の辺に割り当てる必要がある最大の重みは $s(G)$ よりも小さくなると予想されるかもしれない。実際には、図 2.11 のグラフ $G_1$ については、すべての辺に重み 1、グラフ $G_2$ については重み 1 または 2 が割り当てられる。グラフ $G_3$ の各辺に重み 1 または 2 を割り当ててどの二つの頂点も異なる次数を持つようなグラフを生むことはできないが、重み 1, 2, 3 を使うと達成できる。この所見は、わかりやすい名がついた問題を明らかにするのに役立つ。

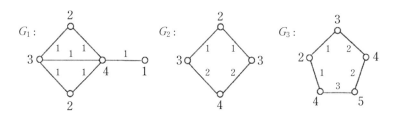

図 2.11 どの二つの隣接する頂点も次数が異なる重み付けグラフ

## 1-2-3 問題

隣接する端点を持たないグラフ $G$ いずれについても、$G$ の辺に、得られる重み付きグラフでどの二つの隣接する頂点も次数が異なるように、重み $1, 2, 3$ を割り当てることができるか。

この問いに対する答えがノーとなるようなグラフはまだ見つかっていないが、ルイジ・アダリオ=ベリー、ロバート・オルドレッド、ケタン・ダラル、ブルース・リードは、重みとして $1, 2, 3, 4$ を使えるなら答えは必ずイエスとなることを示している。

## 正則グラフ

$n \geq 2$ となる位数 $n$ のグラフには、すべての頂点の次数が異なるものはないが、すべての頂点の次数が同じというグラフはたくさんある。さらに、そうしたグラフのうち多くは、グラフ理論でしばしばお目にかかるグラフである。グラフ $G$ は、$G$ のすべての頂点の次数が同じであるとき、「正則」と呼ばれる。その次数が $r$ であるとき、$G$ は「$r$-正則」という。

位数 $2$ の正則グラフは $2$ 通りあり、両者は互いに補グラフとなっている。一方は $0$-正則グラフで、もう一つは $1$-正則グラフである。位数 $3$ の正則グラフは $2$ 通りあり、これらも互いに補グラフとなる。一

方は0-正則グラフ、もう一つは2-正則グラフである。位数3の1-正則グラフはない。奇数次の頂点を奇数個含むグラフはないからだ（系1.2を参照のこと）。位数4の場合、0-正則、1-正則、2-正則、3-正則のグラフがある。そのすべてを図2.12に示した。この図には位数5の0-正則、2-正則、4-正則のグラフも示してある。やはり系1.2によって、位数5の1-正則、3-正則のグラフはない。

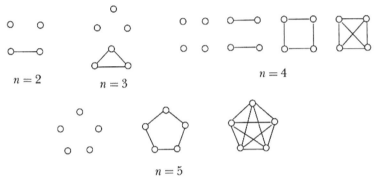

図2.12　小規模の正則グラフ

$G$が位数$n$の$r$-正則グラフなら、$0 \leq r \leq n-1$である。奇頂点を奇数個含むグラフはないので、$r$と$n$がともに奇数なら、位数$n$の$r$-正則グラフは存在しえない。この例外を除けば、位数$n$で$r$-正則のグラフは必ず描ける。

**定理 2.5**　二つの整数$r$と$n$のうち、少なくとも一方が偶数で、$0 \leq r \leq n-1$であるなら、位数$n$の$r$-正則グラフが存在する。

**証明**　まず、$n$個の頂点$v_1, v_2, \cdots, v_n$を円周上に等間隔に置く。$r$が奇数か偶数二つの場合を考える。

**場合 1** $r$ は偶数で、$r=2k$ とする。このとき、個々の頂点 $v_i$ について、円周上の最も近い $r$ 個の頂点へ辺を引く（$k$ 本は前方へ、$k$ 本は後方へ）。得られるグラフは位数 $n$ の $r$-正則グラフである（$r=4$ で $n=10$ の場合について、図 2.13a に示した）。

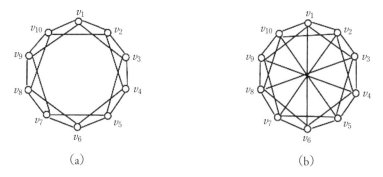

図 2.13　位数 10 の正則グラフ

**場合 2**　$r$ は奇数で、$r=2k+1$ とする。したがって、$n$ は偶数でなければならない。場合 1 と同様に進めるが、加えて、円周上の正反対の位置にある頂点どうし、つまり、$v_i$ と $v_{i+n/2}$ も結ぶ。これも位数 $n$ の $r$-正則グラフを生む（$r=5$、$n=10$ の場合について、図 2.13b に示した）。

正則グラフの研究の始まりは 1891 年にさかのぼる。実は、この類のグラフは、グラフ理論について書かれた最初期の理論的論文の主たる研究領域をなしていた。この論文は、デンマークの数学者ユリウス・ピーターセンによって書かれた。実際、ピーターセンが有名になった研究の中で出会い、その名がついたグラフがある。ピーターセングラフは位数 10、3-正則のグラフである。ピーターセンはこのグラフを図 2.14 にあるような形に描いたが、ふつうは、図 2.15 にある

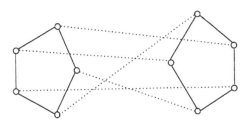

図 2.14　ピーターセンが描いたピーターセングラフ

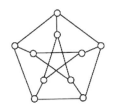 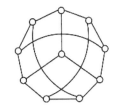 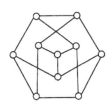

図 2.15　ピーターセングラフの 3 通りの描き方

ような 3 通りのうちの一つ、とくにいちばん左の図にあるような形に描かれる。

## 正則グラフの区分

ピーターセングラフは、正則グラフであり、グラフ理論で遭遇する中でも有名なグラフの一つだが、正則グラフには、よく知られた区分がたくさんある。

第 1 章では、位数 $n$ のグラフのどの二つの頂点も隣接しているなら、そのグラフは「完全」と呼ばれ、$K_n$ で表されることを見た。完全グラフ $K_n$ は、$(n-1)$-正則で、サイズは $n(n-1)/2$ となる。したがって、$K_n$ の補グラフ $\bar{K}_n$ は、位数 $n$ の 0-正則空グラフとなる。$1 \leq n \leq 6$ の場合の完全グラフ $K_n$ は図 2.16 に示してある。

正則グラフの中でも単純なグラフの一つが「閉路(サイクル)」である。$n \geq 3$

第 2 章　グラフの分類

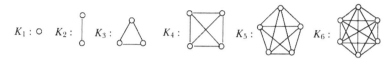

図 2.16　いくつかの完全グラフ

となる $n$ について、閉路 $C_n$ は、位数 $n$ で、頂点が $v_1, v_2, \cdots, v_n$ で表せて、辺 $v_1v_2, v_2v_3, \cdots, v_{n-1}v_n, v_nv_1$ となるグラフである。閉路 $C_n$ は「$n$-閉路」とも言われる。図 2.17 に、$C_n (3 \leq n \leq 6)$ の場合を示した。閉路 $C_3$ は「三角形」とも言われる。

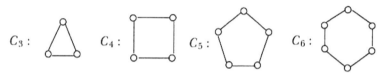

図 2.17　いくつかの閉路

閉路 $C_4$ は他の二つのよく知られた正則グラフの区分に属する。グラフ $K_2$ は、$Q_1$ とも表記され、1-立方体とも呼ばれることがあり、$C_4$ は $Q_2$ とも表記されて、2-立方体と呼ばれる。3-立方体 $Q_3$ は、二つの $Q_2$ でできていて（図 2.18 参照）、一方の頂点は順に $u_1, u_2, u_3, u_4$ と記され、他方の頂点は $u'_1, u'_2, u'_3, u'_4$ で表され、辺 $u_1u'_1, u_2u'_2, u_3u'_3, u_4u'_4$ がある。$Q_3$ の頂点を $v_1, v_2, \cdots, v_8$ で表し、$Q_3$ のコピー〔形が同等のもの〕を一つとって $Q'_3$ とし、$Q_3$ に対応する頂点を $v'_1, v'_2, \cdots, v'_8$ とすると、辺 $v_iv'_i$ を加えることによって、4-立方体 $Q_4$ ができる。同様に続けると、$n$-立方体が得られ、これは「超立方体」とも呼ばれる。$n$-立方体 $Q_n$ は、位数 $2^n$ の $n$-正則グラフである。

正則グラフには、整数 $r \geq 1$ として、$K_{r,r}$ と表記されるグラフからなる別の区分があり、$C_4$ はこれにも属する。グラフ $K_{r,r}$ は位数 $2r$ で、その頂点集合は、$r$ 本の辺による、互いに疎の〔=共通部分のない〕集合

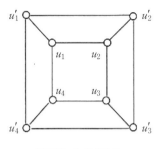

図 2.18　3-立方体 $Q_3$

$U$ と $W$ からなり、$U$ のどの頂点も、$W$ のすべての頂点と隣接している。グラフ $K_{r,r}$ は $r$-正則である（$K_{r,r}$ が属するさらに一般的なグラフの区分は、第 3 章で取り上げる）。$r = 1, 2, 3$ の場合について、$K_{r,r}$ のグラフを図 2.19 に示した。$K_{1,1}$ は $K_2$ であり、$K_{2,2}$ は $C_4$ であり、$K_{3,3}$ は 1.1 節で「3 軒の家と 3 種の公共設備問題」について述べたときに出会っている。

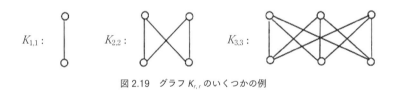

図 2.19　グラフ $K_{r,r}$ のいくつかの例

## 部分グラフ

グラフ理論の多くの問題が頂点の次数を取り上げるが、与えられたグラフに内在する構造を考える問題も多い。グラフ $H$ の頂点と辺がグラフ $G$ の頂点と辺でもある場合、$H$ は $G$ の「部分グラフ」と呼ばれる。集合の表記を用いると、$V(H) \subseteq V(G)$ であり、$E(H) \subseteq E(G)$ ということだ。グラフ $G$ はそれ自身の部分グラフであり、それ以外

第 2 章　グラフの分類　　57

のすべての部分グラフは$G$の「真部分グラフ」である。$H$が$G$の部分グラフで頂点が$G$と同じなら、$H$は$G$の「全域部分グラフ」である。

$G$の頂点による、空でない集合$S$について、$S$によって「誘導」される$G$の部分グラフ$G[S]$がある。$G[S]$では、頂点集合$S$の二つの頂点$u$と$v$は、$u$と$v$が$G$でも隣接しているなら、その場合にかぎり隣接している。$G$の部分グラフ$H$は、$H$が$G[S]$である場合に$G$の「誘導部分グラフ」となる。図2.20のグラフ$G$について、$H_1$と$H_2$は$G$の部分グラフである。$H_1$は誘導部分グラフであるが、$H_2$は、辺$vw$が入らない〔そのため$G$で隣接する$v$と$w$が隣接していない〕ので、誘導部分グラフではない。部分グラフ$H_3$は$G$の全域部分グラフである。

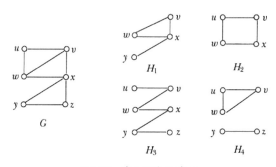

図2.20　グラフの部分グラフ

1個の頂点を削除することによって、特殊な誘導部分グラフが得られる。グラフ$G$にある頂点$v$について、$G$から$v$を除き、必然的に$v$に接続する辺をすべて除くことによって、部分グラフ$G-v$が得られる。図2.20では、グラフ$H_4$は部分グラフ$G-x$である。$G$から1個の頂点を取り除くことによって得られる$G$のどの部分グラフも、$G$の「頂点削除部分グラフ」と呼ばれる。

グラフ$G$は正則ではないことがあるが、$G$を誘導部分グラフとして含む何らかの正則グラフ$F$が必ずある。この所見はデーネシュ・

ケーニヒのもので、その1936年の著書に収められている。$G$に頂点を加えつつ、$G$の頂点どうしのあいだの辺を加えることなく$F$を作るのは手ごわい問題である。

**定理 2.6** 任意のグラフ$G$について、$G$を誘導部分グラフとして含む正則グラフ$F$が存在する。

**証明方針** 図2.21のグラフ$G$を考えよう。これは確かに正則ではない。最大次数$\Delta=3$で、最小次数$\delta=1$だからである。そこで、$G$を2個含む新しいグラフ$F_1$を作る。第2の$G$は$G'$で表す。

さらに$G$のすべての頂点$v$を、$v$の次数がまだに$\Delta$に達していない場合に、$G'$の側でそれに対応する頂点と結ぶ(図2.21)。この例では$G$の次数が1あるいは2のすべての頂点は、今度はそれぞれ次数が2または3となり、$G'$の対応する頂点もそうなるので、$F_1$は正則に近づき、$G$を誘導部分グラフとして含む。$F_1$に至る同じ手順を適用すると、新たなグラフ$F$が得られ、そこではすべての頂点が次数3となり、しかもなお$G$を誘導部分グラフとして含む。■

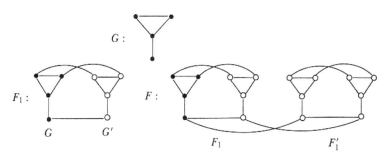

図 2.21　$G$を誘導部分グラフとして含む3-正則グラフ$F$の構成

実は、$r \geq \Delta(G)$なら、この方法を使って$G$を誘導部分グラフとして含む$r$-正則グラフ$F$を作図できる。できるグラフ$F$は、誘導部分グラ

フとして $G$ を含む最小位数の $r$-正則グラフである必要はない。一般的なグラフ $G$ について、上に記した構成法は $\Delta(G) - \delta(G)$ ステップを必要として、得られるグラフ $F$ は、$r = \Delta(G)$ として、$r$-正則となる。

### 例 2.7

(a) 図 2.22 のグラフ $G$ を考える。定理 2.6 に述べられた構成法を使って、誘導部分グラフとして $G$ を含む 2-正則グラフを求めよ。この特性をもつもっと小さいグラフを求めよ。

(b) 図 2.22 にあるグラフ $G$ を誘導部分グラフとして含む、位数が最小となる 3-正則グラフは何か。

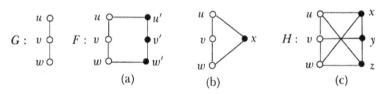

図 2.22 例 2.7 のグラフ

### 解

(a) 定理 2.6 に述べられた構成法は、図 2.22a の、$G$ を誘導部分グラフとして含む、位数 6 の 2-正則グラフ $F$ を生む。新たな頂点 $x$ を $G$ に加え、$x$ を $u, w$ と結ぶことによって、図 2.22b にある、$G$ を誘導部分グラフとして含む、位数 4 の 2-正則グラフができる。したがって、この性質をもつグラフの最小位数は 4 である。

(b) $G$ は端点 $u$ と $w$ を含むので、少なくとも 2 頂点を $G$ に加えて $u$ と $w$ の次数を 1 から 3 に上げなければならない。位数 5 の 3-正則グラフはないので、$G$ に少なくとも三つの頂点を加える必要がある。しかし図 2.22c のグラフ $H$ が示すように、それで十分である。つまり、この性質をもつグラフの最小位数は 6 であ

る。◆

## 同型グラフ

図 2.12 には、位数が 5 以下の正則グラフがすべて示されていた。図 2.23 は位数が 4 以下のグラフを示す。

図 2.23 のグラフを位数が 4 以下のすべてのグラフと呼んだという

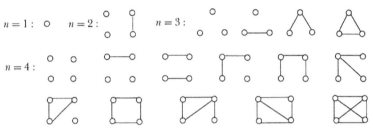

図 2.23　位数 $n=1, 2, 3, 4$ のグラフ

ことは、このグラフがすべて異なるということでもあるらしいが、確かにその通りである。そのことから、二つのグラフが同じと考えられるのはどういうときかという問題が浮かび上がる。二つのグラフが同じ構造を持つ場合、その二つは同じと考えられる。このことを専門用語で言うと、そのような二つのグラフは「同型」（isomorphic）であると言う。isomorphic という言葉はギリシア語で「同じ形」を表す言葉に由来する。形式的に言うと、二つのグラフ $G$ と $H$ が同型グラフであるのは、$G$ の頂点のラベル付けを変えると $H$ ができる場合である。たとえば、図 2.24 のグラフ $G$ と $H$ は、$G$ の頂点 $a, b, c, d$ をそれぞれ $H$ の 2, 3, 1, 4 に置き換えれば $H$ が得られるので、同型となる。$G$ と $H$ が同型であるなら、このことは、$G \cong H$ と書くことによって表される。

二つのグラフが同型なら、この事実はグラフの描き方や（ともかく

第 2 章　グラフの分類　　61

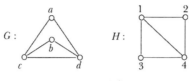

図 2.24 同型グラフ

描けるとして)、グラフの頂点のラベルはどうでもよい。たとえば、図 2.25 のグラフ $G_1$ と $G_2$ は同型である。これは、頂点のラベル $a, b, c, d, e, f$ をそれぞれ 2, 6, 1, 4, 5, 3 に置き換えてもよいことでわかる (ついでながら、$f(a) = 2$, $f(b) = 6$ などのように頂点に頂点を割り当てる関数 $f$ を、「同型写像」(アイソモーフィズム) と言う)。

図 2.25 のグラフ $G_1$ と $G_2$ はともに同じ位数 6、同じサイズ 7、同じ

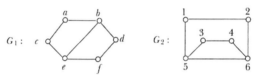

図 2.25 同型グラフ

頂点の次数、つまり 3, 3, 2, 2, 2, 2 を持つ。両者は同型で、同じであると考えられるのだから、こうした数が同じであることは意外ではない。

**所見 2.8** $G$ と $H$ が同型グラフなら、位数、サイズ、頂点の次数は同じである。

所見 2.8 は二つのグラフが同型であることの必要条件となるが、この条件は十分条件ではない。つまり、二つのグラフ $G$ と $H$ がこの条件をすべて満たしても、必ずしも同型ではないということだ。たとえば、図 2.26 のグラフ $G$ と $H$ は、位数 6、サイズ 9、3-正則だが、$G \not\equiv H$ である。このことを認識するには、$G$ には $K_3$ (頂点 $u, v, z$) のコピー

があるが、$H$はそうではない点に注目のこと。

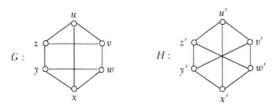

図2.26　二つの3-正則非同型グラフ

# 未解決の問題——グラフの再構成

第1章では、四色問題を取り上げた。19世紀にはグラフ理論はまだ生まれたばかりだったとはいえ、これは19世紀から20世紀にかけての長いあいだ、グラフ理論で最も有名な未解決問題だった。実際、20世紀の大半にわたり、四色問題は数学全体でも有数の未解決問題だった。20世紀にグラフ理論が知られるようになったことは、おそらく、少なくとも部分的には、四色問題が有名だったことと、それを解こうとする人々が数学者以外にもいたことによる。その後に問題が解かれ、グラフ理論は、数学の大きな分野に育っていたとはいえ、有名な未解決問題を失った。グラフ理論には四色問題の地位に達するほどの未解決問題は他にないが、興味深い未解決問題はいくつか現れている。

スタニスワフ・ウラム（1909～1984）は、ポーランドで生まれ、子どもの頃は天文学、物理学、数学に関心を抱くようになった。1927年、ウラムはリヴォフ工科大学に入学した。教授の一人がカツィミエルツ・クラトウスキーだった（この人物には第10章でお目にかかる）。ウラムは1933年に博士号を取り、1940年にはウィスコンシン大学で数学

の助教授になった。そこの大学院生にポール・J・ケリー（1915～1985）がいて、グラフ理論で博士号を取ろうとしていた。あるグラフ理論の問題は1941年に生まれたと思われていて、このケリーとウラムの共同の成果とされることが多い。

図2.27には、位数6のグラフ $G$ について、六つありうる頂点削除部分グラフがすべて示されている。$G$ の六つの頂点削除部分グラフだけが与えられていて、$G$ そのものは与えられていないとき、グラフ $G$ はこの部分グラフから求められるか。この問題への答えは、たとえば $G-v_1$ から始め、それから他のグラフを使って辺 $v_1v_2, v_1v_3, v_1v_4, v_1v_5$ を再挿入すればわかる通り、断然イエスである。

しかし、頂点のラベルすべてを頂点削除部分グラフから取り除き、

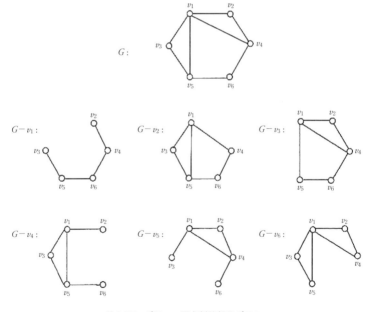

図2.27　グラフの頂点削除部分グラフ

この六つのラベルなしグラフの描き方を少し変えたとしたらどうなるだろう（たとえば図 2.28 にあるように）。こうなると、問題はもっと難しくなる。

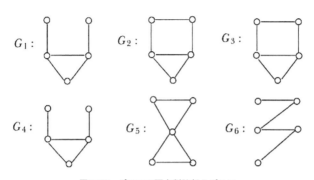

図 2.28　グラフの頂点削除部分グラフ

ケリーとウラムの問題は、要するに次のようになる。ラベルなしグラフ $G$ の頂点削除部分グラフが与えられた場合、$G$ はこの情報から一意的に求められるか。つまり、$G$ と $H$ が同じ頂点削除部分グラフを持つなら、$G \cong H$ は成り立つか。こうして一意的に求められるどんなグラフ $G$ も「再構成可能」と言われる。これで、今日も未解決のまま残っているケリーとウラムの問題を立てることができる。

### 再構成問題

二つを超える頂点を持つすべてのグラフは再構成可能か。

念のために言うと、二つのグラフ $K_2$ と $\overline{K}_2$ は、その頂点削除部分グラフからは、どちらになるか決まらない。両方のグラフの頂点削除部分グラフそれぞれが 1 個の孤立点からなるからだ（図 2.29）。他にもそのようなグラフがあるかどうかは誰も知らない。

図 2.28 の頂点削除グラフ $G_1, G_2, \cdots, G_6$ を持つグラフ $G$ を求めてみ

$K_2:$ ○―――○     $\overline{K}_2:$ ○　　○

図 2.29　グラフ $K_2$ と $\overline{K}_2$

よう。当然、それぞれの頂点削除部分グラフには五つの頂点があるので、$G$ には $n=6$ の頂点がなければならない。これを $v_1, v_2, \cdots, v_6$ としよう。もちろん、$G-v_i$ はグラフ $G_i$ を生むものとしよう。

$G$ にある辺の数は、すべての辺 $uv$ が 2 回削除され（$G-u$ と $G-v$）、したがって各辺は $G_1, G_2, \cdots, G_6$ のあいだで $n-2=4$ 回現れることに注目することによって求められる。$m_i$ が $G_i$ のサイズを表すとすれば、$m_1+m_2+\cdots+m_6=5+6+6+5+6+4=32$ で、$G$ の辺の数は $32/4=8$ となる。さらに、それぞれの頂点 $v_i$ の次数は $m-m_i$ でなければならないので、$v_1, v_2, \cdots, v_6$ のそれぞれの次数は、3, 2, 2, 3, 2, 4 である。

そこで $G$ を再構成しよう。$v_6$ は次数 4 なので、次数 1 の二つの頂点両方に隣接し（でないと $G$ が次数 1 の頂点を持つことになるので）、次数 2 の頂点三つのうち二つに隣接していなければならない。すると、$G$ は図 2.30a に示された部分グラフを含んでいなければならない。つまり、$v_6$ は $x$ または $y$ に隣接していなければならない。$G_5$ は $G$ の部分グラフなので、$v_6$ は $y$ に隣接していなければならず、$G$ は図 2.30b に示した構造を有していなければならない。つまり、$G$ は再構成可能である。図 2.30 の頂点に記号をつける方法は 4 通りあるが、そのグラフのす

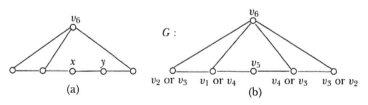

図 2.30　図 2.28 の頂点削除部分グラフをもつグラフ $G$

べては互いに同型である。それはみな、図 2.30b にあるグラフの形をしている。

　それでも、同じ（ラベルなし）頂点削除部分グラフをもつ二つの非同型グラフ（二つを超える頂点がある）があるかという未解決の問題は残っている。

# 第3章
# 距離の分析

　距離は何世紀も前から文明にとって根本的なものだった。長いあいだには、距離がらみの問題が数多く生じている。二つの港のあいだを移動する船にとって、距離はどれだけあるか（そして船でその距離を移動するのにどれだけの時間がかかるか）。2都市間の距離はどれだけあるか（車で、あるいは飛行機で）。地球と火星の距離はどうか。タクシーが大都市の2地点間を移動する距離はどれだけか。この最後の問いについては、二つの交差点 $A$ と $B$ の距離は、タクシーが $A$ と $B$ のあいだを移動するために通らなければならない最小のブロック数と定義できる。この距離はよく、「タクシー距離」、あるいは「マンハッタン距離」と呼ばれる。つまり、$A$ と $B$ の距離について語るときには、$A$ と $B$ が表すことだけでなく、$A$ と $B$ を移動するのにどんなルートが可能かも知らなければならない。

　グラフ（あるいはマルチグラフ）の多くの例がいろいろな状況のモデルとして用いられるのを見てきたが、もっと自然なところでは、街路網の中での所在をモデル化するのにも使える。たとえば、図3.1に示した町の街区は、やはり図3.1に示されているグラフでモデル化できる。町のいずれかの交差点に、救急車を運用する救急医療施設を収容するビルを建設することになったとしよう。問題はこうなる。この救急医療施設を建てるのに理想的な位置はどこか。この施設はどの救急車もできるだけ早く目的地に着けるような交差点に置くのが理にかなっているように思える。したがって、施設は緊急事態の可能性があるところからあまり遠くに置くべきではない。これは距離を最小にす

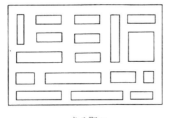
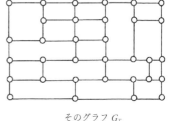

ある町 $T$    そのグラフ $G_T$

図 3.1　町とグラフ

るという問題に見える。グラフで町をモデル化するので、この問題の答えはグラフでの距離を考えることによって出せる。そうするための準備として、まずグラフ理論の基本概念をいくつか紹介しておく。

## 連結グラフ

　町の中の位置を頂点とするグラフ $G$ で表される区域での、すべての2地点間の距離がここでの主な関心の対象だとすれば、$G$ のしかじかの頂点から別の頂点まで、必ず移動できなければならない。すると、グラフが持っていそうな重要な性質の一つが浮かび上がる——すなわち連結されているという性質である。

　図3.2のグラフ $H$ を考えよう。頂点 $x$ から頂点 $y$ まで、ずっと辺をたどり、同じ頂点を再び通ることなく達するにはどうすればいいか。

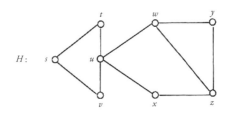

図 3.2　グラフの通路

そのための道は 4 通りある。一つは $x$ から $z, w$ を経て $y$ へ行くことで、これを $P = (x, z, w, y)$ と表す。他の 3 通りはわかるだろうか。ここで $P$ は、長さ 3 の $x$-$y$ 通路と呼ばれる。形式的に言えば、グラフ $G$ での「通路(パス)」$P$ は、頂点が何らかの順番、たとえば次のように並べられる $G$ の部分グラフである。

$$P = (u = v_0, v_1, \cdots, v_k = v) \quad (3.1)$$

$v_0 v_1, v_1 v_2, \cdots, v_{k-1} v_k$ はすべて $P$ の辺である。さらに、$P$ は $G$ の「$u$-$v$ 通路」と呼ばれる。$G$ が $u$-$v$ 通路を含んでいれば、$u$ から始まり、順に隣接する辺をたどって、途中で同じ頂点を通ることなく $v$ に達することが可能である。したがって、グラフ $G$ の $u$-$v$ 通路は、2 頂点 $u$ と $v$ のあいだの移動のしかたを表している。通路あるいは閉路にある辺の数がその「長さ」となる。図 3.2 のグラフ $H$ では、$P' = (s, v, u, x, z, y)$ は長さ 5 の $s$-$y$ 通路であり、$P'' = (v, s, t, u, w, z, x)$ は、長さ 6 の $v$-$x$ 通路である。

グラフ $G$ は、$G$ の任意の頂点から別の任意の頂点へ、$G$ の辺を伝って移動できれば、あるいはそれと同じことだが、$G$ のすべての 2 頂点 $x$ と $y$ について、$G$ が $x$-$y$ 通路を含んでいれば、「連結」されている。そうでなければ「非連結」である。したがって、図 3.2 のグラフ $H$ は連結されている。図 3.3 のグラフ $H_1$ も連結されているが、図 3.3 の $H_2$ は非連結である。たとえば、$H_2$ には $u_2$-$w_2$ の通路はない。

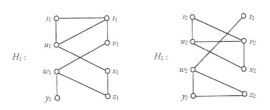

図 3.3　連結グラフと非連結グラフ

非連結グラフは二つ以上の連結された部分に分けることができて、その部分を「成分」と言う。たとえば、図 3.3 の非連結グラフ $H_2$ には、図 3.4 に示される二つの成分 $H_2'$ と $H_2''$ が含まれる。形式的に言うと、グラフ $G$ の成分とは、$G$ の連結部分グラフであり、$G$ の他のどんな連結部分グラフの真部分グラフでもないものである。連結グラフ $G$ には成分が一つだけある。つまり $G$ そのものである。

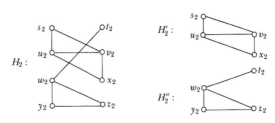

図 3.4　非連結グラフの成分

閉路と呼ばれる区分のグラフがあり、$n$ 個の頂点がある閉路は $C_n$ で表されることはすでに見た。加えて、閉路はグラフの部分グラフとなりうる。また、長さ 3 の閉路は三角形と呼ばれることも思い出そう。たとえば、図 3.2 のグラフ $H$ では、$(x, u, w, z, x)$ は、長さ 4 の閉路であり、$(w, y, z, w)$ は三角形である。閉路は長さが偶数か奇数かによって「偶」閉路、「奇」閉路、いずれかとなる。図 3.2 のグラフ $H$ では、4-閉路 $(s, t, u, v, s)$ は偶閉路であり、5-閉路 $(u, x, z, y, w, u)$ は奇閉路である。

## 切断点と橋

連結グラフ $G$ に頂点 $w$ があって、2 頂点 $u$ と $v$（いずれも $w$ ではない）のあいだを行き来するためにはここを通るしかないという場合がある。あるいは $G$ に辺 $e$ があって、$u$ と $v$ のあいだを行き来するにはそこを

使わざるをえないという場合もある。これから、この種の頂点 $w$ と辺 $e$ を取り上げる。

グラフ $G$ にある頂点 $v$ について、頂点削除部分グラフ $G-v$ は、$v$ と $v$ に接続する辺をすべてを取り除くことによって得られる。$G$ の辺 $e$ については、部分グラフ $G-e$ は $G$ と同じ頂点集合を持ち、$e$ 以外のすべての $G$ の辺からなる。図 3.5 では、グラフ $G$ について、こうした概念を図解してある。

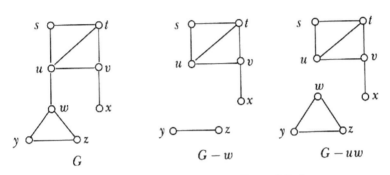

図 3.5　頂点あるいは辺を削除することで得られる部分グラフ

グラフ $G$ の頂点 $v$ は、$G-v$ の成分数のほうが $G$ の成分数より多いとき、$G$ の「切断点」と言う。とくに言えば、連結グラフ $G$ について $G-v$ が非連結となるとき、$v$ は $G$ の「切断点」である。グラフ $G$ にある辺 $e$ は、$G-e$ の成分のほうが $G$ の成分よりも多いとき、$G$ の「橋」と言う。実際、辺 $e=uv$ が連結グラフの橋なら、$G-e$ は、$u$ を含む成分と $v$ を含む成分の二つの成分からなる。図 3.5 のグラフ $G$ では、$u, v, w$ は $G$ の切断点であり、$uw$ と $vx$ は橋である。

グラフのどの辺が橋になるかを決めるのは比較的易しい。

**定理 3.1**　$G$ を連結グラフとする。$G$ の辺 $e$ が $G$ の閉路に属していないなら、その場合にかぎり、$e$ は $G$ の橋である。

この定理は、「〜なら、その場合にかぎり」という言い回しで述べられているので、確かめなければならない命題が二つあることになる。$e$ が $G$ の橋であれば、$e$ はいかなる閉路にも属していないことを示さなければならず、また、$e$ が $G$ のいかなる閉路にもないなら、$e$ は橋であることを示さなければならない。それぞれの命題を、背理法を使って確かめよう。

**定理 3.1 の証明** $e=uv$ とする。まず、$e$ は $G$ の橋だが、$e$ が $G$ の閉路 $C$ に属しているとしよう。$e$ は橋なので、$G-e$ は、$u$ を含む成分と $v$ を含む成分の二つの成分からなる非連結グラフである。しかし、$e=uv$ は $C$ 上にあるので、$e$ を除いても $C$ 上に $u$-$v$ 通路があることになる。これは矛盾している。

逆については、$e$ が閉路に属さないが $e$ は橋ではないとする。すると、$G-e$ は連結で、$G-e$ は、必然的に長さが 2 以上の $u$-$v$ 通路 $P$ を含む。$P$ に $e$ を加えると $e$ を含む閉路を生み、これは矛盾となる。

どの辺が橋でどの頂点が切断点かを教える同様の定理が二つある。

**定理 3.2** $G$ を連結グラフとする。$G$ のすべての $u$-$v$ 通路に辺 $e$ があるような $G$ の頂点 $u$ と $v$ があるなら、その場合にかぎり、$e$ は $G$ の橋である。

**定理 3.3** $G$ を連結グラフとする。$G$ に頂点 $w$ とは異なる頂点 $u$ と $v$ があって、$G$ のすべての $u$-$v$ 通路に $w$ があるなら、その場合にかぎり、$w$ は $G$ の切断点である。

## グラフにおける距離

連結グラフ $G$ には、$G$ にあるどの2頂点間にも、少なくとも一つの通路があることを見た。実際には、グラフ中の2頂点間にいくつかの通路がある場合もある。たとえば、図3.6のグラフ $F$ には、$u$-$v$ 通路が多数ある。いくつかを挙げると、

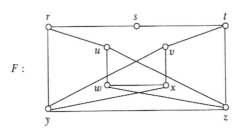

図3.6 グラフにおける距離

$P_4 = (u, w, x, v)$
$P_5 = (u, r, s, t, v)$
$P_6 = (u, r, y, z, t, v)$
$P_7 = (u, w, x, y, z, t, v)$
$P_8 = (u, r, s, t, z, y, x, v)$

たとえば、$P_4$ の長さは3、$P_5$ の長さは4などとなる。$4 \leq i \leq 8$ となる整数 $i$ それぞれについて、通路 $P_i$ の長さは $i-1$ である。しかし $F$ には長さ1あるいは2の $u$-$v$ 通路はない。したがって、$F$ の $u$-$v$ 通路の最小の長さは3である。

連結グラフ $G$ の頂点 $x$ と $y$ のあいだの「距離」$d_G(x, y)$（あるいは $d(x, y)$）とは、$G$ にある $x$-$y$ 通路の最小の長さのことである。したがって、図3.6のグラフ $F$ における頂点 $u$ と $v$ については、$d_F(u, v) = 3$ となる。

第3章 距離の分析

$T$町と、それをモデル化した図3.1のグラフ$G_T$に戻ろう。この町の救急医療施設はどこに建てるべきかを考えていた。どこに建てることにしても、その地点からどれだけの距離のところで緊急事態が起こりうるかが重要となる。そう考えると、次のようなグラフの概念が出てくる。

　連結グラフ$G$の頂点$v$について、$v$から最も遠い頂点までの距離は、$v$の「離心性」と呼ばれる。図3.1の$G_T$の頂点は、図3.7では各頂点がそれぞれの離心性でラベルされている。

　連結グラフ$G$の中で離心性が最小の頂点は、$G$の「中心頂点」と

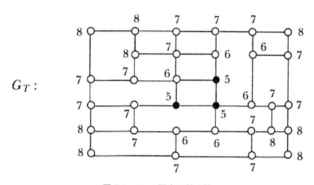

図3.7　$G_T$の頂点の離心性

呼ばれる。中心頂点$v$には、そこからいちばん遠い頂点までの距離ができるかぎり小さいという特性がある。

　図3.7のグラフ$G_T$には中心頂点が三つある。それを黒丸で示した。このことは、$T$町に救急医療施設を置くのに適した位置が三つあるということと確かに対応する。しかし、この3頂点が実際に救急医療施設を設置するための論理にかなった位置かどうかについては、少々問題がある。

　$T$町で二つの交差点$u$と$v$のあいだの距離を、グラフ$G_T$で対応す

る頂点 $u$ と $v$ のあいだの距離で表すことには、不利なところがある。まず、$G_T$ でのこの距離は $T$ にあるすべての二つのブロックを同じ——ブロックを移動する距離と時間は同じ——と解釈している。時間に関しては、交通量などの因子によって変動することがある。しかし、グラフでの距離計算は相当に簡単になっていて、それによって $T$ 町での距離を表すことができる。ただそれでも、救急医療施設をグラフ $G_T$ の中心頂点の一つに建てることには、もっと根本的な難点がありうる。

図 3.8 の位数 10 のグラフ $H$ を考えよう。各頂点の離心性は太字で示されている。$H$ の頂点で最小離心性をもつ頂点は $w$ だけなので、$w$ が $H$ の一つに決まる中心頂点である。そこで、$H$ の頂点を何らかの町での立地と考えると、$w$ は救急医療施設の建設地として一つだけ決まる最適地に対応する。$w$ を救急医療施設として選ぶことは、1個の頂点、すなわち $z$ の位置によって大きく影響を受ける。$w$ から距離 3 の頂点は五つある。そこで、緊急事態が $w$ から 3 の距離で起きるとしたら、それは $z$ よりも $u_1, u_2, u_3, u_4$ のいずれかで起きる可能性のほうがずっと高い。つまり、$w$ を救急医療施設として選択することは、$z$(あるいはもしかすると $y$)の位置によっては、思いのほかに影響されることがある。救急医療施設の場所の選び方にはもっと良いものがあ

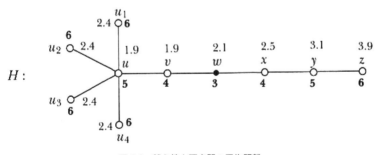

図 3.8　離心性と頂点間の平均距離

るかもしれない。

 $H$の頂点について、各頂点からの「平均距離」を計算するとしてみよう。$H$の与えられた頂点$p$から各頂点への平均距離を計算するには、$p$から10個の頂点すべてへの距離を足して和を10で割る。この平均も図3.8に示してある。最小の平均距離は1.9なので、$u$か$v$に救急医療施設を建てるのも理にかなうかもしれない。もちろん、$z$で緊急事態が生じたとしたら、$u$または$v$に配置された救急車は、$w$に配置されていたとした場合よりも、$z$に到着するまでの距離が大きくなるのだが。

 連結グラフにおける頂点$u$について、頂点$v$は、$v$が$u$から最も遠い頂点であるとき、「離心頂点」となる。たとえば、図3.9の連結グラフ$G$では、$v_2$は$v_1$の離心頂点だが、(たぶん意外なことに)$v_1$は$v_2$の離心頂点ではない。$v_2$の離心頂点は$v_3$だが、$v_2$は$v_3$の離心頂点では

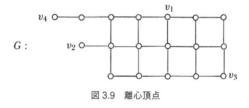

図3.9　離心頂点

ない。$v_3$の離心頂点は$v_4$である($v_3$は$v_4$の離心頂点でもある)。

## 二部グラフ

 正の整数$s$と$t$について、「完全二部グラフ」$K_{s,t}$は、位数$s+t$で、その頂点集合を、$s$個と$t$個の頂点の部分集合$U$と$W$に分けて、$U$のすべての頂点が$W$のすべての頂点に隣接するようにすることができる。$K_{s,t}$では、$U$の頂点はすべて次数が$t$で、$W$の頂点はすべて次数$s$となる。$s=t=r$のとき、第2章で紹介した$r$-正則グラフ$K_{r,r}$となる。

もっと一般的には、$n \geq 2$ として、位数 $n$ のグラフ $G$ は、$G$ の頂点集合が二つの集合 $U$ と $W$ に分割され、$G$ のすべての辺が $U$ の頂点と $W$ の頂点を結ぶようなっているなら、$G$ は「二部(バイパータイト)」グラフと言う。図 3.10 に示したグラフ $H$, $C_6$, $Q_3$, $K_{3,3}$, $K_{2,4}$ は二部グラフで、そのうち $C_6$, $Q_3$, $K_{3,3}$ は正則二部グラフである。頂点は、$U$ にある各頂点を黒、$W$ にある頂点を白になるように色分けしてある。ここに挙げたグラフは

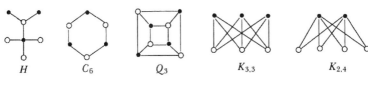

図 3.10 二部グラフ

それぞれ二部グラフなので、各辺は色の違う頂点を結んでいる。

これに対して、図 3.11 のグラフ $F$ は二部グラフではない。そのことを見てとるために、$F$ は二部グラフだとしてみよう。すると、頂点集合を二つの集合 $U$ と $W$ に分割して、$F$ のすべての辺が、$U$ の頂点と $W$ の頂点を結ぶようにすることができる。$u \in U$ と仮定できる。すると必然的に、$w \in W$, $x \in U$, $y \in W$, $v \in U$ となる。しかし $uv$ は $F$ の辺で、$u$ も $v$ も $U$ に属している。これはありえない。$F$ が奇閉路 $C = (u, w, x, y, v, u)$ を含んでいるので矛盾が生じたと見てもよいだろう。注意して見ると、図 3.10 の二部グラフはいずれも奇閉路を含んでい

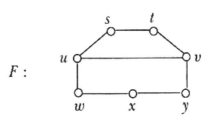

図 3.11 二部ではないグラフ

第 3 章　距離の分析

ない。実は、これはグラフが二部グラフかどうかを決める鍵を握る特徴である。$G$ に奇閉路があったら、それは二部グラフではありえないことを見た。しかし奇閉路だけが二部グラフの敵なのだろうか。意外なことにそのとおりで、次の定理がそのことを言っている。

**定理 3.4** グラフ $G$ が奇閉路を含んでいないなら、その場合にかぎり、$G$ は二部グラフである。

**証明** すでに、グラフが奇閉路を含む時、それは二部ではないことは見た。逆については、$G$ は奇閉路を含まない単純グラフではない連結グラフだとしよう（$G$ が連結でなければ、以下の論証は各成分が二部であり、したがって $G$ もそうであることを示すことになる）。$G$ は二部であることを示そう。$G$ の頂点 $u$ について、次のようにする。

$U = \{x \in V(G) : d(u,x) \text{ は偶}\}$ および $W = \{x \in V(G) : d(u,x) \text{ は奇}\}$.

ゆえに、$u \in U$ であり（$d(u,u) = 0$ だから）、$u$ に隣接する頂点はすべて $W$ に属する。$U$ の二つの頂点をつなぐ辺がなく、$W$ の二つを頂点を結ぶ辺がないなら、$G$ は二部である。しかし、それが成り立たないとしよう。$U$ または $W$ に、隣接する二つの頂点があるとする。$W$ のほうとしておこう。すると、$W$ には隣接する二つの頂点 $x$ と $y$ がある。$d(u,x) = a$ と $d(u,y) = b$ がともに奇数なので、長さ $a$ の $u$-$x$ 通路 $P'$ と長さ $b$ の $u$-$y$ 通路 $P''$ がある。$z$ が $P''$ にもある $P'$ の最後の頂点だとしよう。$z = u$ の場合もありうる。$d(u,z) = c$ とする。$P'$ の部分通路 $z$-$x$、$P''$ の部分通路 $z$-$y$、辺 $xy$ からなる閉路 $C$ は、長さ $(a-c) + (b-c) + 1 = (a+b+1) - 2c$ となり、これは奇数となって、$G$ が奇閉路を持たないという事実と矛盾する。なお、$x$ と $y$ がともに $U$ にあるなら、$a$ と $b$ がともに偶数なので同じ矛盾に行き着く。

# 位置決め集合

　過去においては、グラフでの距離が、実生活でのいくつかの問題をモデル化して調べるために用いられてきた。こうした問題の一つの例として、ある建物が五つの部屋 $R_1, R_2, R_3, R_4, R_5$ からなるとしよう（図3.12）。この五つの部屋のうち、二つの部屋に共通の壁があれば（角だけではなく）、その二つは隣接している（両者間の距離は1）。二つの部屋の距離が2となるのは、両者は隣接していないが、両方に隣接する部屋がある場合である（以下同様）。たとえば、図3.12の部屋 $R_1$ と $R_3$ の距離は2であり、$R_2$ と $R_4$ の距離も2である。他の二つの部屋どうしの距離は1で、部屋とそれ自身の距離は0である。

　何らかのセンサーを一つの部屋に置くとしよう。どれか一つの部屋で火災が発生したら、このセンサーが、それがある部屋から火災が起きた部屋までの距離を検出できる。たとえば、センサーが $R_1$ に置かれたとする。火事が $R_3$ で起きると、センサーは、火事は $R_1$ から距離2の部屋で起きたことを報知する。つまり、火事は $R_3$ で起きた。$R_1$ から距離にのところにある部屋は $R_3$ だけだからである。火事が $R_1$ であったら、センサーは $R_1$ から距離0の部屋で起きたことを知らせる。

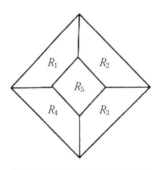

**図 3.12　五つの部屋からなる施設**

つまり火事は $R_1$ で起きた。しかし、火事が他の三つの部屋のいずれかで起きたら、センサーが教えるのは $R_1$ から距離が 1 の部屋で火事が起きていることだ。ところがこの情報では、火事が起きた部屋が正確にどれかははっきりさせられない。結局、どの場合を考えても火事の正確な場所を特定できるようにセンサーを設置できる部屋はない。

他方、二つのセンサー（一つは赤、もう一つは青とする）を二つの部屋に置き、赤を $R_1$、青を $R_2$ に置くとして、火事が $R_4$ で起きると、$R_1$ のセンサーは $R_1$ から距離 1 の部屋で火事が起きたことを報知し、青のセンサーは火事は $R_2$ から距離 2 の部屋で起きたことを報知して、$R_4$ に順序付きの対 $(1, 2)$ を指定することができる。この例では、順序付きの対はすべての部屋で異なるので、どんな火災でも正確な位置を検出するのに必要な最小のセンサーの数は 2 となる。任意の火災の位置を検出するのに必要なセンサーの最小数は 2 だとしても、二つのセンサーをどこに置くかは注意しなければならない。たとえば、二つのセンサーを $R_1$ と $R_3$ に置くことはできない。この場合には、$R_2, R_4, R_5$ の順序付きの対はすべて $(1, 1)$ となり、火災の正確な位置は区別できなくなるからだ。ここで述べた施設は、図 3.13 のグラフ $G$ でモデル化できる。頂点が部屋に相当する。$G$ の各頂点 $v$ は、距離「ベクトル」$(a, b)$ を付与される。$a$ は $v$ から $R_1$ までの距離、$b$ は $v$ から $R_2$ までの距離である。$G$ のすべての二つの頂点は相異なる距離ベクトルを

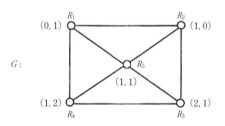

図 3.13　五つの部屋からなる建物を表すグラフ

持っているので、$G$ の頂点は、このベクトルによって一意的に特定できる。

連結グラフ $G$ の頂点の順序付き集合 $S=\{w_1, w_2, \cdots, w_k\}$ を、$G$ の二つの頂点 $u, v$ の組について、$S$ に $u$ への距離が $v$ への距離と異なるような何らかの頂点 $w_i$ があるように決めるというアイデアは、ピーター・スレイターのものである。スレイターはそのような集合 $S$ を「位置決め集合」(ロケーティング・セット)と呼び、位置決め集合の中の頂点の最小数を $G$ の「位置決定数」と呼んだ。つまり、図 3.13 のグラフ $G$ の位置決定数は 2 で、$S=\{R_1, R_2\}$ が最小の位置決め集合である。かくてグラフ $G$ の位置決め集合 $S$ は、$G$ を $S$ にある頂点からの距離によって一意的に特定できるという性質を持つ。過去においては、このアイデアが、米軍のソナーや沿岸警備隊のロラン（LORAN＝LOng Range Aids to Navigation＝長距離航法支援）観測基地を使うときに活躍していた。

# 支配集合

1.3 節では、標準の 8×8 のチェス盤上で、クイーンだけは縦横斜めにいくつでも進める駒で、そのいずれかの方向に動かして達することができるどの空いたマスにも進めるし、そこに駒があればそれを取れることに触れた。クイーンは、こうしたマスにも、自身がいるマスにも、「利いている」(ドミネート)と言われる。このことを図 3.14 に図示した。

1862 年、カール・フリードリヒ・ド・イェニシュは、チェス盤上にクイーンを置いて、どのマスもいずれかのクイーンが利いているようにするのに必要な最小のクイーンの個数を求めるという問題を考えた。しばらくのあいだ、その最小の数は 5 と考えられていた。結局このことが、1.3 節で出会った問題を生んだ。

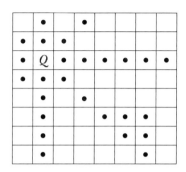
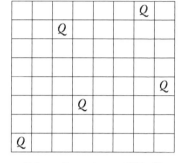

図 3.14　クイーン Q が利いているマス　　図 3.15　五つのクイーン問題の解

## 五つのクイーン問題

8×8 のチェス盤に、五つのクイーンを、空いたマスがすべて、少なくとも一つのクイーンが利いているように置くことはできるか。

図 3.15 は五つのクイーン問題の解を示している。このチェス盤の問題は、グラフでの支配集合（ドミネーティング）というテーマの起源と考えることができる。

グラフ $G$ の頂点 $v$ は、$u$ が $v$ に隣接するか、$u=v$ ならば、頂点 $u$ を支配すると言われる。つまり、$v$ から $u$ までの距離がたかだか 1 であれば、$v$ は $u$ を支配する。つまり、$v$ はそれ自身と、その隣の頂点それぞれとを支配する。グラフ $G$ における頂点集合 $S$ は、$G$ のすべての頂点が、$S$ に属する少なくとも一つの頂点に支配されるとき、すなわち、$G$ のすべての頂点が $S$ に属するか、$S$ に属する何らかの頂点に隣接するとき、$G$ の「支配集合」である。図 3.16 は、グラフ $H$ の、三つの相異なる支配集合

$$S_1 = \{r, t, x, z\}, \quad S_2 = \{s, u, w, y\}, \quad S_3 = \{s, t, y\}$$

を示している。

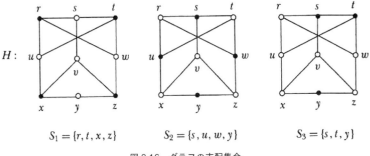

$S_1 = \{r, t, x, z\}$　　　　$S_2 = \{s, u, w, y\}$　　　　$S_3 = \{s, t, y\}$

図 3.16　グラフの支配集合

　図3.16のグラフ$H$について示された三つの支配集合のうち二つは四つの頂点からなるが、残った一つの支配集合は三つの頂点からなる。もちろん、グラフの頂点集合全体は必ず支配集合となるが、ここでの関心の対象となる問題は、支配集合にある頂点の数の最小値に関係する。

　グラフ$G$の支配集合にある頂点の数の最小値は、$G$の「支配数」と呼ばれ、$\gamma(G)$と表記される(この$\gamma$はギリシア文字ガンマの小文字である)。図3.16のグラフ$H$には三つの頂点からなる支配集合があるので、$\gamma(H)$ ≤ 3 ということになる。他方、$H$のどの頂点の次数もたかだか3で、四つを超える頂点を支配できる頂点はなく、$H$の頂点二つで支配できる$H$の頂点はたかだか八つということになる。$H$の位数は9なので支配数が2とはなりえず、$H$の支配集合には、いずれも少なくとも三つの頂点がなければならない。ゆえに、$\gamma(H) = 3$である。

　1958年、フランスの数学者クロード・ベルジュ(1926〜2002)は、『グラフ理論とその応用』という、グラフ理論について書かれた史上2番めの本を書いた。この本でベルジュは初めて、グラフの支配数の概念を定義した(使った用語は違っていたが)。4年後の1962年、オイステイン・オアは『グラフ理論』という、英語で書かれた初めてのグラフ理論の本を書いた。この本でオアは、「支配集合」と「支配数」という用語を導入した。1977年にアーネスト・コケインとスティーヴン・ヘデ

トニーミによる「グラフにおける支配の理論に向けて」という総説論文が発表されて、支配がグラフ理論内での研究分野の一つとなる勢いがついた。

支配がかかわる実用的な例を見てみよう。図 3.17 はある町の一部を示していて、横方向の街路 3 本と、縦方向の街路 4 本で決まる、六つのブロックからなる。街路の交差点を監視するよう警備要員が配置された。交差点に駐在する警備員(セキュリティガード)は、自分がいる交差点と、そこから見て直線上にある交差点を 1 ブロック先まではすべて見張ることができる。12 か所の交差点すべてを監視するのに必要な警備員の最小人数はいくらか、というのが問題である。図 3.17 は、12 か所の交差点すべてが見張れるように警備員が配置できる交差点を四つ示している（記号 SG がつけられている）。

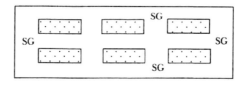

図 3.17　町の地図

この状況は、図 3.18 のグラフ $G$ でモデル化される。街路の交差点はグラフ $G$ の頂点で、二つの頂点が同じ街路上の、一つの街区の反対の端どうしを表すなら、その二つは隣接している。図 3.17 の町での警備員の最小数を求めることは、図 3.18 のグラフ $G$ での支配数を

図 3.18　市街図をモデル化するグラフ

求めるのと同じ問題となる。図3.18の塗りつぶされた頂点は、図3.17の警備員が配置された交差点に対応する。

**例 3.5**：図3.18のグラフ $G$ について、$\gamma(G)$ を求めよ。

**解**：$\gamma(G)=4$ であると言える。図3.18の四つの塗りつぶした頂点は $G$ の支配集合をなすので、$\gamma(G) \leq 4$ ということになる。$\gamma(G) \geq 4$ であることを確かめるために、$G$ の3頂点による支配集合がないことを示す必要がある。

グラフ $G$ には12の頂点があり、そのうち二つは次数4で、六つは次数3である。残った四つの頂点の次数は2である。ゆえに、それぞれ五つの頂点を支配する二つの頂点と、それぞれ四つの頂点を支配する六つの頂点がある。そこで考えると、合わせて $G$ の12の頂点すべてを支配する三つの頂点による集合があるかもしれない。なお、$G$ の頂点は二つの色、たとえば赤（R）と青（B）で彩色して、同じ色の2頂点が隣接しないようにすることができる。一般性を失うことなく、$G$ の頂点は図3.19のように彩色できると仮定してよい。必然的に、それぞれの頂点の隣の頂点は、当の頂点に割り当てられた色とは違う色になる。

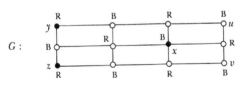

図3.19　グラフの支配数を求める

$G$ には三つの頂点だけからなる支配集合 $S$ があるとしてみよう。$S$ の少なくとも二つの頂点は同じ色になる。$S$ の三つの頂点すべてが同じ色、たとえば赤で彩色されるなら、六つの赤の頂点のうち、

支配されるのはその三つだけとなる。ゆえに、$S$のちょうど二つだけの頂点が同じ色、たとえば赤に彩色され、もう一つは青となる。$S$にある青の頂点の次数がたかだか3なら、支配できる赤の頂点の数はたかだか3で、$S$は$G$の赤の頂点を最大五つまで支配し、これは条件をみたさない。ゆえに$S$は次数4の$x$を唯一の青の頂点として含む（図3.19）。$x$によって支配されない赤の頂点は$y$と$z$だけなので、$S=\{x, y, z\}$ となる。しかし$u$と$v$は$S$のいかなる頂点にも支配されておらず、これでは条件をみたさない。ゆえに、$\gamma(G)=4$である。◆

## ライツアウト・パズル

商業ビルの一フロアでは、三つの会社A、B、Cが一列に並んでオフィスを借りている。それぞれのオフィスには大きな天井灯があり、押すとそのオフィスと隣接するオフィスの照明の点灯消灯を切り替えるスイッチがある。すると、1日がまず、図3.20aのような「すべて消灯」で始まるなら、中央のBのオフィスでスイッチを押すと、図3.20bのような、「すべて点灯」の状態になる。もちろん、Bのオフィスでまたスイッチを押せば、図3.20aの状態に戻る。

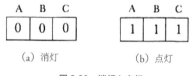

(a) 消灯　　　　　(b) 点灯

図 3.20　消灯と点灯

三つのオフィスの照明の状態配置は、$a, b, c$を0か1のいずれかの数とし、0は消灯、1は点灯を意味するものとして、順序付きの三つ組（$a, b, c$）あるいは$abc$で表される。図3.21に8通りの可能性が示

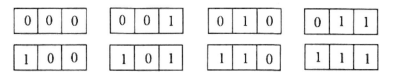

図 3.21 三つのオフィスにありうる照明の状態配置

されている。

この状況は、$a, b, c \in \{0, 1\}$ として、頂点が順序付き三つ組 $abc$ となる位数 8 のグラフ $G$ で表せる。スイッチを 1 回押すことによって、ある配置から別の配置へ変えられるなら、その配置を表す二つの頂点を辺で結ぶ。グラフ $G$ は図 3.22 に示してある。図 3.22 のグラフ $G$ は、三つのオフィスすべてで消灯している状態から始めて、どんな照明のパターンでも得られることを示している。ただし、最大 3 回スイッチを押さなければならないことがある。念のために言うと、このグラフは 3-立方体 $Q_3$ である。

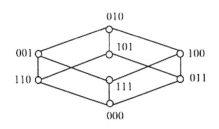

図 3.22 照明状態のグラフ

ここで今しがた述べた状況は、最初からグラフを用いて解釈できる。図 3.23 のグラフ $G$ を考えよう。ここでは頂点がすべて黒丸で描かれており、照明がすべて点灯していることを表す。中央の黒丸の頂点を「押す」と、それによってすべての照明が消え、グラフ $H$ となる。

つまり一般的な状況はこんなふうになる。$G$ を各頂点にライトとそ

第 3 章 距離の分析　　89

図 3.23　グラフ $G$ と $H$

のスイッチがある連結グラフとする。各頂点について、その頂点のライトは点灯か消灯かのいずれかである。頂点にあるスイッチが押されると、それはその頂点だけでなく、頂点に隣接するすべての頂点のライトを反転させる(オンをオフに、オフをオンにする)。つまり、グラフ $G$ の頂点 $v$ にあるスイッチが押されると、それは $v$ に支配される各頂点のライトを反転させる。したがって、$G$ の頂点 $u$ が $k$ 個の頂点に支配されていて、この $k$ 個の頂点のスイッチが押されると $u$ にあるスイッチは $k$ 回反転させられる。ここで問える問題はいろいろあるが、主たる問題は次のようなことだ。

### ライツアウト・パズル

$G$ をグラフとする。$G$ のすべての頂点のライトがオンなら、押されるとすべての頂点のライトを消すスイッチの集合は存在するか(もし存在するなら、そのような集合にあるスイッチの最小数はいくらか)。

「ライツアウト」という電子パズルがあり、ハブロ社傘下のターゲット・エレクトロニクス社から発売されていて、これは先に触れたもっと一般的なグラフ理論のパズルとなっている。以前は立方体で作られていたが、今の「ライツアウト」のゲームは 5×5 の市松模様の盤で遊ぶもので、多色の LED とデジタルの音がついている。実は、いろいろな変種のパズルができる双方向のウェブサイトもある。

先に述べたグラフ $G$ 上の「ライツアウト・パズル」で言えば、ここで問われていることは、$G$ のすべての頂点が $S$ の奇数個の頂点に支配されるような支配集合 $S$ があるかということになる(あるなら、$S$ に属する頂点を押せば、すべてのライトを消灯できる)。次の、クラウス・スー

トナーによる（たぶん意外な）帰結は、このパズルには必ず解があることを言っている。

**定理 3.6** $G$ が連結グラフでその頂点のライトがすべてオンなら、頂点の集合 $S$ に属する各頂点のスイッチを押すと、$G$ のすべてのライトが消えるような集合 $S$ が存在する。

## エルデシュ数

多くの数学者が数学研究を行ない、たいていは数学の世界での新しい帰結を発見しようとしている。数学者が新しい帰結（定理）を発見すると、その人は多くの場合、証明を含むその成果を、数学論文と呼ばれる文章の形に書き上げる。論文は、そのような文章を掲載して発表する数学雑誌あるいは学術誌（ジャーナル）に投稿される。万事うまく行けば、その論文は掲載され、数学者はその論文の著者（あるいは共著者の一人）となる。

距離が数学論文の世界での興味深い役割を演じる変わったグラフが、「協力グラフ」だ。このグラフの頂点はそれぞれの数学者である。協力グラフの二つの頂点（数学者）は、二人が何らかの数学論文で共著者となったときに辺で結ばれる。かつての数学者はたいてい、一人で数学を研究していた。実は、第 2 次世界大戦の前は、数学論文の 90％以上が単独で書かれたもので、著者が 3 人以上という論文はほとんどなかった。たぶん、数学の学会が増えたり、電子的通信が簡単にできるようになったりしたために、著者の名が多数並ぶ論文の割合が大きく増えた。実験科学では、多数の著者が名を連ねるのはもっとあたりまえになっている。実際、500 人を超える著者がいる科学論文もたくさんある。結果として、数学研究はむしろ共同研究になっていることが多い。宇宙探査のような科学的な研究だけでなく、ブロード

ウェイのミュージカルや映画のような芸術的な仕事でも、大きな仕事の多くには、協力して成果のあった何人もの人々がかかわっている。実際、ピクサー・アニメーション・スタジオの人々は、そのヒットの大部分は、同社に存在する創造的な協力のおかげだと言っている。

共同研究をした人の数が多いことで知られている数学者と言えば、ポール・エルデシュ（1913〜1996）という、ハンガリー出身の多産な数学者だ。エルデシュにまつわるユーモラスな概念もある。数学者それぞれを $A$ とすると、協力グラフでのエルデシュから $A$ までの距離を $A$ の「エルデシュ数」と言う。したがって、エルデシュ本人は、エルデシュ数が 0 である唯一の人物となる。エルデシュとの共著論文がある数学者はエルデシュ数 1 とする。一般に、数学者が $k$ より小さいエルデシュ数を持たず、エルデシュ数 $k-1$ の数学者との共著論文がある場合、その数学者のエルデシュ数を $k(\geq 2)$ と数える。エルデシュが著者あるいは共著者となった 1500 本以上の論文から、500 人を超えるエルデシュ数 1 の数学者が生まれ、エルデシュ数 2 の数学者は 6000 人を超える。ある数学者のエルデシュ数が 13 だということがわかった場合もある。協力グラフの頂点エルデシュにつながる通路がない数学者はエルデシュ数を持たない。エルデシュ数について言えることの一つは、それが時間の関数になるということだ。とくに言えば、一人の数学者のエルデシュ数は、時間とともに減ることはあっても、増えることはない。

数学者のエルデシュ数を求めるという問題に似ているのが、映画俳優のベーコン数を求めるという問題である。ベーコン数は映画俳優のケヴィン・ベーコンに関係する。この場合、長編映画に出演した役者を頂点とするグラフが構成される。二つの頂点（役者）は、同じ長編映画に出演した場合に辺で結ばれる。このグラフでの役者 $A$ からケヴィン・ベーコンまでの距離が、$A$ の「ベーコン数」となる。エルデシュ数もベーコン数も、いわゆる「6 次の隔たり」（ジョン・グアーレの

芝居の題にもなっている〔芝居の邦題は「私に近い6人の他人」〕）と関係している。人を頂点として隣接する頂点は知り合いを意味するとすれば、どんな二人も長さ6以下の通路でつなげるという考えである。

　数学論文の著者あるいは共著者のことを考えるときは、作家というより数学者のことを考えるものだが、ふつう、著者と言えば、作家のことが思い浮かべられるものだ。マーク・トウェインとルイス・キャロルは、多くの有名な作家の中でもよく知っている。マーク・トウェインはハックルベリー・フィンやトム・ソーヤーといったキャラクターを生み出し、ルイス・キャロルは『不思議の国のアリス』のアリスを生んだ。

　マーク・トウェインとルイス・キャロルが書いた小説は相当に違うが、この二人の作家には共通点がある——マーク・トウェインもルイス・キャロルもそれぞれの本名ではないということだ。マーク・トウェインの本名はサミュエル・ラングホーン・クレメンズで、ルイス・キャロルはチャールズ・ラトウィッジ・ドジソンといった。作家が本名とは別の「ペンネーム」を使うことは珍しくもなんともないが、数学者となるとほとんど聞いたことがない——それでもあったことはあり、ユーモアが意図されていた。

　1979年、「長方形配列の最大の反鎖」という題の論文は、G・W・Peck(ペック)という名で発表された。ところがそういう人物はいない。実は、この名を構成する6文字は、6人の共著者、ロナルド・グレアム、ダグラス・ウェスト、ジョージ・B・パーディ、ポール・エルデシュ、ファン・チュン・グレアム〔旧姓はチュン〕、ダニエル・クライトマンの姓の頭文字となっている。とくに言えば、これは、架空(イマジナリー)の著者がいる論文で、ダグラス・ウェストとポール・エルデシュが共著者になったということだった。ウェストはエルデシュと論文の共著者になったことはないので（当時）、誰かによって、ウェストはエルデシュ虚数(イマジナリー)$i$を持つのが妥当と定められた。

第3章　距離の分析

論文を書いた架空の数学者はG・W・ペックだけではない——この人物がいちばん有名な架空の数学者というわけでもない。やはりグラフ理論の発達に大きな影響を与えた20世紀数学者に、ウィリアム・タットがいる。タット（1917〜2002）はイギリス生まれ、1935年にケンブリッジ大学トリニティ・カレッジに入って化学を勉強した。タットの専攻は化学だったが、好きな科目は化学ではなく、数学だった。トリニティ数学会の活発な会員で、そこでセドリック・スミス、ローランド・レナード・ブルックス、アーサー・ストーンという3人の大学院生と出会い、生涯の友人となった。4人の学生は、電気回路を使って幾何学の問題を解く論文を書き、これはその分野での標準となる文献になった。

　この4人の学生は、「トリニティ・フォー」と呼ばれることがある。スミスは、「エクトル・ペタール」と名乗る数学者グループがいて、その名で数学論文も書いていることを知った。スミスはこのアイデアがおもしろいと思い、トリニティ・フォーは自分たちの名を探し始めた。4人（ビル、レナード、アーサー、セドリック）の頭文字を採るとBLAC（ブラック）となった。「コーネリアス・ブラック師」の名を使うというアイデアが浮かんだが、ブルックスは反対した。ブラックという色が、もっと明るいブランシュ（フランス語で「白」の意味）になった。「カルト・ブランシュ」〔白紙委任状〕という言いまわしが「ブランシュ・デカルト」という名を連想させた（ルネ・デカルトは有名な数学者である〔さらに言うと、ブランシュ（あるいは英語読みで「ブランチ」）は女性名〕）。そこで何年かにわたり、ブランシュ・デカルトがトリニティ・フォーのいろいろな組合せの名となった。その名義で30本ほどの論文が発表された。軽いものもあれば本格的なものもあった。ミズ・デカルトが誰のことかを知っている人は多かったが、タットは決してそのことを認めなかった。ブランシュ・デカルトの名義で書くことによって、タットは身分を隠して想像のままに書くことができたのだ。

# 第4章
# 木の構成

　国の未開発の地方で、いくつかの開墾地が村になり、村の指導者たちのあいだで、そろそろ村どうしをつなぐ舗装道路を建設して、それを通ってすべての村を乗り物で行き来できるようにしようという話になった。問題は、費用をできるだけ低く抑えて実現するにはどうすればいいかということだ。図 4.1a は、この村々の地図を示している。$v_1, v_2, \cdots, v_8$ で村を表し、舗装道路の現実的な場所と推定コスト（千ドル単位）が添えられている。

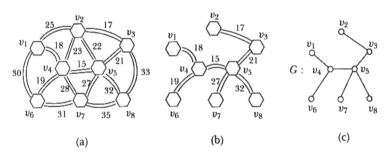

図 4.1　最小価格案と舗装された道路を表すグラフ

　図 4.1b は舗装する道路の選び方について、ありうる一つの選択肢を示している。どの道路を舗装すべきかについての判断は、舗装されていない二つの村のあいだの道路のうち、費用が少ないほうから順に選ぶことによって行なわれる。どの道路を舗装するかをこうやって決めるのは、「貪欲法」と呼ばれることが多い。各段階で最適の選択と見えるものを行なうということである。この場合、そうするのが良い

方法と思われるだろうか。この問題への意外な答えは、本章で後に明らかにする。きわめて明らかなことに、舗装すべき道路はグラフ、つまり図 4.1c のグラフ $G$ でモデル化できる。

図 4.1b に示された舗装が選択された道路網からは、さらにいくつかの問題が立てられる。たとえば、$v_2$ 村にいる人物が $v_6$ 村に舗装道路を通って車で行くには、$v_3$, $v_5$, $v_4$ を通って行く必要がある。それと同等のことだが、図 4.1c のグラフ $G$ の $v_2$ から $v_6$ に至る唯一の通路は $(v_2, v_3, v_5, v_4, v_6)$ である。さらに道路が建設されたほうがもっと便利だろう。これはしかし、建設費を下げようとする目標に反することになる。前段で触れたように、図 4.1b で舗装対象に選ばれた道路は最善の選択かどうかについての問題もある。このタイプの問題は、後で「最小全域木問題」の節で取り上げる。舗装すべき道路をどう選ぶかとは無関係に、しなければならないのは、道路網を表すグラフ $G$ が連結グラフとなるように、できるだけ少ない道路を建設することである。また、このグラフ $G$ には閉路がまったく含まれないことになる。定理 3.1 によって、$G$ に閉路があれば、それに属する辺を削除しても、やはり連結されたグラフができるからだ。

これによって、閉路を含まない連結グラフという、本章の主要なテーマにたどり着く。

## 木の紹介

閉路を含まない連結グラフは「木(ツリー)」と呼ばれる。図 4.2 は三つの木、$T_1$, $T_2$, $T_3$ を示している（木は一般に $G$ よりも $T$ で表される）。図 4.2 に示される木は、おそらく、このグラフが木と呼ばれる理由の説明になるだろう。実際、木はユーモアを交えて木に見えるグラフと定義されている。

木 $T$ は連結グラフなので、$T$ のどの二つの頂点も通路で連結されて

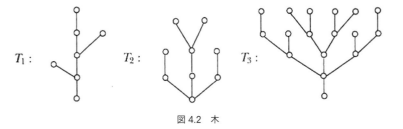

図 4.2　木

いる。言えることはもっとある。

**定理 4.1**：グラフ $G$ 上のすべての 2 頂点が 1 本の通路だけで連結されているなら、その場合にかぎり、$G$ は木である。

**証明**：まず、$G$ はすべての二つの頂点が 1 本の通路だけで連結されているグラフであるとする。この場合、確かに $G$ は連結グラフである。$G$ が木であることを示すには、$G$ に閉路がないことを示せばよい。$G$ が閉路 $C$ を含んでいたら、$C$ 上のどの二つの頂点も $C$ 上の 2 通りの通路で連結されることになり、これは前提に反する。ゆえに、$G$ に閉路はなく、$G$ は木である。

逆に、$G$ が木であるとしよう。$G$ のどの二つの頂点も、$G$ で 1 本だけの通路によって連結されることを示す。逆に $G$ には、2 本の通路 $P$ と $P'$ によって接続される頂点 $u$ と $v$ があるとしよう。$P$ と $P'$ は同じ通路ではないので、$P$ と $P'$ の両方に、後に続く頂点が $P$ と $P'$ で異なる頂点 $x$ がなければならない。$P$ と $P'$ はどちらも $v$ で止まるので、$P$ 上の $x$ の後には、$P'$ の上にもある最初の頂点 $w$ がある。すると、$P$ と $P'$ をつなぐ $x$-$w$ 部分通路は、$x$ と $w$ 以外には共通の頂点がなく、したがって $P$ と $P'$ は、木 $G$ で閉路をなし、これはできない。∎

$u$ と $v$ が木 $T$ の隣接でない任意の 2 頂点だとすると、$T$ は 1 本だけの $u$-$v$ 通路 $P$ を含む。$T$ に辺 $uv$ を加えてグラフ $T+uv$ にするなら、このグラフは閉路——確かに通路 $P$ と辺 $uv$ から形成される 1 個の閉路 $C$ となる——を含むので、木ではない。

## 木の葉

木を相手にするときには、次数 1 の頂点はふつう、端点よりもむしろ「葉(リーフ)」と呼ばれる。たとえば、図 4.2 の木 $T_1$ には 4 枚の葉がある。次の定理は「極端をとる論法(エクストレマル)」と呼ばれる方法で証明される。

**定理 4.2**：少なくとも二つの頂点がある木には、少なくとも 2 枚の葉がある。

**証明**：木の頂点が二つだけの場合には明らかに成り立つ。そこで、$T$ は位数 $n \geq 3$ とし、$P$ は $T$ における最大の長さの通路とする。$P = (v_1, v_2, \cdots, v_k)$ としよう。$v_1$ と $v_k$ は $T$ の葉となることを言う。$v_1$ が葉であることを証明するには($v_k$ についても同様になる)、$v_1$ に隣接するのは $v_2$ のみであることを示さなければならない。確かに、$v_1$ は $P$ 上の他のどの頂点にも隣接できない。できたとしたら、$T$ の中に閉路ができてしまうからだ。また $v_1$ は他の、$P$ 上にない頂点、たとえば $v_0$ にも隣接できない。できたとしたら、$(v_0, v_1, v_2, \cdots, v_k)$ は $P$ よりも長い通路になってしまい、$P$ が最大の長さであるという仮定に反するからである(図 4.3)。■

なお、$u$ が木 $T$ の葉である場合、$T$ から $u$ を削除して得られるグラフ $T-u$ は連結グラフで、閉路を含まない。つまり $T-u$ も木である。このことにより、木についての多くの重要な定理を「帰納的に」〔いも

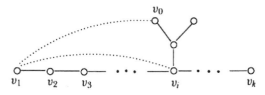

図4.3 $P=(v_1, v_2, \cdots, v_k)$ が、木における最大長なら、$v_1$ は $v_2$ にのみ隣接できる

づる式に〕証明できる。さらに、新しい頂点 $v$ が $T$ に加えられ、$T$ の1個の頂点に結ばれるなら、結果として得られるグラフ $T'$ も連結グラフであり、かつ閉路を持たないので、$T'$ も木である。

図4.2の木 $T_1$ は位数7でサイズ6だが、$T_2$ は位数9、サイズ8であることを見よう。$T_3$ は位数17でサイズは16である。こうした例のいずれでも、木のサイズは位数より一つ小さい。これはすべての木について成り立つ。

**定理4.3**：頂点が $n$ 個の木はすべて、辺は $n-1$ 本である。

**証明の考え方**：図4.4は位数6以下のすべての木を示している。どの木でも、サイズ $m$ は位数 $n$ より1少ない。位数6の二つの木の頂点には次数を付している。$T$ の位数が7で、$v$ は $T$ の葉であるとする。頂点 $v$ は $T$ の一つの頂点に隣接しており、この頂点を $u$ とする。$T-v$ は位数6の木であり（必然的に図4.4示されるものの一つとなる）、5本の辺があるので、$T$ の辺はこの5本の辺に辺 $uv$ を合わせたもの、つまり全部で6本の辺となる。

この論証を繰り返せば、頂点が8個の木はすべて辺は7本となり、頂点が9個の木には8本の辺があり、以下同様となる。■

この定理とグラフ理論の第一定理〔次数の和は辺の数の2倍〕から、次のことが得られる。

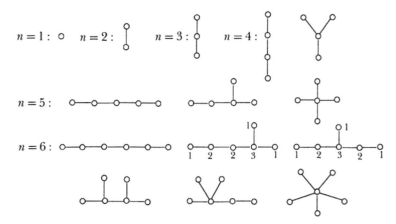

図 4.4 頂点の数が 6 以下の木

**系 4.4**：$T$ が位数 $n$、サイズ $m$ の木で、頂点を $v_1, v_2, \cdots, v_n$ とすると、

$$\deg v_1 + \deg v_2 + \cdots + \deg v_n = 2m = 2(n-1) = 2n-2$$

木の中の次数 3 以上の頂点の数がわかれば、葉の数が求められる。

**系 4.5**：$T$ は位数 $n \geq 2$ の木で、$\Delta$ は $T$ の最大次数、$n_i$ は、$i=1, 2, \cdots,$ $\Delta$ について次数 $i$ の頂点の個数とすると、$T$ にある葉の数 $n_1$ は、次のようになる。

$$n_1 = 2 + n_3 + 2\,n_4 + 3\,n_5 + \cdots + (\Delta-2)n_\Delta \quad (4.1)$$

**証明**：グラフ理論の第一定理から、

$$1\,n_1 + 2\,n_2 + 3\,n_3 + 4\,n_4 + 5\,n_5 + \cdots + \Delta n_\Delta = 2n-2$$

$n = n_1 + n_2 + n_3 + \cdots + n_\Delta$ なので、次のようになる。

$$1\,n_1 + 2\,n_2 + 3\,n_3 + 4\,n_4 + 5\,n_5 + \cdots + \Delta n_\Delta = 2(n_1 + n_2 + \cdots + n_\Delta) - 2 \quad (4.2)$$

式 (4.2) を $n_1$ について解くと、式 (4.1) が得られる。∎

今度は系 4.5 を使って、葉以外のすべての次数の頂点の数がわかれば、木にある葉の数がわかるという例を見よう。

**例 4.6**：$T$ が次数 3 の頂点を二つ、次数 4 の頂点を三つ、次数 6 の頂点を一つもつ木であるとする。次数 3 以上の頂点は他にはない。$T$ にはいくつの葉があるか。

**解**：$T$ にある次数 $i$ の頂点の数を、$1 \leq i \leq 6$ として、$n_i$ とする。系 4.5 により、$T$ における葉の数 $n_1$ は、

$$n_1 = 2 + n_3 + 2\,n_4 + 3\,n_5 + 4\,n_6 = 2 + 2 + 2\cdot 3 + 3\cdot 0 + 4\cdot 1 = 14$$

われわれがどの木 $T$ を指しているかを正確に求める方法はないが、$T$ の一つの可能性は図 4.5a に示されている。系 4.5 の $T$ にある葉の数を求める式 (4.1) は、次数 2 の頂点の数 $n_2$ を含んでいないことに目を留められるかもしれない。確かに、木にある葉の数は、木にある次数 2 の頂点の数には影響されない。図 4.5a の木 $T$ には次数

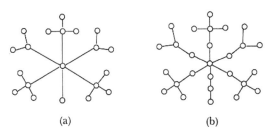

図 4.5　例 4.6 の次数条件を満たす木

2 の頂点はなく、図 4.5b の木には、次数 2 の頂点が 7 個あり、例 4.6 で述べられた次数の条件をすべて満たしている。◆

図 4.4 は、次数 6 以下の形が異なる（つまり非同型の）木をすべて示していることを見た。この図には、次数 3 の頂点が一つ、次数 2 の頂点が二つ、葉が三つある頂点が六つの木が二つあるが、両者は同型ではない。たとえば、次数 2 の頂点は、一方では隣接しているが、もう一つではそうではないからだ。このことは、木についても、各次数の頂点の数を知っても、参照しているグラフがどういうものかは必ずしも正確にわからないことを明らかにしている。

定理 4.2 と系 4.4 によって、$T$ が位数 $n \geq 2$ の木で、$d_1, d_2, \cdots, d_n$ がそれぞれの頂点の次数なら、$\Sigma_{i=1}^{n} d_i = 2n-2$ であり、$d_1, d_2, \cdots, d_n$ のうち少なくとも二つは 1 となる。逆はどうだろう。たとえば、和が 10 となる 6 個の正の整数を与えられれば、この六つの整数を次数とする頂点による木 $T$ は必ずあるか。10 という数を六つの正の整数の和で表す書き方（大きいものから小さいものへと並べる）は 5 通りある。

$10 = 2+2+2+2+1+1$, $10 = 3+2+2+1+1+1$,
$10 = 3+3+1+1+1+1$, $10 = 4+2+1+1+1+1$,
$10 = 5+1+1+1+1+1$

それぞれの和について、頂点の次数がこの数になる位数 6 の木がある（図 4.4）。実際、挙げられた最初の和は、図 4.4 にある位数 6 の木の最初のものである。

**定理 4.7**：$d_1, d_2, \cdots, d_n$ が、$n \geq 2$ となる正の整数で、その和が $2n-2$ なら、これらの整数は、位数 $n$ の何らかの木 $T$ の頂点の次数である。

**証明の考え方**：すでに $n=6$ について定理が成り立つことは見た。この事実をどう用いれば、定理が $n=7$ についても成り立つことが言えるだろう。$d_1, d_2, \cdots, d_7$ は、その和が $2n-2=2(7)-2=12$、つまり $d_1+d_2+\cdots+d_7=12$ となる、七つの正の整数とする。この数のうち少なくとも一つは 2 以上である。他方、七つすべてが 2 以上だと、和は少なくとも 14 となるので、少なくとも一つは 1 で、$d_7=1$ としよう。さて、$d_7$ をはずして、$d_1$ を 1 減らせば、和が 10 となる六つの正の整数となる。つまり、$(d_1-1)+d_2+\cdots+d_6=10$ である。ところが、$n=6$ については定理が成り立つことはわかっているので、六つの頂点 $v_1, v_2, \cdots, v_6$ の次数がそれぞれ $d_1-1, d_2, \cdots, d_6$ となる位数 6 の木 $T'$ が存在する。さて、$T'$ に $v_7$ を加えてそれを $v_1$ に結べば、七つの頂点が望まれる性質をもつ木 $T$ ができる。

たとえば、和が 12 となる七つの数、3, 3, 2, 1, 1, 1, 1 を考えよう。木 $T$ をこの七つの数を次数とする七つの頂点で作ろう。最大の数から 1 を引き、最小数を一つ除けば、和が 10 となる六つの整数 2, 3, 2, 1, 1, 1 が得られる。図 4.4 の $n=6$ で、頂点がこの次数となる木を特定し（二つある）、その次数 2 の頂点のいずれにでも葉を加えれば、望む木 $T$ ができる。

今度はそれを $n=8, n=9$ と同様に繰り返せば、定理が確かめられる。■

**例 4.8**：17 個の整数 5, 4, 3, 3, 3, 2, 2, 1, 1, 1, 1, 1, 1, 1, 1, 1, 1 の和は 32 である。$32 = 2 \cdot 17 - 2$ なので、定理 4.7 から、位数 17 で、この 17 個の整数を頂点の次数とする木があることが導かれる。そのような木 $T$ の例を、図 4.6a に示す。

定理 4.7 に多くのことを読み込みすぎないよう気をつけなければならない。例 4.8 で言われている次数の頂点によるグラフすべてが必ず

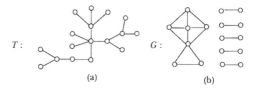

図 4.6 同じ位数で頂点の次数が同じ二つのグラフ

木になるということではない。たとえば、図 4.6b のグラフ $G$ の頂点は、$T$ と同じ次数になっているが、$G$ は木ではない。

## 木と飽和炭化水素

イギリスの数学者アーサー・ケイリー（1821 〜 1895）は、19 世紀の大数学者の一人だった。ケイリーは 967 本の研究論文を書いており、史上でも有数の多産な数学者である。ポール・エルデシュは 1552 本以上、オイラーは 886 本、オギュスタン＝ルイ・コーシーは 789 本を書いた。第 3 章で見たように、エルデシュの論文の多くは共著だった。ケイリーとオイラーの論文は、分量があることで知られる。ケイリーは近代代数学の研究が有名だが、法律家として何年か過ごしたこともある。ケイリーのグラフ理論とのつながりは、数では少ないものの、やはり重要なものだった。

ケイリーは 1857 年、微分の問題を解こうとしていたとき、「根付き木」をすべて数えるという問題に導かれた——特定の頂点が「根」として指名される木である。1875 年には、別の木を数える問題に出会うことになる。このときは、飽和炭化水素という（アルカンとかパラフィンとも呼ばれる）特定の種類の分子を数えるという問題を調べていた。このような分子は炭素原子と水素原子で構成されている。飽和炭化水素では、すべての炭素原子の原子価が 4 で、すべての水素原子の原子価が 1 である。そのような分子の分子式は $C_nH_{2n+2}$ となる。これは、

どの分子にも $n$ を正の整数として、$n$ 個の炭素原子と $2n+2$ 個の水素原子があることを表す。$n=1, 2, 3$ については、分子はそれぞれメタン、エタン、プロパンと呼ばれる。この三つの分子の構造式は、図 4.7 に示されているとおりで、実は木である。それぞれの「炭素頂点」は次数が 4、「水素頂点」は葉ということになる。分子中の原子価が分子を表す木の頂点の次数と同じであるだけでなく、グラフでの頂点の次数をその頂点のヴァレンシーと呼ぶ数学者もいる。

ブタンとイソブタンという飽和炭化水素（図 4.8）は同じ $C_4H_{10}$ という分子式で、それぞれ炭素原子 4 個と水素原子 10 個があることを表

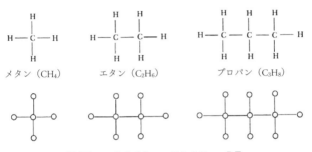

図 4.7　$n=1, 2, 3$ についての $C_nH_{2n+2}$ 分子

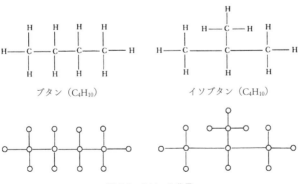

図 4.8　$C_4H_{10}$ の分子

第 4 章　木の構成　　105

しているが、両者は性質が違う。この二つは、分子式は同じでも性質が異なる、異性体と呼ばれる分子の例である。

分子式 $C_4H_{10}$ については2種類の異性体だけだが、$n \geq 5$ となる $n$ について $C_nH_{2n+2}$ という式の異性体の数を求めるとなると、相当にややこしい。ケイリーはその数 $i_n$ を、$1 \leq n \leq 11$ について正しく計算することができた。

| $n$ | 1 | 2 | 3 | 4 | 5 | 6 | 7 | 8 | 9 | 10 | 11 |
|---|---|---|---|---|---|---|---|---|---|---|---|
| $i_n$ | 1 | 1 | 1 | 2 | 3 | 5 | 9 | 18 | 35 | 75 | 159 |

飽和炭化水素の数を数えるのは、非同型の木の種類の数を数えることに相当する。飽和炭化水素の樹形図から水素原子を取り除くと、別の木が得られる——いわゆる炭素木で、すべての頂点の次数が4以下となる。つまり、炭素原子が $n$ 個の飽和炭化水素の種類の数は、頂点の次数が4以下の頂点 $n$ 個による木の種類の数に等しい。図4.4に描かれた木から、そのような $n$ 個の頂点がある木の数 $t_n$ は、以下の表で与えられることがわかる。これはもちろん、ケイリーが発見した表の最初の部分に一致する。

| $n$ | 1 | 2 | 3 | 4 | 5 | 6 |
|---|---|---|---|---|---|---|
| $t_n$ | 1 | 1 | 1 | 2 | 3 | 5 |

## ケイリーの木の公式

1889年、ケイリーはまた別の数える問題に目を向けた。今度はラベル付きの木だった。$T'$ と $T''$ は位数 $n$ の2種類の木であるとし、それぞれの頂点が、正の整数 $1, 2, \cdots, n$ でラベルされているとする。すると、それぞれの木には $n-1$ 本の辺がある。ラベル付きの木 $T'$ と $T''$ は、同じ辺を持たない場合、異なると考えられる。たとえば、図

4.9 の位数 3 の三つの木 $T_1$, $T_2$, $T_3$ は 1, 2, 3 でラベルされている。この三つの木は同型だが、ラベル付きの木としては、すべて異なる。たとえば、$T_1$ には辺 12 がない。

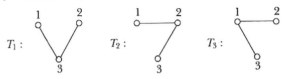

図 4.9　位数 3 の木 3 種

図 4.10 は、頂点が四つのラベル付き木を 16 通り示している。なぜそのような木が 16 通りになるのかを見よう。まず、頂点が四つの場合、非同型の木は、「通路グラフ」と「星グラフ」の 2 種類となる。数 1, 2, 3, 4 による星グラフのラベル付けは、中心頂点に与えられるラベルで完全に決まるので、4 通りある。通路グラフでは、ある端から反対側の端までの頂点は、$4 \cdot 3 \cdot 2 \cdot 1 = 4!$ 通りにラベル付けできるが、それぞれのラベルは反対側から始まる通路の逆に等しいので、通路グラフの頂点のラベル付けは $4!/2 = 12$ 通りあることになる。したがって、位数 4 の場合、木のラベル付けは全部で $4 + 12 = 16$ 通りである。

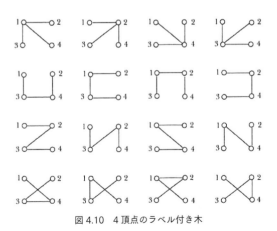

図 4.10　4 頂点のラベル付き木

第 4 章　木の構成

頂点が五つになると、非同型の木は、星グラフ、通路グラフ、「箒グラフ」の3種類がある。先に見たように、星グラフは5通り、通路グラフは5!/2＝60通りのラベル付けがある。箒グラフについては、次数3の頂点の選び方が5通り、次数2の頂点の選び方が4通りある。次数2の頂点に隣接する葉は3通りあるので、このグラフのラベル付けは5・4・3＝60通りとなるので、位数5の木の場合、ラベル付けは、全部で5＋60＋60＝125通りある。

　位数6の木の場合、ラベルのしかたは1296通りあることを示すのは練習問題にしておく。$3 = 3^1, 16 = 4^2, 125 = 5^3, 1296 = 6^4$ であることを見れば、位数 $n$ の木のラベルのしかたは $n^{n-2}$ 通りになると考えないわけにはいかない。ケイリーもそう考えた。与えられた位数のラベル付き木の種類を表す一般式を述べ、同じラベルの集合を使って位数6の木について図解したのはケイリーだったが、ケイリーは完全な証明はつけなかった。

### ケイリーの木の公式

　頂点に、同じ $n$ 個のラベル集合でラベルをつけると、木には $n^{n-2}$ 通りのラベルの付け方がある。

　ラベル付き木に関連して、こんな帰結もある。今度は頂点の次数に関するものだ。定理4.7によれば、位数6で頂点の次数が3, 2, 2, 1, 1, 1の木がある。実は、このような頂点の次数が3, 2, 2, 1, 1, 1 となる木は2通りあり、図4.11に示してある。

　関連する帰結とは次のようなことだ。

図4.11　頂点が次数3, 2, 2, 1, 1, 1 となる2通りの木

**定理 4.9**：$d_1, d_2, \cdots, d_n$ が $n$ 個の正の整数で、その和が $2n-2$ なら、位数 $n$ で頂点 1 の次数が $d_1$, 頂点 2 の次数が $d_2$ のようになるラベル付き木の数は、

$(n-2)!/(d_1-1)!(d_2-1)!\cdots(d_n-1)!$ 通りある。

たとえば、次数の列が

5, 4, 3, 3, 3, 2, 2, 1, 1, 1, 1, 1, 1, 1, 1, 1

となる例 4.8 の場合は、

15!／4! 3! 2! 2! 2!＝1,135,134,000

通りのラベル付き木で表される。ここでは次数 5 の頂点を 1、次数 4 の頂点を 2、次数 3 の三つの頂点を 3, 4, 5、次数 2 の二つの頂点を 6, 7、10 の葉を 8, 9, …, 17 とラベル付けする。図 4.11 の 2 通りの木にできる次数列 3, 2, 2, 1, 1, 1 については、

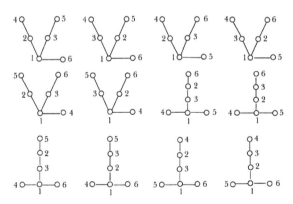

図 4.12 次数列 3, 2, 2, 1, 1, 1 で、次数 3 の頂点を 1、次数 2 の頂点を 2 と 3、葉を 4, 5, 6 とラベル付けしたときの 12 通りのラベル付き木

第 4 章 木の構成

$(6-2)!/(3-1)!(2-1)!(2-1)!(1-1)!(1-1)!(1-1)! = 24/2 = 12$

通りのラベル付き木ができる。こちらでは次数 3 の頂点は 1、次数 2 の二つの頂点は 2 と 3、残った葉は 4, 5, 6 とラベルされる。この 12 通りの木は図 4.12 に示されている。

## プリューファーコード

ケイリーの木の公式の最初に完成した証明は、1918 年、ドイツの数学者、ハインツ・プリューファー (1896 〜 1934) によって示された。プリューファーの手法を確かめるとなると、説明が少々ややこしくなるが、手法そのものは述べにくいものではない。

図 4.13 に示された位数 9 の木 $T$ を考えよう。頂点は 1, 2, …, 9 でラベルされている。木 $T$ には長さ 7 ($T$ の位数より 2 少ない) で、各項がラベル 1, 2, …, 9 のいずれか一つであるような数列が対応する。この数列は、木のプリューファー列あるいはプリューファーコードと呼ばれる。

ここでは図 4.13 の木 $T$ のプリューファーコードの数え方を解説する。まず、$T_0 = T$ とする。$T_0$ では、5 枚の葉にラベル 3, 4, 5, 6, 8 がついている。したがって、$T_0$ の葉のラベルで最小のものは 3 である。その頂点の隣にはラベル 9 がついている。これが $T$ のプリューファーコードの第 1 項となる。それからこの葉が $T_0$ から削除され、位数 8 の木

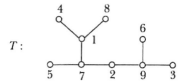

図 4.13　位数 9 のラベル付き木

$T_1$ ができる。$T_1$ の中で最小のラベルがついた葉の隣が $T$ のプリューファーコードの第2項である。$T_1$ には 4, 5, 6, 8 のラベルがついた葉があり、葉4の隣は頂点1である。そこで第2項は1となる。これを $T_7 = K_2$ になるまで続けると、プリューファーコード (9, 1, 7, 9, 1, 7, 2) が得られる（図4.14）。一般に、位数 $n$ の木（頂点は $1, 2, \cdots, n$ でラベルされる）のプリューファーコードは、長さ $n-2$ の、各項が $\{1, 2, \cdots, n\}$ の元となる数列である。

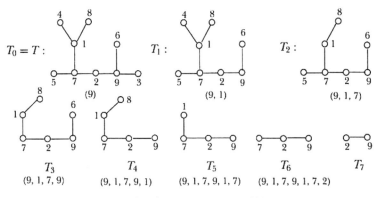

図4.14 木のプリューファーコードを構成する

今度は逆の問題を考えよう。つまり、3以上の何らかの整数について、長さ $n-2$ で、各項が集合 $\{1, 2, \cdots, n\}$ の元であるような数列があるとする。この数列をプリューファーコードとする位数 $n$ のラベル付き木 $T$ となるのはどんな木か。たとえば、$n=9$ で、与えられた長さ7の数列(9, 1, 7, 9, 1, 7, 2) が与えられているとしよう。すると、$\{1, 2, \cdots, 9\}$ の中で、この数列にない最小の元は3である。そこで頂点9（数列の最初の項）に頂点3を結ぶ。そして数列の最初の項を削除すると、短縮された数列 (1, 7, 9, 1, 7, 2) ができる。元3も、集合 $\{1, 2, \cdots, 9\}$ から取り除くと、集合 $\{1, 2, 4, 5, 6, 7, 8, 9\}$ が得られる。この集合で数列にない最小の数は4で、これを頂点1（残った数列の最初）に結ぶ。

第4章 木の構成 111

この手順を、数列がなくなり、集合の最後の元 2, 9 だけになるまで続ける。この二つの頂点を結ぶと、図 4.13 の木 $T$ ができる。この手順は図 4.15 に図解されている。先に見たように、この木のプリューファーコードは (9, 1, 7, 9, 1, 7, 2) である。

ハインツ・プリューファーに証明できたことは、それぞれのラベル付き木には他のラベル付き木にはないプリューファーコードがあり、すべてのプリューファーコードは一意的に一つのラベル付き木に対応するということだった。プリューファーコードは、$(a_1, a_2, \cdots, a_{n-2})$ という外見をしていて、各項は $\{1, 2, \cdots, n\}$ の一つの元なので、プリューファーコードの総数は、$n \cdot n \cdot \cdots \cdot n$（全部で $n-2$ 個）で、これは

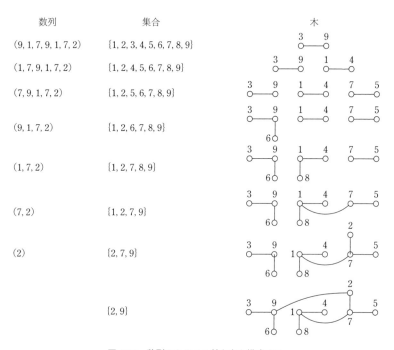

図 4.15　数列からラベル付き木を構成する

$n^{n-2}$ となる。つまり、位数 $n$ のラベル付き木には $n^{n-2}$ 通りある。ただし、木は $n$ 個の元からなる同じ集合でラベルされる。

## 決定木

根付き木とは、何らかの頂点 $r$ が根として指定されるような木 $T$ のことだった。典型的には、$T$ の各辺は $r$ から離れる方向にあり、したがって $T$ は有向木となる。$T$ を描くときは、慣例として、$r$ をいちばん上にして、$T$ のすべての弧〔有向の辺〕は下に向ける。有向の根付き木では、根ではない頂点 $v$ はすべて、$v$ に接続して $v$ に向かって入ってくる弧を1本だけ持っている。有向の根付き木のすべての頂点 $u$ から出て行く有向の弧がせいぜい2本である場合には、$T$ は「二分木」と呼ばれ、図 4.16a の根付き木のようなものになる。根付き木の弧がすべて下向きであることは理解されているので、根付き木は矢印の頭を付けずに描かれることが多い。たとえば、図 4.16a にある二分木は、図 4.16b のように描くこともできる。

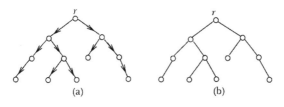

図 4.16 根付き二分木

根付き木は、いろいろな状況を表すのに使える。とくに役に立つのが、次々と比較をすることによって答えが見つかるような問題に遭遇したときで、この場合、木の各頂点 $v$ で決定が行われると、弧 $(v, u)$ を通って頂点 $u$ で行なわれる別の意思決定へと導かれるようになっている。これを、問題に対する答えが見つかったことを示す、葉に達し

た状態になるまで続ける。この理由によって、そのような根付き木は「決定木」と呼ばれる。解を見つけるための手順が決定木という手段で便利に記述できるタイプの問題がある。

何枚かの硬貨を持っていて、そのすべては同じに見えて、そのうち一つを除いて本物の硬貨であるとしよう。残りの1枚は偽造だが、こちらは本物の硬貨よりもわずかに軽い。使えるのは天秤量り一つで（図 4.17）、これは物を載せる皿 A、B で構成される。硬貨を両方の皿に載せれば、A の硬貨が B の硬貨よりも軽いか、重いか、同じ重さかを判別できる。目標は、この天秤だけを使って、どの硬貨が偽物かを明らかにし、しかも測る回数をできるだけ少なくすることである。

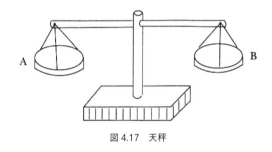

図 4.17　天秤

**例 4.10**：1, 2, 3, 4 という番号のついた 4 枚の硬貨があり、そのうち 3 枚は本物で、1 枚は偽物である。偽物の硬貨は本物よりも少し軽い。どの硬貨が偽物かを決定するのに測らなければならない必要最小回数は何回で、どうやって偽物を見つけるか。

**解**：まず、どれが偽物かを 1 回で決めることはできない。もちろん、まぐれで最初に当たる場合はありうる。たとえば、たまたま硬貨 1 を A に置き、硬貨 B を 2 に置いて（1, 2 と書いて表す）硬貨 1 が偽の硬貨だったら、皿 A のほうが B よりも軽いので、問題は解けたこ

とになる。しかし、3か4が偽物なら、この回の測定ではわからない。

ところが、硬貨1と2をAに置き、3と4をBに置くとしよう（図4.18）。このとき皿がつりあうことはありえない。AかBのいずれかが軽いので、そちらに偽の硬貨が入っている。皿Aの中身のほうがBより軽ければ、1か2のいずれかが偽物で、逆なら3か4が偽物ということになる。どの硬貨が偽物かは、もう一度測ることではっきりする（あらためて図4.18）。◆

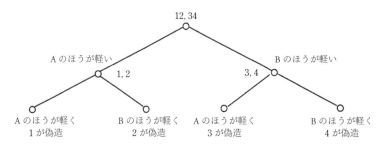

図 4.18　例 4.10 の偽物の硬貨を決定木によって特定する

決定木を使ってこの問題に答える場合、その答えは例4.10で述べられた偽の硬貨を求める方法だけではない（実際、1と2を比べるところから始めてもよい。皿がつりあえば、3と4を比べる。この手順は必ず問題を2回以内の測定で解くが、1回でわかることもある）。

硬貨が6枚だったらどうなるかという問題を考えてもよい。

**例 4.11**：$1, 2, \cdots, 6$ という番号のついた6枚の硬貨があり、そのうち5枚は本物で、1枚は偽物である。偽物の硬貨は本物よりも少し軽い。どの硬貨が偽物かを決定するのに測らなければならない必要最小回数は何回か。

**解**：硬貨が2枚増えても、2回測れば偽物は見つけられる。その方

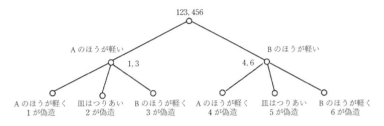

図 4.19 例 4.11 の偽物の硬貨を決定木によって特定する

法を明らかにする決定木が図 4.19 に示されている。

## 最小全域木問題

本章の初めに八つの村 $v_1, v_2, \cdots, v_8$ について、いくつかの村どうしを舗装道路でつなぎ、どの二つの村も舗装道路を伝って移動でき、しかもそのことをできるだけ安上がりに行なうという問題を立てた。この問題の答えは、位数 8 の木によって表すことができることも見た。その木をあらためて図 4.20 に示す。実は、連結グラフ $H$ の全域部分グラフ $T$ は、$T$ が木である場合、$H$ の「全域木」と呼ばれる。

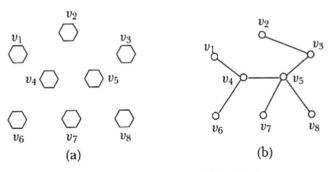

図 4.20 ある領域でのありうる道路網を表す木

図 4.20b に構成された道路網には不利なところが一つある。それは、人が $v_1$ と $v_2$ のあいだを舗装道路を通って行こうとしたら、$v_4, v_5, v_3$ を通る必要が（おそらく宿泊する必要も）あるということだ。そうなるともちろん、$v_1$ と $v_2$ のあいだの移動は長い時間がかかる旅になる。とはいえ、$v_1$ と $v_2$ のあいだを直接つなぐ舗装道路を建設するとなれば、費用がかかる。八つの村を連結する最小費用による道路網を建設することは、必然的に、頂点 $v_1, v_2, \cdots, v_8$ による木を構成することになる。しかし図 4.20b で構成された道路網が最も費用が少ないことをどうすればわかるだろう。そこがグラフ理論でも有名な問題の元になる。

　辺 $e$ にその辺の重みと呼ばれる数（たいていは正の数）を付与したグラフを重み付きグラフと言い、その重みを $w(e)$ で表すことを思い出そう。$G$ が重み付きグラフで、$H$ が $G$ の部分グラフであるとして、$H$ の辺の重みの和を $H$ の「重み」$w(H)$ とする。ここで関心を向けるのは、重み付き連結グラフ $G$ について、重みが最小となる $G$ の連結全域部分グラフ $H$ を求めることである。必然的に、そのような部分グラフは木でなければならない。そのような木は $G$ の「最小全域木」と呼ばれ、そのような木を求める問題は、「最小全域木問題」と呼ばれる。

　最小全域木問題は 1926 年、オタカル・ボルーヴカが最も経済的な電線網を探していたときにさかのぼる。ボルーヴカはこの問題を解く方法を最初に提示したが、1956 年にはジョセフ・バーナード・クラスカルによる、知られている中で最善の解がもたらされた。

### クラスカル法

　$G$ を位数 $n$ の重み付き連結グラフとする。$G$ の最小全域木 $T$ は次のように構成される。$T$ 用に重みが最小となる $G$ の辺 $e_1$ を選び、次に $G-e_1$ で重みが最小の辺 $e_2$ を選ぶ。$T$ 用に $k$ 本の辺 $e_1, e_2, \cdots, e_k$ （$2 \leq k \leq n-2$）が選ばれると、辺 $e_1, e_2, \cdots, e_{k+1}$ からは閉路ができない

ようにして、重みが最小の辺 $e_{k+1}$ を選ぶ。

この方法は「貪欲法」と呼ばれ、本章の最初に用いた方法なので、おなじみに思われるはずだ。この方法は必ず最小全域木を生み出す。以下の証明は、木に辺を挿入すると一つに決まる閉路を作るという事実を利用している。

**定理 4.12**：クラスカル法はすべての重み付き連結グラフに最小全域木をもたらす。

**証明の考え方**：すべての重みが違うという特殊な場合を証明するが、結果は同じ重みがいくつかあっても言える。

結論とは逆に、位数が2以上の重み付き連結グラフ $G$ があるとして、クラスカル法によって生み出された全域木 $T$ が $G$ の最小全域木ではないとしてみよう。$e_1, e_2, \cdots, e_{n-1}$ を $T$ の $n-1$ 本の辺とし、辺はその順番で選ばれているものとする。ゆえに、$w(e_1) \leq w(e_2) < \cdots < w(e_{n-1})$ であり、したがって $T$ の重みは

$w(T) = w(e_1) + w(e_2) + \cdots + w(e_{n-1})$

$T$ は $G$ の最小全域木ではないので、$T$ の重みより小さい重みの最小全域木 $T^*$ がなければならない。必然的に、$T$ には $T^*$ に属さない辺が一つまたは複数なければならない。$e_k$ を $e_1, e_2, \cdots, e_{n-1}$ にあって、$T^*$ に属していない第一の辺としよう（これは $T$ と $T^*$ がともに辺 $e_1, e_2, \cdots, e_{k-1}$ を含むことを意味する）。$G^* = T^* + e_k$ を $T^*$ に辺 $e_k$ を加えることによって得られるグラフとしよう（図4.21）。先に見たように、グラフ $G^*$ は、1個の閉路 $C$ を含み、必然的に $e_k$ を含む。

$T$ は木で閉路を含まないので、$T$ に属さない $C$ 上の辺 $e$ がなければならない。この辺 $e$ の重みについて言えることは何か。辺 $e_1$ から $e_{k-1}$ までを選んだ後、クラスカル法は $e$ を選んでもよかったのだが

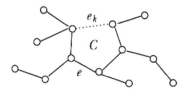

図 4.21　$G^* = T^* + e_k$ の様子の例

(辺 $e_1, e_2, \cdots, e_{k-1}$ と $e$ がすべて $T^*$ にあるのだから)、実際には $e_k$ を選んだ。辺の重みはそれぞれ異なるので、これは $w(e_k) < w(e)$ を意味する。そこで $G$ から辺 $e$ を除くとしてみよう。これは新しい木 $T^{**}$ をもたらし、その重みは

$$w(T^{**}) = w(T^*) + w(e_k) - w(e) < w(T^*)$$

しかしこれは、$T^*$ が $G$ の最小全域木であるという前提に反する。■

　定理 4.12 の重みつきグラフにあるいくつかの辺に、何らかの反復して付与される重みがあるとしたら、この状況は 2 通りに処理しうる。まず、反復される重みに小さな調整を加えて (たとえば重み 25 を 25.001 にするなど)、クラスカル法から意味のある量ほどはずれないようにできるとしよう。代わりに、先の論証にある矛盾を避けるために、$w(e) = w(e_k)$ を得なければならない。この場合、$e$ の代わりに $e_k$ とすることで、$T^{**}$ が $T^*$ と同じ重みを持たなければならなくなるが (したがって、$G$ の最小全域木でもある)、$T$ と共通の辺がさらにできる。結局、$T^*$ はこの方法によって $T$ に変形される。

　今度は、重み付き連結グラフの最小全域木がクラスカル法を使って求められることを明らかにする。

**例 4.13**：図 4.22 に示された重み付き連結グラフ $G$ の最小全域木を

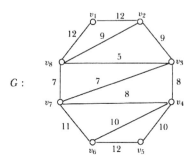

図 4.22　例 4.13 の重み付きグラフ $G$

求めよ。

**解**：$G$ の最小全域木を、最小の重み 5 の辺 $v_3v_8$ だけから始めて構成しよう。重み 7 の辺が 2 本ある。この 2 本の辺は $v_3v_8$ のある閉路をなすので、$T$ 用には一方しか選べない。どちらを選ぶかはどうでもいいので、$v_7v_8$ を選んでおく。重み 8 の辺は 2 本ある。$T$ 用に選べるのは一方だけなので、$v_3v_4$ を選ぶ。重み 9 の辺は 2 本ある。やはり $T$ 用に選べるのは一方だけなので、$v_2v_8$ を選ぶ。重み 10 の辺は

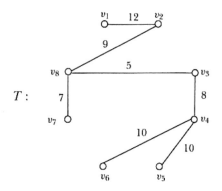

図 4.23　クラスカル法によって最小全域木を構成する

2本ある。この場合、$T$用に両方を選んでもよい。重み11の辺は1本ある。しかしそれを選ぶとすでに選んでいる辺と閉路をなしてしまう。つまり、辺 $v_6v_7$ は選ばれない。重み12の辺は3本ある。辺 $v_5v_8$ は閉路をなすので選ぶことはできない。$v_1v_2$ または $v_1v_8$ いずれかを選べば全域木 $T$ ができる。辺 $v_1v_2$ を選ぶ。クラスカル法によって、$T$ は最小全域木である（図4.23）。また、$w(T) = 61$ である。◆

# 第 5 章
# グラフのトラバース

 商談や講演を待つあいだの時間つぶしに、鉛筆でメモ用紙に（あるいはお絵かきアプリでタブレットに）何かのデザインをさらっと描くのが好きな人もいる。たとえば、紙の上に鉛筆を置いて（図 5.1a の $A$ と記されている点に）、鉛筆を紙から離さないで、図 5.1a 〜 d の絵を通って最後に図 5.1e の絵を完成させるということもあるかもしれない。

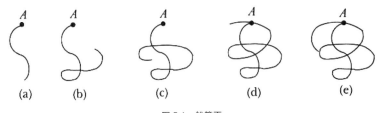

図 5.1　鉛筆画

 この何ということのない動作が、好奇心にかられた人物が考えそうなある問題の元になる。

 何かの鉛筆画があって、その画をいずれかの点から始め、画全体を、鉛筆を紙から離さないで一続きの動きで完成させることが可能かどうかを判定することはできるか。できるとしたら、どこから描き始めればよいか——どこで終えればよいかを判定できるか。

図 5.1e の画については、もちろん、「できる」と答えられるが、図 5.2 の場合はどうだろう。

図5.2のa, b, cの鉛筆画についての答えはそれぞれ、「できる」、「できる」、「できない」である。それぞれの答えについての解説はずっと前に明らかになっている——何百年か前のことだ。そのとき、グラフ理論という数学の一分野の幕が、一人の人物、一つの場所、一つの問題、一本の論文とともに開いたと考えられている。その人物とはレオンハルト・オイラーという、すでに本書でもお目にかかっているスイスの有名な数学者である。

(a)　　　　　　　　(b)　　　　　　　　(c)

図5.2　三つの鉛筆画

## ケーニヒスベルクの橋問題

その場所は、ドイツ騎士団が、ボヘミアの王オタカー2世の指導で1255年に創建した、ケーニヒスベルクという町である。ケーニヒスベルクはドイツの東プロイセンの首都だった。中世のあいだ、ケーニヒスベルクはプレーゲル川沿いという立地のせいで、重要な交易の拠点だった。川を渡る橋が7本かかっていて、そのうち5本はクナイプホーフという中洲につながっていた（図5.3）。図5.3の地図が示すように、川はケーニヒスベルクを四つの地区に分けている。

ケーニヒスベルクにプロイセン国王の城があったが、他の多くの都市と同様、第2次世界大戦のときに破壊された。ヨーロッパでの戦争が終わった後、1945年のポツダム会議のとき、ポーランドとリトアニアの中間にある、ケーニヒスベルクを含む地域をロシア領とするこ

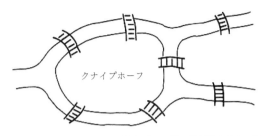

図 5.3　ケーニヒスベルクの町とプレーゲル川を渡る 7 本の橋

とが決まった。1946 年には、ケーニヒスベルクは、1919 年から 1946 年までソ連の形式上の指導者だったミハイル・カリーニンにちなんでカリーニングラードと改名された。ソ連崩壊後はリトアニアなどソ連を構成していた各共和国は独立国となり、カリーニングラードもロシア本土から切り離された〔ロシア連邦の下にある飛地、カリーニングラード州州都という位置づけ〕。しかし市名をケーニヒスベルクに戻そうという試みは成功していない。

さて、問題のほうの話。18 世紀の始め、ケーニヒスベルクの市民の多くが、日曜の午後、町を散歩して過ごしていた。その中で、7 本の橋を 1 回ずつ渡って町を歩くことができるかという問題が生じた。この問題は「ケーニヒスベルクの橋問題」と呼ばれるようになった。

ではこの「ケーニヒスベルクの橋問題」とオイラーとにはどんなつながりがあるのか。実は、オイラーがこの問題を知るようになった経緯はすべて明らかなわけではない。ケーニヒスベルクの 80 マイルほど西にある、プロイセンの都市ダンツィヒに、カール・レオンハルト・エーラーという市長がいた。ダンツィヒは今はポーランドのグダニスクという都市になっている。エーラーとオイラーは、1735 年から 1742 年のあいだ、手紙のやりとりをしていた。エーラーがオイラーに宛てた 1736 年 3 月 9 日付の手紙は、二人が「ケーニヒスベルクの橋問題」について論じていたことを明らかにしている。この手紙は自

身と地元の数学者ハインリヒ・キューンを代表して書かれたもので、こんなことを言っている部分がある。

> 先生がよくご存じのケーニヒスベルクの七つの橋の問題について、証明とともに答えをお送りいただければ、私と友人のキューンにとっては何より貴重な計らいとなり、私どもはともに、学識ある先生に大いに感謝致します。先生の天才にかなう位置解析の顕著な例であることが明らかになることでしょう。言われている橋の略図を加えておきました。

ここからわかるように、エーラーからオイラーへの手紙には、プレーゲル川がケーニヒスベルクのどこを通っているか、7本の橋が川のどこにかかっているかを示す図が入っていた。こんな問合せをした理由は、プロイセンでの数学的発展を促したいという、キューンとエーラーの望みだった。

4日後、1736年3月13日、オイラーはイタリアの数学者ジョヴァンニ・マリノーニに手紙を書いた。その手紙では、オイラーは問題を解説し、問題はごく単純と考えていたものの、自分で問題を解いたことや、この問題に至った事情を明らかにしていた。その手紙の一部を引くと、

> ケーニヒスベルクの町にある、7本の橋がかかる川に囲まれた中洲についての問題が私に出され、それぞれの橋を渡って一巡り(トラバース)して、1本の橋を渡るのは1回だけになるようにできるかと問われました。それができることを明らかにしたり、できないことを示した人はこれまでいないとのことでした。この問題は平凡ですが、幾何学も、代数も、さらには算術でさえ、それを解くのには十分ではない点で注目に値するように見えました。このことを見ると、それが位置の

幾何学の問題ではないかと思い当たりました。ライプニッツがかつてあれほど求めていたものです。そこで、少々考えて、私は簡単な、それでも完全に確かめられる規則を一つ得ました。それを使えば、この種のどんな例についても、橋がいくらあっても、そのような巡回が可能かどうかをすぐに判定できます。

1736年4月3日には、オイラーはエーラーの手紙に答えている。このオイラーからエーラー宛の手紙の一部を引くと

> つまり貴殿にもおわかりのとおり、この種の解はあまり数学には関係がなく、貴殿がなぜ他でもない数学者に答えられると期待されたのか私にはわかりかねております。答えは理性にのみ基づいており、答えの発見はいかなる数学の原理にも依拠しておりません。そのため、このように数学とほとんど関係のない問題にさえ、なぜ他の方々より数学者のほうが早く答えを出せたかはわかりません。ところで、貴殿はこの問題を位置の幾何学のものとされましたが、私はこの新しい分野がどういうものかは知らず、したがって、ライプニッツやヴォルフがこの言葉でどういうタイプの問題が表されると期待したかも存じません。

この手紙ではライプニッツやヴォルフや位置の幾何学と呼ばれる証明の手法に言及されている。クリスチャン・ヴォルフはドイツの高名な哲学者で、ゴットフリート・ライブニッツはドイツの有名な数学者にして哲学者だった。1670年、ライプニッツはオランダの数学者で天文学者のホイヘンスに手紙を書いていた。それにはこんな部分がある。

> 私は代数には満足していません。それは幾何学のようなごく短い証

明も、きわめて美しい作図ももたらさないからです。したがって、このように見ると、幾何学であれ線形であれ、別種の解析が必要だと考えます。代数が大きさを扱うように位置を直接扱うようなものです。

ずっと後の 1833 年、ドイツの傑出した数学者カール・フリードリヒ・ガウスは、「位置の幾何学」について考察し、こんなことを書いている。

位置の幾何学という、ライプニッツが創始し、オイラーとヴァンデルモンドの二人がかすかに目を向けただけの分野について、1 世紀半を経た今も、我々はそれ以上のものをまだ得ていない。

オイラーがいわゆる「位置の幾何学」に「かすかに目を向けた」とは、ただ 1 本の論文のことである。

## オイラーのケーニヒスベルク論文

「ケーニヒスベルクの橋問題」の最初の解は、ケーニヒスベルクの町を、それぞれの橋を 1 回ずつ渡って歩いて回ることはできないことを示しており、オイラーによって、1735 年 8 月 26 日、ペテルスブルク・アカデミーに提出された。翌年（1736 年）、オイラーは「ケーニヒスベルクの橋問題」に答えを出す論文を書いた。この論文は、"Solutio Problematis ad Geometrian Situs Pertinentis"（「位置の幾何学に関するある問題への解」）という題で、ペテルスブルク・アカデミーの紀要（*Commentarii*）で発表された。

その論文（ラテン語）は 21 段落で構成され、そこでオイラーは解こうとする問題を述べることから始めず、第 1 段落では、ライプニッツ

が言っていた位置の幾何学を用いて解く問題を紹介されたことを明かしている。

1. 幾何学という、大きさに関係し、ずっと最大の関心を向けられてきた部門に加えて、これまでほとんど知られていなかったが、ライプニッツが最初に言及して位置の幾何学と呼んだ別の部門がある。この部門は、位置の決定と位置の性質だけに関係しており、計量あるいはそれによる計算は含まない。この位置の幾何学にはどんな問題がふさわしいのか、あるいはそれを解くためにどんな方法を用いるべきかは、満足できるほど定まっていない。そこで、最近、ある問題のことが言われたとき、それは幾何学的に見えながら、距離の測定は必要がない、あるいは計算はまったく助けにならないように構成されていて、私はそれが位置の幾何学に関係することを確信した――とりわけ、その解は位置のみに関係していて、計算は役に立たなかったからである。したがって私は本稿で、位置の幾何学の一例として、この種の問題を解くために見出した方法を述べることにした。

同論文の第2段落で、オイラーは問題を立て、さらにより一般的な問題を述べたことを言う。

2. 私が教えられた問題は広く知られていて、次のようなものである。プロイセンのケーニヒスベルクに、クナイプホーフと呼ばれる中洲 $A$ があり、それを囲む川は、［図5.4］に見られるような二つの流れに分かれ、それぞれの支流に合わせて7本の橋、a, b, c, d, e, f, g がかかっている。この橋に関して、それぞれの橋を1回だけずつ渡るような経路を決められるかということが問われた。私が教わったところでは、これはできないと断言した人はいるし、それは疑わ

しいとする人もいるが、できると断言できる人はいないだろうということだった。これを元に、私は一般的な問題を立てた。川の配置と分かれ方がどうであれ、またそこに橋が何本かかっていても、それぞれの橋を 1 回だけ渡ることは可能かどうか、明らかにできるか。

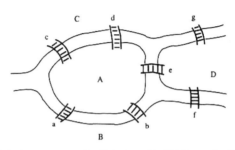

図 5.4　ケーニヒスベルクの町とプレーゲル川を渡る 7 本の橋の図

　そこでオイラーは、ケーニヒスベルクの橋を 1 回だけずつ渡ることができるとしたら、それはどういうことかと言う。この場合、ケーニヒスベルクを歩いて回ることは、各項が A, B, C, D のいずれかとなる文字列として表せる。列の中の隣りあう文字は、歩いているときに、前のほうの文字の地区にいて、それから橋を渡って後のほうの文字で表される地区へ移ることを示す。7 本の橋があるので、この文字列は必ず 8 項でできている。

　A 地区（クナイプホーフ）に入る（から出る）橋は 5 本あるので、A の文字が現れるということは、A から歩き始める、A で終わる、途中で A に入ってそれから出る、のいずれかを表すことになる。すると必然的に、A は文字列の中に 3 回出てこなければならない。B, C, D に入る、あるいはそこから出る橋は三つなので、この三つの文字はそれぞれ 2 回ずつ列に出てこざるをえない。しかしこれは、列に 8 項ではなく 9 項なけらばならないことを意味するので、矛盾する。ゆえに、それぞれの橋を 1 回だけずつ渡ってケーニヒスベルクを回るという、ケーニ

ヒスベルクの橋の問題を解く歩き方はありえない。

## オイラーグラフ

オイラーは、論文の第2段落で、「一般的な問題を立てた」と言っている。オイラーの一般的な問題とそれに対するオイラーの解を述べるためには、ここでグラフ理論を構図に入れると都合がよい。しかしその前に念のために言っておくと、オイラーの論文には「グラフ」という用語は出てこない。実際には、「グラフ」という用語が初めて（ここで使われている意味で）活字になったのは、1878年、イギリスの数学者ジェームズ・ジョゼフ・シルヴェスターによる。オイラーが「ケーニヒスベルクの橋問題」だけでなく、本人がもっと一般的な問題と述べたものを解くために使った推理は、基本的に、頂点が地区で辺が実際にかけられた橋となるグラフの問題に関するものだった。実際、図5.3に示されたケーニヒスベルクの図は、図5.5に示されたグラフで表すことができる（いくつかの頂点の対が複数の辺で結ばれているのでマルチグラフ）。グラフ用語で言えば、オイラーが示したことは、図5.5のマルチグラフを、それぞれの辺を1回だけずつ使って巡る方法はないということである。

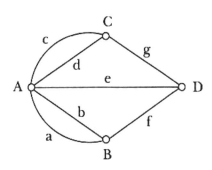

図5.5　ケーニヒスベルクのマルチグラフ

オイラーの一般的な帰結をもっと正確に述べるためには、さらにいくつかの用語を紹介する必要がある。$G$ を単純でない連結グラフとする。グラフ $G$ における「回路」(サーキット) $C$ は、$1 \leq i \leq k$ となる整数 $i$ のそれぞれについて、$u_i u_{i+1}$ は $G$ の辺だが、$C$ の辺はいずれも反復されないような列 $C=(u_1, u_2, \cdots, u_k, u_{k+1}=u_1)$ を意味する。しかし頂点は複数出てきてよい。たとえば、図 5.6 のグラフ $G$ では、$C=(u, v, w, y, x, w, u)$ は回路である。グラフの中のすべての閉路(サイクル)は回路だが、回路は必ずしも閉路とはならない。実際、図 5.6 について述べた回路 $C$ は、$C$ に頂点 $w$ が複数回出てきているので閉路ではない。

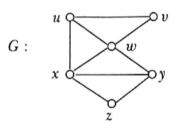

図 5.6 グラフの閉路と小道

グラフ理論でグラフの回り方を記述するための次の概念は西海岸を思わせる。グラフ $G$ の「小道」(トレイル)〔カナダの西海岸地方のウェストコースト・トレイルというトレッキングルートが知られる〕は、$1 \leq i \leq k-1$ となる整数 $i$ のそれぞれについて、$w_i w_{i+1}$ が $G$ の辺となるが、$T$ のどの辺も反復されない $G$ の頂点の列 $T=(w_1, w_2, \cdots, w_k)$ のことである。小道 $T$ は、$w_1 \neq w_k$ のときは「開いている」(オープン) と言い、$w_1 = w_k$ のときには「閉じている」(クローズド) と言う。閉じた小道は回路である。図 5.6 のグラフ $G$ の小道 $(u, x, z, y, x)$ は開いた $u$-$x$ 小道ということになる。

連結グラフ $G$ の中の、$G$ の辺すべてを含む回路は、「オイラー回路」と呼ばれる(もちろんオイラーの名にちなんでいる)。他方、$G$ の辺をすべて含む開いた小道は「オイラー小道」である(オイラー回路のことを「オ

イラー巡回路」と呼ぶ人もいる）。こうした用語は $G$ が連結マルチグラフである場合にも、まったく同じように定義される。先に触れたように、図 5.3 のケーニヒスベルクの図は、図 5.5 に示されたマルチグラフで表せる。すると「ケーニヒスベルクの橋問題」は、次のように言い換えられる。

図 5.5 に見られるマルチグラフはオイラー回路あるいはオイラー小道を含むか。

オイラーが示したように（もちろんこのような用語法は使っていない）、この問題に対する答えは「含まない」である。

連結グラフ $G$ は、$G$ にオイラー回路が含まれる場合、$G$ そのものはオイラーグラフと呼ばれる。どんなグラフがオイラーグラフかを定める次の定理はオイラーによるものとされる。

**定理 5.1**：連結グラフ（またはマルチグラフ）$G$ のすべての頂点の次数が偶数であるなら、その場合にかぎり、$G$ はオイラーグラフである。

**証明**：定理 5.1 の一方の向き、つまり $G$ がオイラーグラフなら、$G$ のすべての頂点の次数は偶数であるを確かめるのは、実はごく易しい。$G$ がオイラーグラフなら、$G$ にはオイラー回路 $C$ がある。$C$ が頂点 $v$ で始まり、頂点 $v$ で終わるとしよう。$u$ が $G$ の $v$ とは異なる頂点なら、$C$ が $u$ に入るたびに $u$ を出ることになる。つまり、$C$ 上に $u$ が出てくるごとに、$u$ の次数に 2 を加えることになる。これは $u$ の次数が偶数であることを意味する。$v$ に関しては、回路 $C$ は $v$ を出ることによって始まり、その次数に 1 を与える。$C$ は $v$ で終わるので、これまた次数 1 を加える。$C$ が他のところで $C$ 上の $v$ に遭

遇するなら、そのような遭遇があるたびに $v$ の次数に 2 が加わり、したがって $v$ はやはり偶数である。

次は、$G$ がすべての頂点の次数が偶数の連結グラフなら、$G$ にはオイラー回路が含まれることを示すことだ。$v_1$ を $G$ の頂点とし、$v_1v_2$ を $G$ の辺とする。$v_1$ を出発し $v_2$ に続く小道 $T$ で始める。$v_2$ では、$v_2$ に接続し、$T$ にはない辺を選ぶ。$v_2v_3$ をそのような辺としよう。この小道を $x$ に接続する辺のすべてが $T$ に属しているような頂点 $x$ に達するまで続ける。$G$ の頂点はすべて偶なので、頂点 $x$ は $v_1$ でなければならず、かつ $T$ は必然的に回路であって、その回路を $C$ で表す。

$G$ のすべての辺が $C$ に属するなら、$C$ はオイラー回路である。これが成り立たないとすると、$C$ は $G$ の一部の辺を含むだけである。$H$ は $G$ から $C$ の辺を削除して得られる $G$ の部分グラフとする。$G$ のすべての頂点が偶で、$C$ のすべての頂点は偶であるから、$H$ のすべての頂点は偶である。$H'$ を $H$ の単純グラフでない成分であるとする。$G$ は連結なので、$C$ 上に $H'$ に属する頂点 $u$ がなければならない。先ほどと同様に、$H'$ の中の $u$ から始まって、すべての隣接する辺が $T'$ に属するような頂点 $x'$ に達するまで続く小道 $T'$ を構成しよう。前と同様、$T'$ は回路となり、これを $C'$ とする。$C$ について進めた通り、$u$ に達したときに $C'$ を挿入すれば、$C$ と $C'$ 両方の辺を含む回路 $C''$ ができる。$C''$ がオイラー回路なら、証明は完成する。でなければ、オイラー回路が得られるまで同様の手順が進められる。∎

定理 5.1 を使えば、オイラー小道を有するすべての連結グラフも求められる。

## 系 5.2：連結グラフ（あるいはマルチグラフ）$G$ の二つだけの頂点の次

数が奇数なら、その場合にかぎり、$G$ はオイラー小道を含む。さらに、$G$ のそれぞれのオイラー小道は、この奇頂点の一方から始まり他方で終わる。

実際、オイラー論文の段落 20（最後から一つ前の段落）には、オイラーはこう書いている（やはり英訳による）。

20. つまり、どんな配置が提示されようと、それぞれの橋を 1 回ずつ渡って巡回ができるかどうかは、以下の規則で容易に決定できる。

　　奇数の橋がつながる二つの区域が二つを超えて存在する場合、そのような巡回は不可能である。
　　しかし橋の数がちょうど二つの区域についてのみ奇数であるなら、この区域のいずれかから始め、もう一つで終われば、巡回は可能である。
　　もう一つ、奇数の橋がつながる区域がない場合には、求められる巡回はどこから始めても達成できる。

こうした規則によって、与えられた問題も解ける。

オイラーはその論文を次のように書いてしめくくった。

21. このような巡回が行なえることが明らかになっても、それをどう並べればよいかを求めなければならない。そのために、私は以下の規則を用いた。ある区域から別の区域へつながる橋の対を頭の中で取り除き、それによって、橋の数を相当に減らす。そうすると、残りの橋を渡る必要な道筋を構成するのは簡単な作業で、削除された橋は、少し考えると明らかになるように、見つかった経路を大き

くは変えない。したがって、経路を見つけることに関するこれ以上の詳細を与えるほどのことではないと考える。

つまりオイラー論文で実際に明らかにされたのは、オイラーグラフのすべての頂点は偶であることと、オイラー小道を含むグラフにはちょうど二つだけの奇頂点があるということだった。逆は確かめていない。オイラーは逆は自明と考えていたらしい。逆の最初の証明は137年後になってやっと発表された。カール・ヒールホルツァーという、1840年生まれで1870年に博士号を取り、1871年に亡くなった人物が書いた論文で、発表は1873年だった。つまりその論文は没後2年たってから発表された。ヒールホルツァーは仲間に自分がしたことを話していたが、その成果を入れた論文を書く前に亡くなった。その仲間が、敬意と無私の精神による行ないで、ヒールホルツァーに代わって論文を書き、代わりに発表したのだった。

オイラーの成果の帰結として、図5.7aのグラフ$F$には、一方の奇頂点から始まってもう一つの奇頂点で終わるオイラー小道が一つあり、図5.7bのマルチグラフ$G$はオイラーグラフであり、図5.7cのグラフ$H$はオイラー回路もオイラー小道も含んでいない。

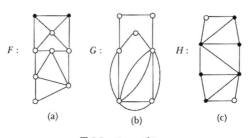

図5.7 三つのグラフ

## 中国人郵便配達問題

ケーニヒスベルクを、それぞれの橋を1回ずつ渡っては回れないことはわかった。しかし、どの橋も少なくとも1回は渡るということにしたら、ケーニヒスベルク巡りはできるだろうか。この問題はむしろ易しくて、それはできる。これは次のような問題を浮かび上がらせる。

> ケーニヒスベルクにあって、すべての橋を少なくとも1回は渡り、トラバースして戻ってくるときに渡らなければならない橋（だぶってもそのたびに一つと数える）の最小数はいくつか。

この問題からは、さらに一般的な問題、やはりグラフ理論の場に収まる問題が出てくる。それを行なうために、さらに用語を加えておくと役に立つ。

グラフ $G$ で、$i=1, 2, \cdots, k-1$ について、$v_i v_{i+1}$ が $G$ の辺であるような頂点の列 $W=(v_1, v_2, \cdots, v_k)$ を、グラフ $G$ の中の「歩道（ウォーク）」と言う。歩道では、辺や頂点をだぶって通ることに制約はなく、いずれも可能である。歩道の「長さ」は、それをトラバースするときの、だぶってもそのたびに一つと数えた辺の数のことをいう。したがって、上記の歩道 $W$ の長さは $k-1$ となる。$v_1=v_k$ のとき、$W$ は「閉じた歩道」と言い、$v_1 \neq v_k$ のときは「開いた歩道」と言う。$W$ が辺のだぶらない歩道のときには、$W$ は小道（歩道が閉じているときは回路）となる。$W$ がさらに頂点がだぶらない開いた歩道なら、$W$ は通路である。

図5.8のグラフ $G$ では、$W_1=(u, v, w, y, w, u)$ は長さ5の閉じた歩道、$W_2=(y, w, x, w, z)$ は、長さ4の開いた歩道、$W_3=(w, u, v, w, y, z, w)$ は長さ6の閉じた歩道である。もちろん、$W_3$ は閉路ではない回路である。

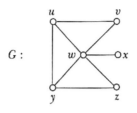

図 5.8 グラフの中の歩道

1962 年、中国の数学者、クアン・メイクー（メイコー・クヮンとも）〔管梅谷〕は、郵便配達員が遭遇しそうな問題を紹介した。郵便配達員が郵便局を出て、配達路上の各街路沿いに配達すべき郵便を持っている。郵便を配達し終えると局へ戻る。問題は、これをすべて終える巡路の最小の長さを求めることである。クヮンの論文は郵便配達員の道筋を最適化する話で、論文を書いたのが中国人数学者だったので、アラン・ゴールドマンが、この種の問題を表すのに「中国人郵便配達問題」という用語を作った。当時、ゴールドマンはアメリカ連邦標準局（現連邦標準・技術局）に勤めていたが、その後はジョンズ・ホプキンズ大学の教員として過ごした。

## 中国人郵便配達問題

配達していくときに、すべての道路を少なくとも 1 回は通り、トラバースして戻ってくる最小の長さを求めよ。

結局のところ、問題文にでてくる、「最小の長さ」の解釈が複数あることになる。二つの場合を考えてみよう。

ここで述べた中国人郵便配達問題は、頂点が街路の交差点で、辺が配達経路上の街路となる連結グラフ $G$ によって表せる。中国人郵便配達問題にありうる一つの解釈は、それぞれの道路を少なくとも 1 回は使ってトラバースする道路の最小数（だぶりを含む）を求めることである。これはグラフ $G$ にできる、$G$ のすべての辺を少なくとも 1 回

使った閉じた歩道の最小長さを求めることに等しい。確かに、そのような閉じた歩道は $G$ に存在する。$G$ にあるすべての辺 $e$ について、$e$ と同じ頂点の対を結ぶ辺 $e'$ を加えれば、$G$ のすべての辺がだぶり、$H$ のすべての頂点が偶数次数となる、マルチグラフ $H$ が得られるからだ。実際、$G$ のすべての頂点 $v$ について、$\deg_H v = 2 \deg_G v$ である。$H$ はオイラーグラフなので、$G$ には $G$ の辺をすべて2回ずつ通ってトラバースする閉じた歩道がある。つまり、$G$ がサイズ $m$ の連結グラフなら、$G$ には長さ $2m$ で $G$ のすべての辺を少なくとも1回（実際にはちょうど2回ずつ）通ってトラバースする閉じた歩道ができる。しかし、$G$ にはそれより短い、すべての辺を少なくとも1回通ってトラバースする閉じた歩道があるかもしれない。$G$ の「オイラー歩道」とは、$G$ の各辺を少なくとも1回通ってトラバースする長さが最小の閉じた歩道のことである。

そうすると、この問題をグラフ理論的に述べると次のようになる。

### 中国人郵便配達問題

$G$ を連結グラフとする。$G$ におけるオイラー歩道の長さはいくらか。

中国人郵便配達問題は郵便配達に関するものだが、この問題の応用や解釈は他にもいろいろある。たとえば、

- 一定の経路で街路を除雪する
- 一定の経路で街路をゴミ収集して回る
- 一定の経路で街路を警官が巡回する

最初の二つ、除雪とゴミ収集（またたぶん郵便配達も）、一度に街路の一方の側でのみ行なわれるもので、したがって経路にある各街路を少なくとも2回ずつ通ってトラバースする必要があるだろう。そのような巡路が、各街路をちょうど2回だけ通ってトラバースできることは

わかっているので、この問題にはすぐに出る答えがある。したがって少なくとも1回ずつ通ってトラバースすると言えば、ここでの目的にとって十分と考えられる。

当然、$G$ がサイズ $m$ のオイラーグラフなら、中国人郵便配達問題は、$G$ のオイラー歩道なら何でもオイラー回路であり、その長さは $m$ なので、簡単に解ける。$G$ がオイラーグラフでなければ、$G$ のできるだけ少ない辺を二重にして、できたマルチグラフがオイラーグラフになるようにするのが問題を解く仕掛けとなる。とくに、できたマルチグラフですべての頂点が偶数次数となるようにだぶらさなければならない $G$ の辺の最小数が $k$ なら、オイラー歩道の長さは $m+k$ である。

たとえば、図 5.9 のサイズ 19 のグラフ $G$ には二つの奇頂点、$p$ と $y$ がある。辺 $pq$ と $qu$ と $uy$ を二重にすると、その図にオイラーマルチグラフ $H$ ができる。$H$ のすべての頂点の次数が偶数となるからだ。したがって、$H$ のオイラー回路の長さは 22 であり、それによって、長さ 22 のオイラー歩道が $G$ にでき、その一つは次のようになる。

$W = (p, q, r, v, w, z, y, x, t, p, s, t, u, y, u, z, v, u, q, u, s, q, p)$

一般に、連結グラフ $G$ が $d(u, v) = k$ となるちょうど二つの奇頂点 $u$ と $v$ を含み、$P$ が長さ $k$ の u-v 通路であるなら、$G$ にできる、$P$ のすべての辺を2回通り、$G$ の他の辺は1回だけ通ってトラバースする閉じた歩道は、$G$ のオイラー歩道である。

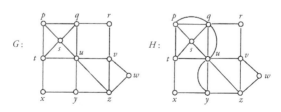

図 5.9 グラフのオイラーマルチグラフ

$uv$ が連結グラフ $G$ の中の橋であるなら（したがって、定理3.1 によって $uv$ は $G$ の閉路上にないなら）、たとえば $u$ から $v$ までの $uv$ を含むどの閉じた歩道も、いずれ $v$ から $u$ をトラバースして $u$ に戻って来るしかない。これが次の定理をもたらす。

**定理 5.3**：連結グラフ $G$ にあるすべてのオイラー歩道は、$G$ のすべての橋を 2 回ずつ通ってトラバースしなければならない。

図 5.10 の連結グラフ $G$ には、二つの橋、$xy$ と $yz$ がある。したがって、$G$ からオイラーマルチグラフ $H$ を構成するには、辺 $xy$ と $yz$ を二重にしなければならない。これだけを行なって得られるマルチグラフは、すでにオイラーグラフなので、$G$ の他の辺はだぶらせる必要はない。このオイラーマルチグラフのサイズは 11 であり、$G$ におけるオイラー歩道の長さは 11 となる。

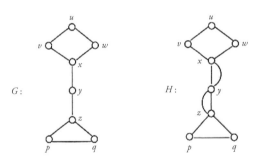

図 5.10　橋のある連結グラフでオイラー歩道を構成する

すでに紹介してある中国人郵便配達問題では、目標は、どの道路も少なくとも 1 回は使って戻ってトラバースするときに必要な道路の最小数（だぶりも一つひとつ数える）を求めることである。おそらくこの進め方は状況を過度に単純化しているだろう。これは配達路にあるすべ

ての2本の道路が同じと解しているからだ。実際には、二つの道路が同じ長さであるとか通るのに同じ時間がかかるということはない。そういうことを考える場合には、$G$のそれぞれの辺に重みを割り当てて辺で表される道路の長さとするような重み付きグラフで表したほうが適切になりうる。この設定では、中国人郵便配達問題の目標は、配達路上にある各辺を少なくとも1回通って戻ってくるときに、トラバースする総距離を最小にするこことである。重み付きグラフ$G$での「オイラー歩道」は、$G$のすべての辺を少なくとも1回含む最小長さの閉じた歩道のことである。歩道の長さは遭遇する各辺の重みの和である（もちろんだぶりはあらためて数える）。これに対応するグラフ理論の問題は次のようになる。

## 中国人郵便配達問題

$G$を重み付き連結グラフとする。$G$におけるオイラー歩道の長さはいくらか。

$G$がオイラーグラフなら、やはり問題は直ちに解ける。この場合のオイラー歩道の長さは$G$のオイラー回路の長さであり、これは$w(G)$、つまり$G$のすべての辺の重みの和である。そこで、$G$には奇頂点があると考える。ここでの手順は、$G$が重み付きでない場合と基本的に同じである。最も単純な場合として、$G$には奇頂点が二つ、$u$と$v$だけとする。その場合、求めなければならないのは、$u$から$v$への最短の重み付き通路であり、これを$d_G(u, v)$と表記する。その通路上の辺を二重にすることによって、結果として得られるマルチグラフでのオイラー回路は、長さ$w(G) + d(u, v)$のオイラー歩道をもたらす。

図5.11の重み付きグラフには、$w(G) = 81$の重みがある。このグラフ$G$は二つだけの奇頂点、$a$と$y$を持つ。$(a, s, v, c, u, y)$は、最小長さの$a$-$y$通路で、$d(a, y) = 12$なので、$G$のオイラー歩道の長さは$81 + 12 = 93$となる。ここから、$G$で最小長さ93のオイラー歩道が構成で

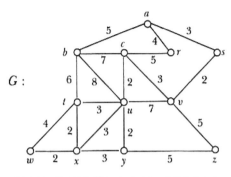

図 5.11　重み付きグラフにオイラー歩道を求める

きる。重み付きグラフ $G$ に二つより多い奇頂点があったら、$G$ のオイラー歩道の長さを求めるために用いられる手順は、$G$ が重み付きでなかった場合と基本的に同じである。

　サイズ $m$ の連結グラフに四つの奇頂点があるとし、これを $u, v, w, x$ としよう。すると、この4頂点を二つの対に分ける方法は3通り、つまり $\{u, v\}, \{w, x\}$、$\{u, w\}, \{u, x\}$、$\{v, x\}, \{v, w\}$ がある。そこで $d(u, v)+d(w, x)$、$d(u, w)+d(v, x)$、$d(u, x)+d(v, w)$ を計算する。$s$ をこの三つの数の中の最小のものとすると、$G$ にできるオイラー歩道の長さは $m+s$ となる。

# 第6章
# グラフを一周する

　前章では、「ケーニヒスベルクの橋問題」に刺激されて、グラフ $G$ に $G$ のすべての辺を含む（すべて1回ずつ）回路がある条件を求める問題が立てられ、論じられ、解かれた。$G$ が連結であるという前提の下では、そのような回路は $G$ の辺をちょうど1回ずつ、すべて通るだけでなく、$G$ のすべての頂点も通るが、こちらは複数回になるものだ——回数が多くなることもありうる。そこで、すべての頂点をちょうど1回ずつトラバースして元に戻ってくる、もちろん終点が最初の頂点と同じとなる巡路ができるのはどういうときか、という問題を立てることができる。

## サー・ウィリアム・ローワン・ハミルトン

　19世紀でも有数の優れた数学者にして物理学者の一人に、ウィリアム・ローワン・ハミルトン（1805～1865）がいた。アイルランドのダブリンに生まれ、幼い頃から数学と語学に才能を見せていた。物理学での成果によって、1835年にはナイトに列せられ、それによって「サー」・ウィリアム・ローワン・ハミルトンとなった。1835年には、複素数は実数の順序付き対で表せることにも気づいた。つまり、複素数 $a+bi$（$a$ と $b$ は実数）は、順序付きの対 $(a, b)$ として扱えるということだ。ここに見える $i$ という数は、$i^2=-1$ という性質を持っている。それによって、$x^2=-1$ には、実数解はないものの、$i$ と $-i$ という複素数解が二つあることになる。

実数は実直線上の点に対応するが、複素数を幾何学的に表したものは2次元の複素平面となる。ハミルトンは何年もかけて、3次元のユークリッド空間を表すような一定の性質を満たす3次元数を考案しようとしたが、失敗した。

　ところが1843年10月16日、妻とダブリンのロイヤルカナル沿いを散歩していて、突如発見したのが、次のような4次元の数による世界だった。

$$a + b\boldsymbol{i} + c\boldsymbol{j} + d\boldsymbol{k}$$

これは、ハミルトンが求めていた特性を有し、「四元数(クォタニオン)」と呼ばれる。この数では、$a, b, c, d$ は実数で、$\boldsymbol{i}, \boldsymbol{j}, \boldsymbol{k}$ という数は次の等式を満たす。

$$\boldsymbol{i}^2 = \boldsymbol{j}^2 = \boldsymbol{k}^2 = \boldsymbol{ijk} = -1$$

ハミルトンはこの発見に大いに喜んで、この等式をダブリンのブルーアム橋の石に刻んだ。今日でも、ハミルトンが橋に彫りつけたものを見ようとして、観光客がこの端にやって来る。数 $\boldsymbol{i}, \boldsymbol{j}, \boldsymbol{k}$ は、次のような式も満たす。

$$\boldsymbol{ij} = \boldsymbol{k}, \boldsymbol{ji} = -\boldsymbol{k}, \boldsymbol{jk} = \boldsymbol{i}, \boldsymbol{kj} = -\boldsymbol{i}, \boldsymbol{ki} = \boldsymbol{j}, \boldsymbol{ik} = -\boldsymbol{j}$$

四元数は可換ではないのだ。それでも四元数は分配法則は満たす。この規則と上に記した $\boldsymbol{i}, \boldsymbol{j}, \boldsymbol{k}$ の性質によって、次のことが導かれる。

$$(b\boldsymbol{i} + c\boldsymbol{j} + d\boldsymbol{k})(b\boldsymbol{i} + c\boldsymbol{j} + d\boldsymbol{k}) = -b^2 - c^2 - d^2$$

ここから、$b, c, d$ が $b^2 + c^2 + d^2 = 1$ を満たす三つの実数なら、$b\boldsymbol{i} + c\boldsymbol{j} + d\boldsymbol{k}$ は、方程式 $x^2 = -1$ の解であることが導かれる。つまり、四元数の範囲では、$x^2 = -1$ には無限に多くの解がある。

　ハミルトンの親友の一人に数学者のジョン・グレーヴズがいて、ハミルトンが四元数を考案する元になったのはこの人だったかもしれな

い。ハミルトンが四元数を発見して2か月後、グレーヴズはハミルトンに、望ましい性質を備えた8次元の数を発見したことを手紙で知らせてきた。グレーヴズはこの数を八元数(オクトニオン)と呼んだ。ハミルトンは、八元数は結合法則を満たさない、つまり $a, b, c$ が八元数だとすると、$(ab)c = a(bc)$ は必ずしも成り立たないことを見て取った。実は、ハミルトンが「結合(アソシエーティヴ)」という用語を導入したのはこの頃だった。

ハミルトンが晩年に考えた重要なことの中に「イコシアン計算」というのがある。これもまたグレーヴズとの交友から生まれたものだった。1856年8月、ハミルトンはチェルトナムで開かれた英国学術協会大会に出席し、グレーヴズの自宅に宿泊した。グレーヴズと話したり、その広範な蔵書から本を借りて読むのを、ハミルトンはいつも楽しんでいた。滞在中、グレーヴズはハミルトンにある問題を出した。それがグレーヴズ本人だったか、グレーヴズの家で読んでいた本だったのかはともかく、ハミルトンは正多面体について考え始めた。正多面体の中には、頂点が20、面が12、辺が30の「十二面体(ドデカヘドロン)」と、頂点が12、面が20、辺が30の「二十面体(イコサヘドロン)」がある。この二つの多面体は互いに「双対」である。これは、どちらかの多面体から始めて、各面を頂点に置き換え、対応する面が共通の辺を持っていれば二つの頂点を辺で結ぶと、もう一方の多面体が得られるという意味だ（図6.1）。

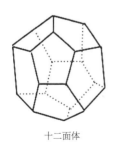
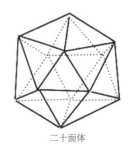

十二面体　　　　二十面体

図6.1　十二面体と二十面体

ハミルトンはダブリンに戻ると、十二面体の「対称群」、つまりこの多面体に対応する代数的構造について考えた。ハミルトンが見たのは自分の新しいイコシアン計算と、十二面体の辺をたどり、すべての頂点を1回ずつ通り、出発点に戻ってくる移動とにつながりがあるということだった。

## イコシアンゲーム

その後、ハミルトンのイコシアン計算は、「十二面体のグラフ」を含むゲーム盤によるゲームによって表せることがわかった。頂点には穴が開いていて、そこに数字のついた杭を差し込んでいくと、十二面体のすべての頂点を回る閉路の跡を残せるようになっている。

ハミルトンがどのようにして、そのイコシアン計算と、十二面体の辺をたどって各頂点を1回ずつ通り出発点に戻るという問題とを結びつけることを考えたのかは、よくわかっていないが、これがグラフ理論の「ハミルトン閉路」という概念をもたらした。グラフ $G$ の中の、すべての頂点を含む閉路は、$G$ の「ハミルトン閉路」と呼ばれ、ハミルトン閉路を含むグラフは「ハミルトングラフ」と呼ばれる。そのような閉路を「ハミルトン閉路」と呼び、そのようなグラフを「ハミルトングラフ」と呼ぶのは、もちろんハミルトン自身が考えたことではない。実は、多面体の頂点を通る閉路探しを最初に考えたのもハミルトンではなかった。トマス・ペニグトン・カークマン師という人物が、ハミルトンよりほんの数か月前、そのような問題を調べていたのだ。

ハミルトンは、二人で行なうゲームも考えた。先手が十二面体のグラフに、最初の5歩（位数5の通路）を好きなように進み、後手がその先をハミルトン閉路ができるように延ばさなければならない。1859年、グレーヴズの友人の一人がこのゲームを、脚のついたゲーム盤でできた小さな台の形で製造し、ハミルトンに贈った。グレーヴズはハミル

トンをロンドンの玩具業者ジョン・ジェイクスに引き合わせ、この人物にハミルトンは権利を売った。今は「ジェイクス・オヴ・ロンドン」と呼ばれるこの会社は 1795 年の創立で、世界でも有数のスポーツとゲーム関連の製造業者の老舗である。1893 年には、チェスの駒のセットを生産しやすく、また駒を識別しやすくすることによって、このゲームを普及させた。1851 年には、ジェイクスはイングランドにクロッケーを紹介し、1901 年にはゴッシマという室内ゲームを「ピンポン」として売り出し、これが後に卓球（テーブルテニス）と呼ばれるようになった。ジェイクスが製造したハミルトンのゲームは 2 種類あった。一つは卓上用に平坦な盤で行なうもので、もう一つは「旅行者」用で、実際の十二面体で遊ぶものだった。ハミルトンはこのゲームを「イコシアンゲーム」と呼んだ（図 6.2）。

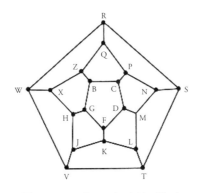

図 6.2　ハミルトンのイコシアンゲーム

　後者（旅行者）版のイコシアンゲームには、こんなラベルがついていた。

新しいパズル
旅人の十二面体

すなわち
世界一周旅行

このゲームでは、十二面体の 20 の頂点が英語の 20 の子音字で表され、それが世界中の 20 の都市を表していた。

B. ブリュッセル　　C. カントン　　D. デリー
F. フランクフルト　G. ジュネーヴ　H. ハノーファー
J. ジェッド　　　　K. カシミール　L. ロンドン
M. モスクワ　　　　N. ナポリ　　　P. パリ
Q. ケベック　　　　R. ローマ　　　S. ストックホルム
T. トホルスク　　　V. ウィーン　　W. ワシントン
X. ジーニア　　　　Z. ザンジバル

つまり、世界の 20 都市を 1 回ずつ通って世界を一周する巡路を構成するということだ。何の制約もない場合には、そのような巡路は簡単に見つかるが（図 6.3）、他にも条件を満たさなければならない場合には、もっと難しくなる。

ハミルトンはゲームの発売にもかかわった。ハミルトンは取扱説明書の序文を書いており、それはこんなふうに始まっている。

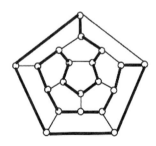

図 6.3　十二面体のグラフの中のハミルトン閉路

この新しいゲーム（考案したのはダブリン市民サー・ウィリアム・ローワン・ハミルトン法学博士で、博士はギリシア語で「二十」を意味する言葉を使ってイコシアンと名づけました）では、プレーヤーはまず、図に描かれているように、二十の番号のついた駒あるいは人の集団の一部を何か所か、あるいは盤上の穴に配置して、必ず図形の線をたどって前に進めるようにし、また相手が指定する、いろいろな条件を満たすようにしておきます。ゲームの問題を出すほうでも解くほうでも、巧妙さと腕が試されることがあるでしょう。たとえば、二人でプレーした場合、一方のプレーヤーが最初に五つ連続した穴を埋めて、それからもう一人に残りの 15 個を連続して、並びが循環するように、つまり 20 番が 1 番の隣にあるように並べるよう求めたりします。この種の問題には必ず答えがあります。

　この「イコシアンゲーム」でハミルトンによって提案された問題は、グラフ理論の新たな概念をもたらしただけでなく、数学者に人気の研究領域ももたらした。先に述べたように、十二面体のグラフはハミルトングラフである。

## 騎士の巡歴

　ハミルトンのイコシアンゲームや、そこから生じる十二面体上ですべての頂点を通る閉路を見つけるという問題は、ハミルトン閉路やハミルトングラフという概念をもたらしたが、そうした概念が（間接的に）生じたのは、1850 年代よりずっと前のことだった。ハミルトンのイコシアンゲームの流布した形のものは、有名なゲーム製造会社でチェスのセットを製造したことで知られる、ジェイクス・オヴ・ロンドンによって製造されたことについて述べた。そのチェスの駒の一つに騎士(ナイト)があり、一般には馬の頭で表される。チェス盤上のマスにある

ナイトは1回の手で縦横いずれかに2マス進み、それからそれに直交する方向へ1マス進む。ナイトがチェス盤上で進めるマスは必ず元いたマスと色違いになる（図6.4）。

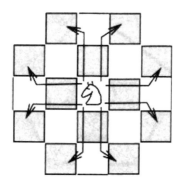

図6.4　ナイトの動き方

ナイトツアー・パズルとは、すべてのマスを1回ずつ通ってチェス盤を巡回して戻ってくる道を求めるという問題である。

**ナイトツアー・パズル**

チェスのルールに従って、ナイトが8×8のチェス盤のそれぞれのマスを1回ずつ通って出発点に戻ってくる巡路はあるか。

そのようなナイトツアーは存在する。このパズルに早い時期に関心を示した数学者の一人がレオンハルト・オイラーだった。1750年代にオイラーは次のように書いている。

> ある日、ある集まりで、チェスをしているとき、誰かがこんな問題を出しました。
> チェス盤上でナイトを同じマスを二度と通ることなく、すべてのマスに寄って進め、最初のマスに戻って来させる。

オイラーがナイトツアーに言及したのは、1757年に書かれたドイツの数学者クリスチャン・ゴールドバッハ宛の手紙でのことで、その2年後、これについての論文を書いている。

「ナイトツアー・パズル」に対応するグラフ理論の問題がある。$G$を位数64のグラフとし、頂点が$8 \times 8$のチェス盤の64マスを表すとする。$G$の二つの頂点$u, v$は、$u$のマスにいるナイトが$v$のマスへ一手で進める場合、隣接する。このグラフ$G$は「ナイトグラフ」と呼ばれる。「ナイトツアー・パズル」を解くのは、$G$がハミルトングラフであることを示すと同じことになる。ある意味で、ハミルトングラフの概念は、オイラーやハミルトンの時代よりもずっと前にまでさかのぼる。オイラーに出された問題は、実はそれより900年前(840年)、バグダッドのアル=アドリ・アッ=ルーミーによって、「できる」と答えられている。図6.5にその「ナイトツアー・パズル」の答えを示してある。ナイトグラフがハミルトングラフであるという事実から、ナイトツアー・パズルの答えが得られる。

グラフでモデル化されて、ハミルトングラフが得られるかどうかで解けるかどうかが決まる問題は、他にもいくつかある。

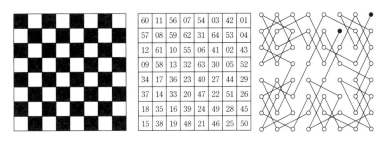

図6.5 アル=アドリ・アッ=ルーミーのナイトツアー

**例 6.1**：図6.6は現代美術館の略図を示している。15の展示室に分けられている。日々の終わりに、警備主任が正面のドアから受付室

に入り、すべて整っているかを確かめる。警備主任がそれぞれの部屋に1回ずつ行って、受付室に戻ってくれば最も効率的かもしれない。そうすることはできるか。

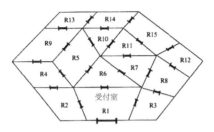

図6.6　美術館の展示室の図

**解**：この問題はグラフの用語で言い換えることができる。グラフ $G$ はこの美術館に対応し、頂点が展示室に相当し、2頂点（部屋）は、両者間にドアがあれば、辺で結ばれる。このグラフは図6.7に示される。これで先の問題は次のように問うことができる。図6.7のグラフ $G$ は、$G$ のすべての頂点を含む閉路を持つか。つまり、グラフ $G$ にはハミルトン閉路があるか。それはある。実際には、

$C = (R_1, R_2, R_4, R_9, R_{13}, R_{14}, R_{10}, R_5, R_6, R_7, R_{11}, R_{15}, R_{12}, R_8, R_3, R_1)$

がそのようなハミルトン閉路となる。したがって、グラフ $G$ はハ

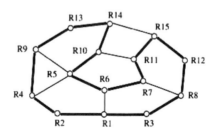

図6.7　図6.6の美術館の展示室と通路をモデル化したグラフ $G$

ミルトングラフで、主任は受付室から始まって、各展示室を1回ずつ通って受付室に戻ることができる。◆

## グラフはどんなときにハミルトングラフになるか。

娯楽的な問題に、解き方が一定のグラフがハミルトングラフかどうかに依存するものがいくつかあることはすでに見た。しかし過去の数十年間に、ハミルトングラフの研究は、グラフ理論の理論的領域に進み、そこでは次のような問題が中心となる。どんな条件の下で、グラフはハミルトングラフになるか。もちろん、グラフがハミルトン閉路を含んでいれば、ハミルトングラフになる。したがって、すべてのハミルトングラフ $G$ は $G$ のすべての頂点（図6.8に示されている）を含む閉路として描け、ひょっとすると他にいくつか辺が含まれるかもしれない。

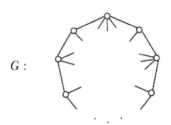

図6.8　ハミルトングラフ

しかし、与えられたグラフ $G$ がハミルトングラフかどうかをどうやって判定するのだろう。オイラーグラフの状況とは違い、どのグラフがハミルトングラフかを正確に教えてくれる定理はない。ハミルトングラフを取り上げた数学的性質について最初の結論が現れたのは、1952年、デンマークの数学者ガブリエル・アンドリュー・ディラック（1925〜1984）が、ハミルトングラフであるための十分条件を述べ

たときのことである。つまり、何らかのグラフがこの条件を満たせばそれはハミルトングラフにならざるをえないという条件だ。

ディラックの定理について述べる前に、ハミルトングラフはすべて、少なくとも三つの頂点がないといけないことを見ておこう。また、ハミルトングラフは連結グラフでなければならない。そうしたことは、しかじかのグラフがハミルトングラフであるための必要条件の例である。つまり、ハミルトングラフはそういう性質を持っていなければならないということだ。$G$ が位数 $n≥3$ で、すべての頂点の次数が $n-1$ なら、$G$ は完全グラフ $K_n$ で、これは必然的にハミルトングラフとなる。実は、位数 $n≥3$ のグラフ $G$ のすべての頂点の次数が $n-2$ 以上なら、$G$ はハミルトングラフにならざるをえないことになる。$G$ のすべての頂点の次数が $n-3$ 以上なら、$G$ は必ずしもハミルトングラフとはならない。図 6.9 のグラフが示す通りである。

ディラックが見つけたのは、位数 $n$ のグラフ $G$ が、$n$ の数にかかわらずハミルトングラフになるための、頂点の次数にかかる条件だった。

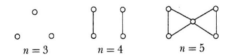

図 6.9　位数 3, 4, 5 で頂点の次数が $n-3$ 以上で、ハミルトングラフではないグラフ

**定理 6.2**：位数 $n≥3$ のグラフが、各頂点について $\deg v ≥ n/2$ であるなら、$G$ はハミルトングラフである。

**証明**：極端をとる論法を使って証明する。$P=(v_1, v_2, \cdots, v_k)$ は $G$ で最大長さの通路であるとしよう。そうすると、$k≤n$ である。$P$ は $G$ の最長の通路なので、$v_1$ に隣接するすべての頂点は $P$ に入っていなければならないし、$v_k$ に隣接するすべての頂点も同様である。$n≥3$

であり、$\deg v_1 \geq n/2$ なので、$k \geq n/2+1$ であり、したがって、$k \geq 3$ となる（$n=3$ なら $3/2+1=2.5$ なので）。

次に示すのは、$G$ が、頂点がぴったり $P$ 上にあるような閉路 $C$ を含むということである。もちろん、$v_1$ が $v_k$ に隣接するときには当然そうなる。そこで、$v_1$ が $v_k$ に隣接していないとしてみよう。$v_1$ に隣接して、$3 \leq j \leq k-1$ で、$v_{j-1}$ が $v_k$ に隣接するような頂点 $v_j$ がなければならない（図 6.10a）。そうでなかったら、$v_1$ が隣接する $n/2$ 以上の頂点それぞれについて、$P$ 上に $v_k$ が隣接しない頂点が $n/2$ 以上あることになるからである。これはしかし、$\deg v_k \geq n/2$ という事実によってありえない。つまり、主張されているとおり、$v_1$ が隣接して $v_{j-1}$ が $v_k$ に隣接するような頂点 $v_j$ がある。するとこれは、$C = (v_1, v_j, v_{j+1}, \cdots, v_k, v_{j-1}, v_{j-2}, \cdots, v_1)$ が $G$ の中の閉路であり、さらに $C$ がハミルトン閉路であることを意味する。$k < n$ とすると、$G$ の中に $C$ にはない頂点 $v$ があることになる。$C$ は少なくとも $n/2+1$ 個の頂点を持つので、$C$ にない頂点はたかがだ $n/2-1$ 個で、$v$ は $C$ 上のいずれかの頂点に隣接する（図 6.10b）。しかし、それでは $G$ に $P$ よりも長い通路があるということになり、$P$ は $G$ で長さが最大の通路であるから、これはありえない。つまり、$G$ はハミルトン閉路を含む。■

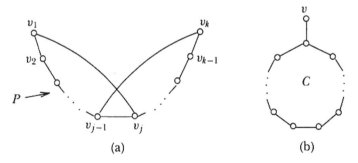

図 6.10　定理 6.2 の証明における閉路 $C$

ガブリエル・ディラックの継父は有名なポール・エイドリアン・モーリス・ディラックだ。ポール・ディラックは1933年、ノーベル物理学賞を受賞した。興味深いことに、ポール・ディラックの成果の大部分は量子力学に関するもので、ウィリアム・ローワン・ハミルトンの成果に基づいている。こちらも物理学の成果でナイトに列せられた。

　定理6.2は位数$n$のグラフ$G$がハミルトングラフであることの十分条件でしかない。ということは、ハミルトングラフは、$G$のすべての頂点$v$について$\deg v \geq n/2$という条件を満たしている必要はないということだ。実際、$n \geq 5$については、閉路$C_n$は確かにハミルトングラフだが、それでも$C_n$のすべての頂点は次数2で、$C_n$のすべての頂点の次数が$n/2$より小さい。

　定理6.2には他にもおもしろいところがある。この定理の文言にある$n/2$という次数についての要請が少しでも下げられて、たとえば$(n-1)/2$になったとしたら、そのグラフがハミルトングラフでなければならないという保証はもうなくなる。たとえば、図6.11のグラフは位数$n=7$で、そのうち六つの頂点は次数3、一つは次数6である。つまり、$G$のすべての頂点の次数は、$(n-1)/2=3$以上となっている。しかしこのグラフは、切断点があるのでハミルトングラフではない。この点をもう少し論じておこう。$G$がハミルトン閉路$C$を含んでいたとする。すると$C$上の$v$の直後にある頂点は、頂点$u_1, u_2, u_3$のうちのいずれかか、頂点$w_1, w_2, w_3$のいずれかである。これらの頂点は相

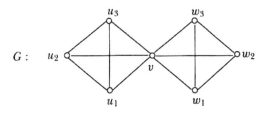

図6.11　位数7で、どの頂点の次数も少なくとも$(n-1)/2$である非ハミルトングラフ

似であるために、$u_1$ が $C$ 上で $v$ の直後にあると仮定してもよい。すると、$C$ 上の $w_1, w_2, w_3$ のどれの直前にでもある最初の頂点は $v$ だが、これは $C$ が $v$ と 2 回遭遇するということで、これはできない。つまり、切断点があるグラフはハミルトングラフにはなりえない。

1960 年には、数学者で、数論 (整数の研究) の成果で知られ、数学史にも関心のあるオイステイン・オア (1899～1968) は、ディラックの帰結を改良する定理を発見した。

**定理 6.3**：$G$ が位数 $n≥3$ のグラフで、$G$ の隣接でない頂点 $u, v$ のそれぞれの対について $\deg u + \deg v ≥ n$ ならば、$G$ はハミルトングラフである。

図 6.12 の位数 $n=8$ のグラフ $G$ を考えよう。頂点 $x_1, x_2, x_3, x_4$ のそれぞれは次数が 5 で、$y_1$ と $y_2$ はそれぞれ次数 7 で、$z_1$ と $z_2$ はそれぞれ次数 3 である。$G$ のすべての頂点の次数が少なくとも $n/2$ というわけではなく、また $G$ はディラックの定理からはハミルトングラフを含むとは言えないにもかかわらず、このグラフ $G$ は実はハミルトングラフである。頂点 $z_1$ と $z_2$ は隣接している。ゆえに、$G$ の隣接でない

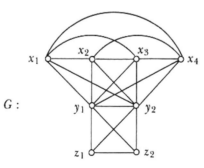

図 6.12　位数 8 のハミルトングラフ

頂点 $u, v$ のそれぞれの組について、

$\deg u + \deg v \geq 8 = n$

したがって、オアの定理によって、グラフ $G$ はハミルトングラフである。この場合、$G$ にハミルトン閉路を探すのはまったく難しくない。とくに言えば、

$C = (x_1, y_1, z_1, z_2, y_2, x_4, x_3, x_2, x_1)$

は $G$ におけるハミルトン閉路である。

オアの定理（定理6.3）は、ディラックの定理（定理6.2）を改良したもので、同様の証明を使えばオアの定理を証明できるが、ここではそれはしない。実は、オアの定理を改良する定理がいくつか得られている。ただ、そちらはだいたい、これより使いにくい。

本節の最後に、グラフがハミルトングラフであるための必要条件を示そう。先に、$G$ がハミルトングラフであるなら、$G$ は連結でなければならず、切断点があることはありえないことを見た。言い換えると、どの頂点（とそれに接続する辺）を削除しても、結果として得られるグラフはやはり連結である。もっと一般的な定理を知っておく価値はあるが、ここではそれを証明することはしない。

**定理 6.4**：$G$ はハミルトングラフとすると、$G$ の任意の $k$ 個の頂点を削除したら、得られるグラフの成分はたかだか $k$ 個である。

それと同値の対偶の命題もある。

**定理 6.5**：任意のグラフ $G$ について、$k$ 個の頂点を削除すると $k$ を超える成分からなるグラフができるような正の整数 $k$ があるなら、$G$ はハミルトングラフではない。

たとえば、図 6.13 のグラフ $G$ から二つの頂点 $w_1$ と $w_2$ が削除されれば、得られるグラフ $H$ の成分は三つとなる。定理 6.5 により、$G$ はハミルトングラフではない。

定理 6.4 はグラフがハミルトングラフであるための必要条件を示すが、グラフがハミルトングラフであるための十分条件ではない。たとえば、図 6.14 のグラフ $G$ は定理 6.4 の条件を満たしているが、ハミルトングラフではないことを示せる。

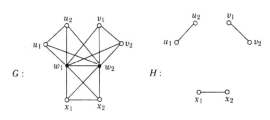

図 6.13　非ハミルトングラフ

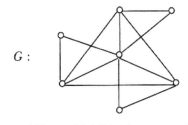

図 6.14　定理 6.4 の条件を満たす非ハミルトングラフ

## 巡回セールスマン問題

都市を結ぶ幹線道路網をグラフ（あるいはマルチグラフ）でモデル化するのは容易なことだし、グラフを使って、都市どうしをつなぐ航空路の集合を表すこともできる。そうした都市の一つから始めて、適切

第 6 章　グラフを一周する

な便でそれぞれの都市に1回ずつ寄り、最初の都市に戻ってくることは可能かと問うこともありうる。しかし、もっと興味深く相当に難しい問題がある。こうした都市どうしにすでに航空便が存在する都市の集合があるとしよう。さらに、航空路でつながった都市どうしの距離（あるいはその便を使うコスト）がわかっているとする。そのような巡回路の最小距離（あるいは最小コスト）はいくらか。この種の問題には特定の通称がある。

## 巡回セールスマン問題

あるセールスマンが、いくつかの都市を訪れて戻る出張をしようとしている。各都市間の距離はわかっている。各都市に1回ずつ寄るとしたら、そのような出張旅行の最小の総距離はいくらか。

この種の問題は、重み付きグラフを使って調べることができる。重み付きグラフとは、グラフ $G$ のすべての辺 $e$ に重みと呼ばれる実数（ふつうは正の数）が割り当てられているグラフのことだった。その重みを $w(e)$ で表す。巡回セールスマン問題は、重み付きグラフ $G$ によってモデル化される。頂点が都市で、二つの頂点 $u$ と $v$ は、$u$ と $v$ の距離がわかっていて、それが $r$ であるなら、重み $r$ を与えられる辺によって結ばれる。$G$ の中の閉路 $C$ の重みは $C$ にある辺の重みの和である。この巡回セールスマン問題に対しては、$G$ におけるハミルトン閉路の最小の重みを求める必要がある。確かに、解を得るためには、$G$ はこの問題のためのハミルトン閉路を含んでいなければならない。とはいえ、$G$ が完全（つまりどの二つの都市間の距離もわかっている）なら、$G$ の位数 $n$ が大きいと $G$ にはたくさんのハミルトン閉路ができる。どの都市も $G$ のすべてのハミルトン閉路上になければならないので、いずれかの都市 $c$ から始まる（かつ、そこで終わる）ものと考えてよい。

$c$ の後の、残った $n-1$ 都市のたどり方は、$(n-1)!$ 通りのいずれかということになる。確かに、その $(n-1)$ 都市の $(n-1)!$ 通りの並び

方の一つが得られれば、その連続する都市間の距離を順に足していって、最後の都市と最初の都市 $c$ との距離を足す必要がある。すると、$(n-1)!$ 通りの和の最小値を計算しなければならない。並びを逆に回る場合には同じ和になるので、実際に必要なのは、$(n-1)!/2$ 通りの和の最小値を求めることである。残念ながら、$(n-1)!/2$ は、$n$ が増えると急速に大きくなる。たとえば、$n=10$ なら、$(n-1)!/2=181{,}400$ である。

**例 6.6**：あるセールスマンが、いくつかの都市を回って戻ってくる出張を計画していて、この状況は、図 6.15 にある完全重み付きグラフ $G$ によってモデル化される。そのような巡回旅行の最小の総距離はいくらか。

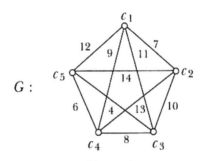

図 6.15　例 6.6 のグラフ $G$

**解**：$G$ の位数は 5 なので、$G$ には $(5-1)!/2=12$ のハミルトン閉路がある。その重みとともに挙げると、

| ハミルトン閉路 | 閉路の重み |
|---|---|
| $s_1=(c_1, c_2, c_3, c_4, c_5, c_1)$ | $7+10+8+6+12=43$ |
| $s_2=(c_1, c_2, c_3, c_5, c_4, c_1)$ | $7+10+4+6+9=36$ |
| $s_3=(c_1, c_2, c_4, c_3, c_5, c_1)$ | $7+13+8+4+12=44$ |

$s_4 = (c_1, c_2, c_4, c_5, c_3, c_1)$   $7+13+6+4+11=41$
$s_5 = (c_1, c_2, c_5, c_3, c_4, c_1)$   $7+14+4+8+9=42$
$s_6 = (c_1, c_2, c_5, c_4, c_3, c_1)$   $7+14+6+8+11=46$
$s_7 = (c_1, c_3, c_2, c_4, c_5, c_1)$   $11+10+13+6+12=52$
$s_8 = (c_1, c_3, c_2, c_5, c_4, c_1)$   $11+10+14+6+9=50$
$s_9 = (c_1, c_3, c_4, c_2, c_5, c_1)$   $11+8+13+14+12=58$
$s_{10} = (c_1, c_3, c_5, c_2, c_4, c_1)$   $11+4+14+13+9=51$
$s_{11} = (c_1, c_4, c_2, c_3, c_5, c_1)$   $9+13+10+4+12=48$
$s_{12} = (c_1, c_4, c_3, c_2, c_5, c_1)$   $9+8+10+14+12=53$

つまり、ハミルトン閉路の最小重みは 36 である。この重みを得るには、$G$ の頂点をリストに挙げられた列 $s_2$、つまり $c_1, c_2, c_3, c_5, c_4, c_1$（または $c_1, c_4, c_5, c_3, c_2, c_1$）をたどることになる。◆

巡回セールスマン問題が重要になるのは、そこに出てくる数がやたらと大きいことによるが、役に立つ応用もある。以下に限られるものではないが、いくつか挙げると、

(1) 毎朝スクールバスが学校を出て何か所かの停留所を回り、生徒を乗せて来る。時間が最小になる（生徒を学校まで早く連れて来て、バスのガソリン代を最小にする）経路がわかれば役に立つだろう。
(2) 毎日午後遅く、トラックがレストランを出て、配達を希望する顧客に「宅配食事」を届けて回る。
(3) 毎日郵便集配車が局を出て、郵便ポストに投函された郵便を集めて回る。

実際には「セールスマン」とは無関係な応用も数々あるが、いずれも

コストを最小、あるいは時間を最短にして、何らかの閉路に沿って活動することが関係する。

巡回セールスマン問題は、一般に、並外れて複雑な問題である。それにもかかわらず、巡回セールスマン問題が多くの都市について解かれてきた例がある。たとえば、1998年、デーヴィッド・アップルゲート、ロバート・ビクスビー、ヴァシェク・フヴァータル、ウィリアム・クックが、合衆国の上位13,509市町村（当時人口が500を超えていたもの）について巡回セールスマン問題を解いた。4人は、2001年にドイツの15,113市町村、2004年にはスウェーデンの24,978市町村についても解いた。その最終目標は、世界中のすべての市町村に南極にあるいくつかの研究基地を回る巡回セールスマン問題を解くことである（全部で1,904,711か所ある）。2007年、アップルゲート、ビクスビー、フヴァータル、クックは、『巡回セールスマン問題──計算論的研究』という本を書いて、巡回セールスマン問題の歴史と、大規模な問題を解くときに用いた方法を解説している。クックは2012年、もっと広い範囲の読者に向けて『驚きの数学　巡回セールスマン問題』を書いている。

# 第7章
# グラフの因子分解

 数学の大学院の授業に、7人の受講生、アリス、ボブ、カーラ、デーヴィッド、エマ、フランク、ジーナがいて、それぞれを $a, b, c, d, e, f, g$ で表すとする。担当教授は難問を7題、宿題に出す。教授は受講生に、どの問題も3人一組で解いてよいが、同じ人のペアが複数の班に属することはできないと指示する。これは可能だろうか。確かにできる。実際、受講生は、次の7通りのグループに分かれる。1班を $S_1$ と表し、この班が問題1を担当し、以下同様とする。

$$S_1 = \{b, e, g\};\ S_2 = \{c, f, g\};\ S_3 = \{a, e, f\};\ S_4 = \{a, d, g\};$$
$$S_5 = \{c, d, e\};\ S_6 = \{b, d, f\};\ S_7 = \{a, b, c\}$$

後で教授は受講生に、それぞれの班は一人の代表を選んで、自分たちの問題の答えを授業で発表しなければならないと言う。さらに、受講生はすべて、1回ずつ発表しなければならない。そこでまた例の問題である。こんなことができるか。そしてやはり、答えは「できる」となる。これを実現する一つの方法は次の通り。

 $S_1$: $b$,　$S_2$: $g$,　$S_3$: $a$,　$S_4$: $d$,　$S_5$: $e$,　$S_6$: $f$,　$S_7$: $c$

この状況は、グラフ理論の舞台に置くことができる。$G$ を位数 14 の二部グラフとする。それぞれの部集合は、$U = \{S_1, S_2, \cdots, S_7\}$ と $W = \{a, b, \cdots, g\}$ である。つまり、$G$ の一方の部集合は7班からなる集合で、もう一方の部集合は7人の学生による集合である。$W$ にある頂点 $j$ は、

$j$ が $S_i$ に含まれるなら、つまり学生 $j$ が第 $i$ 班にいるなら、$U$ にある一つの頂点（集合 $S_i$）に隣接している。このグラフ $G$ は図 7.1a に示されている。先に述べた問題に対する答えは、図 7.1b に示された $G$ の7本の辺に対応する。すなわち、解は7人の受講生と7班とを組み合わせる、つまり「マッチ」させるということである。

この問題は、抽象的代数の成果で知られるある数学者によって立てられ、証明された、これから述べる定理と関係している。

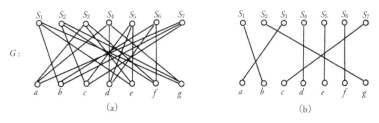

図 7.1 7人の学生と7班とのマッチング

## 別個代表系

$\{S_1, S_2, \cdots, S_n\}$ は、$n \geq 2$ の有限の空でない集合の集まりとする。整数 $i$（$1 \leq i \leq n$）それぞれについて、$x_i \in S_i$ となるような $n$ 個の相異なる元、$x_1, x_2, \cdots, x_n$ が存在するならば、この集まりは「別個代表系」を持つと言われる。言い換えると、$x_i$ は集合 $S_i$ の代表である。図 7.1b に示された、図 7.1a のグラフ $G$ の部分グラフは、先に述べた学生による七つの集合 $S_1, S_2, \cdots, S_7$ が、別個代表系を持つことを示している。

$n$ 個の集合の集まり $\{S_1, S_2, \cdots, S_n\}$ が別個代表系を持つには、その集合は確実に少なくとも $n$ 個の元を持っていなければならない。つまり、$|S_1 \cup S_2 \cup \cdots \cup S_n| \geq n$ である。しかし、$|S_1 \cup S_2 \cup \cdots \cup S_n| \geq n$ だとしても、$\{S_1, S_2, \cdots, S_n\}$ が別個代表系を持つ保証はない。たとえば、$S_1$

$= \{a\}$, $S_2 = \{a, c, d\}$, $S_3 = \{a\}$, $S_4 = \{b, d\}$ としてみよう。すると、$S_1 \cup S_2 \cup S_3 \cup S_4 = \{a, b, c, d\}$ かつ $|S_1 \cup S_2 \cup S_3 \cup S_4| = 4$ だが、$\{S_1, S_2, S_3, S_4\}$ は別個代表系を持たない。$S_1$ と $S_3$ のそれぞれにとってありうる代表は $a$ だけだからである。

集合の集まりが別個代表系を含む条件は、1935年に発見され、ホールの定理と呼ばれる。

**定理 7.1（ホールの定理）**：空でない有限集合の集まり $\{S_1, S_2, \cdots, S_n\}$ は、$1 \le k \le n$ となるそれぞれの整数 $k$ について、これらの集合のどの $k$ 個の和集合も少なくとも $k$ 個の元を持つなら、その場合にかぎり、別個代表系を持つ。

上に記した集合 $S_1 = \{a\}$, $S_2 = \{a, c, d\}$, $S_3 = \{a\}$, $S_4 = \{b, d\}$ については、$S_1$ と $S_3$ の和集合に少なくとも二つの元が含まれないので、ホールの定理によって、集合 $S_1, S_2, S_3, S_4$ は別個代表系を持たない。

この定理が得られることに関与した人物は、フィリップ・ホール（1904〜1982）という、抽象代数での成果、とくに群論研究でよく知られたイギリスの数学者だった。この定理を証明してまもなく、ケンブリッジ大学の教員の職を得た。第2次大戦のときにはブレッチリーパーク、つまりイギリスの主要な暗号解読組織があった場所でしばらく過ごした。ホールは著述と、学生の面倒をよく見たことで知られる。

## マッチング

ホールの定理がグラフ理論につながることには先ほど触れた。デーネシュ・ケーニヒというハンガリーの数学者がいて、1936年の著書『有限と無限のグラフの理論』は、グラフ理論だけについて書かれた最初の本となった。この本の中で、グラフ理論が初めて、整理された数学

の分野として紹介された。この本が出版される前には、英語圏の数学者によるグラフ理論への関心はほとんどなかった。ケーニヒの本はドイツ語で書かれていて、第2次世界大戦中にはどこでもグラフ理論はほとんど行なわれていなかったが、戦争が終わるとすぐに状況が変化した。

実は、ホールの定理がグラフ理論の設定で述べることができることに気づいたのはケーニヒだった。$U = \{S_1, S_2, \cdots, S_n\}$ は、空でない有限集合の集まりで、$W = S_1 \cup S_2 \cup \cdots \cup S_n$ であるとする。集まり $U$ は別個代表系を持っているかどうかをはっきりさせたい。確かに、$|W| \geq n$ を前提にしてよい。そうでなかったら、先に見たように、$U$ はそのような系を含まないからだ。二部グラフ $G$ を部集合 $U$ と $W$ で構成する。つまり、$U$ の頂点は集合 $S_1, S_2, \cdots, S_n$ であり、$W$ にある頂点は、$S_1 \cup S_2 \cup \cdots \cup S_n$ に属する元である。ゆえに $|U| = n$ であり、$|W| \geq n$ である。したがって、グラフ $G$ に、いずれの2本も隣接ではない $n$ 本の辺があるなら、その場合にかぎり、集合の集まり $\{S_1, S_2, \cdots, S_n\}$ は別個代表系を持つ。

二部グラフ $G$ の、どの2本も隣接しない辺の集まりは「マッチング」と呼ばれる。すると、$G$ におけるサイズ $n$ のマッチングには、$G$ の $2n$ 個の頂点が必要で、それは $n$ 組の対に分かれ、それぞれの頂点の対は $G$ において隣接となる。つまり、集合の集まり $\{S_1, S_2, \cdots, Sn\}$ は、$G$ がサイズ $n$ のマッチングを持つなら、その場合にかぎり、別個代表系を持つ。ホールの定理は二部グラフのマッチングを取り扱う定理に導いてくれる。$G$ を部分集合 $U$ と $W$ による、$|U| \leq |W|$ になるような、二部グラフであるとしよう。$U$ の空でない集合 $X$ について、$X$ の「近傍」$N(X)$ は、$W$ にあって $X$ の少なくとも一つの頂点に隣接するすべての頂点の集合である。

**定理 7.2（ホールの定理）**：$G$ を、部集合 $U$ と $W$ が $r = |U| \leq |W|$ にな

るような二部グラフとする。このとき、$U$のすべての空でない部分集合$X$について$|N(X)| \geq |X|$となるなら、その場合にかぎり、$G$はサイズ$r$のマッチングを含む。

**例 7.3**：試験で好成績だった結果として、6人の学生アシュリー（$A$）、ブルース（$B$）、チャールズ（$C$）、ドゥウェイン（$D$）、エルケ（$E$）、フェイス（$F$）が、代数（$a$）、微積分（$c$）、微分方程式（$d$）、幾何学（$g$）、数学史（$h$）、プログラミング（$p$）、位相幾何学（$t$）いずれかの補助テキストをもらう権利を得た。それぞれの科目について1冊ずつしかない。それぞれの学生の選択は、次のようになっている。

$A$: $d, h, t$;  $B$: $g, p, t$;  $C$: $a, g, h$;  $D$: $h, p, t$;  $E$: $a, c, d$;  $F$: $c, d, p$

学生のそれぞれは自分が望む本を得られるだろうか。

**解**：この状況は図7.2aの、部集合$U = \{A, B, C, D, E, F\}$と$W = \{a, c, d, g, h, p, t\}$からなる二部グラフ$G$によってモデル化できる。$G$が6本の辺のマッチングを含むかどうかを考えている。ここではホールの定理を使う必要はない。実は、そのようなマッチングが、図7.2bに示したような形で存在することを見てとることができる。このマッチングから、7冊の本のうち6冊と6人の学生との組み合わせ

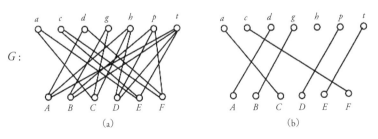

図7.2　二部グラフにおけるマッチング

方が見てとれる。◆

この例ではホールの定理を使う必要はなかったが、次の例では非常に有益となる。

**例 7.4**：7人の大学4年生ベン（$B$）、ドン（$D$）、フェリックス（$F$）、ジューン（$J$）、キム（$K$）、ライル（$L$）、マリア（$M$）が、卒業後の就職先を探している。大学の就職課の掲示では、会計士（$a$）、コンサルタント（$c$）、編集者（$e$）、プログラマ（$p$）、リポーター（$r$）、秘書（$s$）、教師（$t$）に空きがある。7人のそれぞれがこの就職口のうちいくつかに応募する。

$B: c, e;\quad D: a, c, p, s, t;\quad F: c, r;\quad J: c, e, r;\quad K: a, e, p, s;\quad L: e, r;\quad M: p, r, s, t$

どの学生も応募したところに職を得ることは可能か。

**解**：この解は図7.3の二部グラフによってモデル化できる。そこでは一方の部集合 $U=\{B, D, F, J, K, L, M\}$ は学生の集合であり、他方の部集合 $W=\{a, c, e, p, r, s, t\}$ は、就職先の集合である。$U$ に属する頂点 $u$ は、$u$ が就職口 $w$ に応募していれば、$W$ に属する頂点 $w$ と結ばれる。

部分集合 $X=\{B, F, J, L\}$ については、$N(X)=\{c, e, r\}$ が得られる。

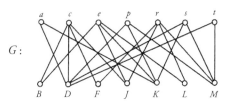

図 7.3　例 7.4 の状況をモデル化するグラフ

$|N(x)| < |X|$ なので、定理7.2から、サイズ7のマッチングは存在しない。したがって、この問題に対する答えは「できない」となり、集合 $X$ が、そのようなマッチングがありえないことの証拠となる。◆

**例7.5**：ふつうのトランプ一組は52枚のカードを使う。この52枚を四つのマーク、それぞれ13枚ずつに分ける。マークはハート（♡）、ダイヤ（♢）、クラブ（♣）、スペード（♠）と呼ばれる。それぞれのマークに、次のような値のカードが1枚ずつある。A、2、3、4、5、6、7、8、9、10、J、Q、K。この一組のカードをシャッフルし（まぜ）、52枚を4行×13列の長方形に並べる。カードがどのように分かれていようと、13列のそれぞれから1枚ずつ選んで、選ばれたカードの値が異なるようにすることが必ずできることを示せ。

**解**：二部グラフ $G$ は次のような部集合で構成されている。

$U = \{1, 2, \cdots, 13\}$ および $W = \{A, 2, 3, \cdots, Q, K\}$ ，

$U$ の頂点は、13列に対応する。$U$ に属する頂点 $u$ は、列 $u$ に値 $w$ のカードがあれば、$W$ に属する頂点 $w$ と結ばれる。$U$ の $k$ 列による各部分集合 $X$ には $4k$ 枚あって、同じ値のものはたかだか4枚で、$4k$ の中には少なくと $k$ 種の値が出てくる。つまり、$|N(X)| \geq k = |X|$ である。ホールの定理により、$G$ にはサイズが13のマッチングがあり、望まれる結果となる。

たぶん、ホールの成果のいちばんよく知られた形のものは、結婚定理と呼ばれる言い方だろう。この定理はドイツの数学者フェルディナント・ゲオルク・フロベニウスの業績の中にも暗示されている。

### 結婚定理

$r$ 人の女性と $r$ 人の男性の集まりがある。$1 \leq k \leq r$ となる整数 $k$ それぞれについて、$k$ 人の女性のすべての部分集合が、集団として少なくとも $k$ 人の男性と知り合っているなら、その場合にかぎり、知り合った男女の合計 $r$ 組の結婚が可能となる。

## ウィリアム・タット

マッチングが関心の対象になるグラフは二部グラフだけではない。マッチングは、二部だろうとそうでなかろうと、どんなグラフにも生じる。ここでのマッチングについての主要な関心は、最大サイズのマッチングである。実は、グラフ $G$ におけるマッチング $M$ は、$G$ にできるすべてのマッチングの中で最大サイズであれば、「最大マッチング」と言う。グラフ $G$ における「完全マッチング」とは、$G$ のすべての頂点がすべて $M$ の何らかの辺と接続するようなマッチング $M$ のことである。必然的に、次数 $n$ のグラフでの完全マッチングのサイズは $n/2$ であり、したがって $n$ は偶数でなければならない。さらに、すべての完全マッチングは最大マッチングである。図 7.4 のグラフ $G_1$ と $G_2$ は、完全マッチングではない最大マッチングを含む(太い線で表されている)。これに対して、図 7.4 のグラフ $G_3$ は、完全マッチングを含む(やはり太い線で表されている)。

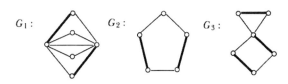

図 7.4　最大マッチングと完全マッチング

グラフが完全マッチングを含む正確な条件を記述する定理を得たのは、これもイギリス人で、この定理を発見したときは、まだ大学院生だった。

　グラフ理論の領域でもよく知られている数学者の一人にウィリアム・トマス・タット（1917～2002）がいる。イギリス生まれのタットは、父がホテルの庭師として働いていたチヴァリーの村で育った。タットは6歳から11歳までは地元の学校へ通った。10歳のとき、あるコンテストで優秀な成績をあげ、ケンブリッジにある学校へ通う奨学金を与えられた。自宅からケンブリッジまではあまりに遠かったので、タットの両親はウィリアムを手許にとどめた。しかし翌年、また試験を受けて好成績だったので、今度は両親もケンブリッジの学校へ行くことを認めた。

　18歳になるとケンブリッジのトリニティカレッジに入り、そこでは化学専攻だったが、それは好きな科目ではなかった——数学が好きだったのだ。タットの大学での経歴は第2次世界大戦で中断された。1941年1月、タットはイギリスの暗号解読部隊であるブレッチリー・パークに招かれ、同じ年の10月、「フィッシュ」と呼ばれる、ドイツ陸軍だけが使う、ベルリン発の機械による暗号文と出会った。ブレッチリーの暗号解読部隊は、海軍と空軍のエニグマ暗号は解読していたが、陸軍についてはまだ成功していなかった。フィッシュ暗号は上層部の通信に使われていた。暗号文のサンプルをいくつか見ただけで、タットはその暗号を生成する機械の構造を見抜いた。タットの成果は「戦争全体で最大の知的偉業」と呼ばれた。

　第2次大戦後はケンブリッジに戻ったが、今度は数学の大学院生になった。タットはケンブリッジ大学で博士号を取ったが、それを取得する前に、グラフが（二部でもそうでなくても）完全マッチングを持つ条件を明らかにした。

　$k(G)$ は、グラフ $G$ の成分の数、$k_o(G)$ は $G$ における奇成分（奇数

位数の成分）の数を表すとする。

**定理 7.6（タットの定理）**：グラフ $G$ の、$V(G)$ の真部分集合 $S$ すべてについて、

$k_o(G-S) \leq |S|$

が成り立つなら、その場合にかぎり、$G$ は完全マッチングを含む。

タットの定理の一方の向きを対偶の形で述べると、グラフ $G$ に $k_o(G-S) > |S|$ となるような頂点真部分集合 $S$ があれば、$G$ は完全マッチングを含まないということになる。とくに、$G$ が奇数次数のグラフで、$S$ が空集合なら、$k_o(G-S) \geq 1 > 0 = |S|$ となり、$G$ には完全マッチングはありえないことがわかる。さらに、図 7.5 のグラフ $G_1$ にもグラフ $G_2$ にも完全マッチングはない。$G_1$ で $S_1 = \{u\}$ とし、$G_2$ で $S_2 = \{x, y\}$ とすると、$k_o(G_1-S_1) = 3 > |S_1|$ であり、また、$k_o(G_1-S_1) = 4 > |S_2|$ である。$G_1$ と $G_2$ に完全マッチングがないという結論は、タットの定理に沿っている。

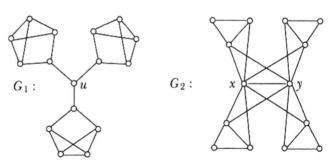

図 7.5 完全マッチングのない二つのグラフ

### ユリウス・ピーターセン

純粋に理論的な性質のグラフ理論に関する最初の論文は 1891 年に出てきたもので、ペーター・クリスチャン・ユリウス・ピーターセン（1839〜1910）によって書かれた。ピーターセンはデンマークのソレで生まれた。私立学校へ通い、それから、デンマークのフレデリク 2 世が 1586 年に創立したソレ・アカデミーという学校へ通った。

ユリウス少年は 1854 年、両親がそれ以上教育費を出せなかったため、学校を中退した。そうして伯父のところへ働きに行った。伯父が亡くなると、コペンハーゲンの工科大学へ行けるだけのお金がユリウスに遺贈された。十代のときには、対数に関する本を出していた。工科大学では土木工学の前期課程の試験に合格したものの、コペンハーゲン大学へ行って数学を勉強することにした。伯父が遺してくれた資金が残り少なくなってくると、教師として就職することにした。その後の数年は、ユリウスは教職の重い負担があり、結婚もして家族ができた──しかし数学の勉強は続けた。教えているときに、自分に文章の才能があることに気づき、幾何学についての教科書を 5 冊書いた。30 歳になる頃には、博士論文にする研究にとりかかっていた。2 年後、ピーターセンはコペンハーゲン大学から数学で博士号を取った。

それからまもなくして、コペンハーゲン大学の教員になり、そこで優れた教師であることを認められた。あるとき、授業で使っていた教科書に「このことは簡単にわかる」と書かれているのにまごついたが、それは自分の書いた教科書だったというユーモラスな話もある。ピーターセンは文章に優れていたとはいえ、自分の研究については厳密さよりも解説のしかたのほうが優先されることもあった。自分で物事を発見するのも好きだった。その不幸な部分として、ピーターセンは他人の著作を読まず、自分で得た結果がすでに知られていることだった

という場合も多かった。他人の成果を参照する点では、少々いい加減でもあった。

ピーターセンは数学のいくつかの領域で研究したものの、知られているのはグラフ理論だけである。実際、基本的には1891年に書かれた1本の論文、"Die Theorie der regulären Graphen"、つまり「正則グラフの理論」だけで有名になった。1-正則グラフと2-正則グラフで完全マッチングが含まれるのはどんなときかはわかりやすい。1-正則グラフは基本的に完全マッチングである。2-正則グラフ $G$ が完全マッチングを持つのは、$G$ のすべての成分が偶閉路であるときで、その場合にかぎる。しかし、3-正則(立方体)グラフのうちどんなものが完全マッチングを含むかを明らかにするのは、相当にややこしくなる。完全マッチングを含む立方体グラフもあれば、そうでないものもある。図7.6の立方体グラフ $G_1$, $G_2$, $G_3$ は完全マッチングを含むが、$G_4$ はそうではない。

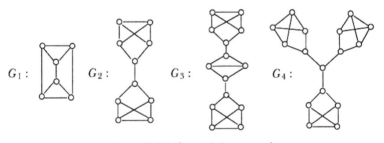

図 7.6　立方体グラフと完全マッチング

ピーターセンの1891年の論文では、一般に「ピーターセン」の名で呼ばれる定理を証明できた。

**定理 7.7**（ピーターセンの定理）：橋のない立方体グラフはすべて完全マッチングを含む。

図7.6のグラフ $G_1$ は立方体グラフで橋がないので、完全マッチングを含む。実は、ピーターセンはさらに範囲をしぼる結果も得ていて、橋がせいぜい二つのすべての立方体グラフは完全マッチングを含むことを示していた。したがって、図7.6の $G_2$ と $G_3$ は、橋があっても完全マッチングを含むのは不思議ではない。$G_4$ は完全マッチングを含まないので、橋がせいぜい三つまでの、すべての立方体グラフは完全マッチングを持つとは言えない。したがって、ピーターセンが証明したことは、それ以上は改良されない。

## ピーターセングラフ

　完全マッチングに対応する部分グラフがいくつかある。グラフ $G$ の部分グラフ $F$ に孤立点がなく、辺集合 $E(F)$ が完全マッチンググラフである場合、$F$ は必然的に $G$ の1-正則全域部分グラフである。そのような部分グラフ $F$ は $G$ の1-「因子(ファクター)」という。ピーターセンの定理(定理7.7)によれば、すべての立方体二部グラフ $G$ は1-因子 $F_1$ を含む。1-因子 $F_1$ の辺が $G$ から削除されると、得られるグラフ $H$ は必ず2-正則になる。そこで、$H$ にも1-因子があるかと問うことができる。もしそうなら、$H$ には辺が互いに疎の二つの1-因子 $F_2$ と $F_3$ があり、したがって $G$ には全部で三つの1-因子、すなわち $F_1, F_2, F_3$ があり、そのうちどの二つも共通の辺がない。これにより別の概念が出てくる。

　グラフ $G$ に1-因子 $F_1, F_2, \cdots, F_r$ があって、$\{E(F_1), E(F_2), \cdots, E(F_r)\}$ が $E(G)$ の分割〔互いに疎となる部分集合に分けられた集合〕になるなら、$G$ は1-「因子分解可能」である。この場合、$F = \{F_1, F_2, \cdots, F_r\}$ は、$G$ の1-「因子分解」と呼ばれる。すると必然的にすべての1-因子分解可能なグラフは、$r$ を何らかの正の整数として偶数次数の $r$-正則グラフとなる。たとえば、図7.7の4-正則グラフ $G$ は1-因子分解可能である(四つの1-因子に)。図7.7にはこのグラフの1-因子分解も示されている。

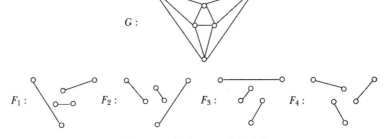

図 7.7　4-正則グラフの 1-因子分解

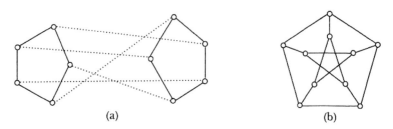

図 7.8　ピーターセングラフ

このことから次の問題が浮かんでくる。すべての橋のない立方体グラフは 1-因子分解可能か。ピーターセンはこの問題に、1898 年に書いた補足論文で答えた。この論文では、図 7.8a のような、橋のない立方体グラフの例を示した。このグラフを最初に考えたのはピーターセンではなかった。1886 年には、アルフレッド・ブレイ・ケンプが書いた論文にこのグラフは登場していた（ケンプには第 11 章でまたお目にかかる）。このグラフはたいてい、図 7.8b に示されているように描かれる。前にもお目にかかったこのグラフは、ユリウス・ピーターセンにちなんでピーターセングラフと呼ばれる。

このグラフにはいくつかの興味深い特性がある。具体的には、ピーターセングラフにおける最小の閉路の長さは 5 となる。実際、ピー

ターセングラフは、最小の閉路の長さが5となる、ただひとつの最小位数の立方体グラフである。$k \geq 3$ については、グラフ $G$ は、$G$ の最小閉路の長さが $k$ となる最小位数の立方体グラフなら、$k$-「ケージ」である。つまりピーターセングラフは唯一の5-ケージである。ピーターセングラフには次のような興味深い特性もある。

**定理 7.8**：ピーターセングラフはハミルトングラフではない。

**証明**：ピーターセングラフがハミルトングラフであるとする。すると $P$ はハミルトン閉路 $C = (v_1, v_2, \cdots, v_{10}, v_1)$ を持つ（図7.9）。$P$ は立方体〔3-正則〕グラフなので、$P$ のすべての頂点は $C$ にはない $P$ の辺1本だけと接続している。

　$v_1$ は $C$ にない1本の辺と接続し、$P$ には三角形も4-閉路もないので、$v_1$ は $v_5, v_6, v_7$ のいずれかに隣接していなければならない。$v_1$ が $v_5, v_7$ いずれに隣接するかは、対称性により同じことなので、異なる場合は二つしかない。

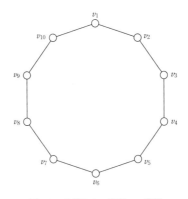

図7.9　定理7.8の証明の一段階

第7章　グラフの因子分解

場合1：$v_1$ が $v_5$ に隣接している場合（図7.10a）。頂点 $v_6$ は $v_2$ または $v_{10}$ のみに隣接しうる。たとえば、$v_6$ が $v_2$ に隣接しているなら、$P$ は4-閉路 $(v_1, v_2, v_6, v_5, v_1)$ を含むことになる。いずれにせよ、長さ5未満の閉路となるが、これはできない。

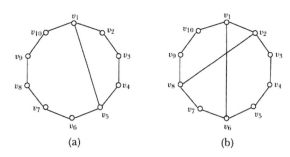

図7.10 定理7.8の証明の一段階

場合2：$v_1$ が $v_6$ に隣接している場合。必然的に、$v_2$ は $v_8$ に隣接していなければならない。でないと $P$ には5未満の長さの閉路ができてしまうからだ（図7.10b）。そうなるとしかし、基本的に場合1に戻り、それはできないことは見た。

これでピーターセングラフはハミルトングラフではないことと、このグラフで最小の閉路は5-閉路であることがわかったが、ピーターセンが1898年の論文でこのグラフを論じた理由は、それにはない、また別の性質のためだった。

**定理7.9**：ピーターセングラフは1-因子分解可能ではない。

**証明**：ピーターセングラフ $P$ は橋のない立方体グラフなので、ピーターセンの定理によって、1-因子 $F$ を持つ。$F$ の辺が $P$ から削除されれば、残るのは2-正則グラフ $H$ である。ゆえに $H$ のすべての成

分は閉路である。$P$ は定理 7.8 によってハミルトングラフではないので、$H$ は少なくとも二つの成分を持たなければならない。$P$ は三角形でもないし、4-閉路でもないので、唯一の可能性は、$H$ が二つの 5-閉路で構成されていることである。5-閉路は 1-因子を持たないので、ピーターセングラフは 1-因子分解可能ではない。■

結局のところ、ピーターセンが、橋のない立方体グラフが 1-因子分解可能とはかぎらないことを示すためにピーターセングラフを導入したという事実と、ピーターセングラフは橋のない立方体グラフがハミルトングラフであるとはかぎらないという事実も明らかにしているということは、ピーターセングラフがこれほどグラフ理論に頻繁に姿を見せる共通の理由のうちの、二つにすぎない。実は、このグラフはいくつかの予想の反例にもなったことがあるし、ある命題が当該のグラフすべてについて成り立つ理由を明らかにするための例になったこともある。

## 1-因子分解可能なグラフ

ピーターセングラフは 1-因子分解可能ではないとはいえ、重要な正則グラフがいくつかある。

**定理 7.10**：$n \geq 2$ のすべての偶数について、完全グラフ $K_n$ は 1-因子分解可能である。

**証明**：$n=2$ または $n=4$ なら、$K_n$ が 1-因子分解可能であることは容易に見てとれる。そこで、$n$ を $n \geq 6$ の偶数とし、$K_n$ の頂点を $v_0$, $v_1$, $v_2$, $\cdots$, $v_{n-1}$ とする。$v_1$, $v_2$, $\cdots$, $v_{n-1}$ は円をなして等間隔とし、$v_0$ を円の中心に置く。$K_n$ の各辺を線分として描く。そこから、$n-1$ 個の

1-因子 $F_1, F_2, \cdots, F_{n-1}$ を構成することができて、$K_n$ の一つの 1-因子分解 $\{F_1, F_2, \cdots, F_{n-1}\}$ になる。$1 \leq i \leq n-1$ については、1-因子 $F_i$ は辺 $v_0 v_1$ と $v_0 v_1$ に直交するすべての辺でできているとすること。■

定理 7.10 の証明に従って、$K_6$ の 1-因子 $F_1$ と $F_2$ を図 7.11 に示した。そこで $F_1$ の辺は実線の辺で描かれ、$F_2$ の辺は点線で描かれている。

$n$ が偶数のとき、$K_n$ が 1-因子分解可能であるという事実は、一定の種類のスケジュール問題を解くのに使える。

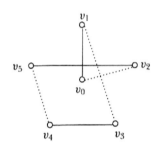

図 7.11　$K_6$ の二つの 1-因子 $F_1$ と $F_2$

**例 7.11**：8 人のテニス選手 $T_1, T_2, \cdots, T_8$ の集団から、1 日 4 試合、7 日間で、1 日に 2 試合する選手が出ないように、また、全選手が他の 7 人全員と試合をするように予定を組みたい。それは可能か。

**解**：定理 7.10 によれば、そのような予定は必ずある。定理 7.10 の証明に従って、そのような予定の組み方の一つを述べる。七つの頂点（選手）$T_2, T_3, \cdots, T_8$ を等間隔で円周上に並べ（図 7.12）、それから $T_1$ を円の中心に置く。すべての二つの頂点を、線分で結んで完全グラフ $K_8$ を構成する。$K_8$ の 1-因子 $F_1$ は、辺 $T_1 T_2$ と、この辺に直交するすべての辺をとることによって構成できる（やはり図 7.12）。もっと一般的には、$1 \leq i \leq 7$ について、1-因子 $F_i$ は辺 $T_1 T_{i+1}$ と、こ

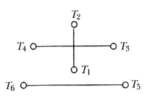

図 7.12 $K_8$ の 1-因子分解の構成

の辺に直交するすべての辺によって構成される。これで $K_8$ の 1-因子分解ができる。

この因子分解から、テニスの試合の予定が組める。第 $i$ 日 ($1 \leq i \leq 7$) に行なわれる試合は 1-因子分解 $F_i$ に属する辺である。

日曜、 $T_1-T_2$, $T_3-T_4$, $T_5-T_6$, $T_7-T_8$;
月曜、 $T_1-T_3$, $T_2-T_5$, $T_4-T_7$, $T_6-T_8$;
火曜、 $T_1-T_4$, $T_2-T_6$, $T_3-T_8$, $T_5-T_7$;
水曜、 $T_1-T_5$, $T_3-T_7$, $T_2-T_8$, $T_4-T_6$;
木曜、 $T_1-T_6$, $T_4-T_8$, $T_2-T_7$, $T_3-T_5$;
金曜、 $T_1-T_7$, $T_5-T_8$, $T_3-T_6$, $T_2-T_4$;
土曜、 $T_1-T_8$, $T_6-T_7$, $T_4-T_5$, $T_2-T_3$

すでにピーターセングラフは位数 10 の 1-因子分解できない 3-正則グラフであることは見た。実は、図 7.13 に示したグラフ $G$ は、やはり 1-因数分解できない位数 10 の 4-正則グラフである。

しかし、位数 10 で 1-因子分解可能でない 5-正則グラフの例はない。実際、アマンダ・チェトウィンドとアンソニー・ヒルトンによって、またガブリエル・ディラックによっても、この領域での予想が出ている。この予想は正則グラフが 1-因子分解可能でなければならない条

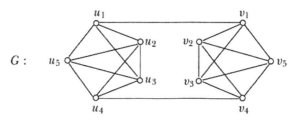

図 7.13　1-因子分解可能ではない、位数 10 の 4-正則グラフ

件をもたらす。

### 1-因子分解予想

$G$ を位数 $2k$ の $r$-正則グラフとする。

（a）$k$ が奇数で、$r \geq k$ ならば、$G$ は 1-因子分解可能である。
（b）$k$ が偶数で、$r \geq k-1$ ならば、$G$ は 1-因子分解可能である。

したがって、1-因子分解予想が成り立ち、$r \geq n/2$ として、$G$ が位数 $n$ の $r$-正則グラフなら、$G$ は 1-因子分解可能である。

## 2-因子分解可能なグラフ

本章では、グラフ $G$ の 1-因子は $G$ の 1-正則全域部分グラフであり、いっぽう、$G$ がその各辺がちょうど一つの 1-因子に属するような 1-因子の集まりを含むなら $G$ は 1-因子分解可能であることを見た。さらに、1-因子分解可能なグラフ $G$ は、何らかの正の整数 $r$ について、$r$-正則でなければならず、その場合、$G$ には $r$ 個の 1-因子に分ける 1-因子分解がある。

グラフ $G$ の「2-因子」は、当然、$G$ の 2-正則全域部分グラフである。グラフ $G$ が「2-因子分解可能」なのは、$G$ に、$G$ のそれぞれの辺がま

さしくこの 2-因子の一つだけに属するような、2-因子の集まりが含まれる場合である。必然的に、すべての 2-因子分解可能グラフは、何らかの正の偶数 $r$ について、$r$-正則でなければならない。ユリウス・ピーターセンは、このグラフが 2-因子分解可能であるための必要条件は、十分条件でもあることを示した。この定理は定理 7.7 と同じ論文に出てくる。

**定理 7.12**：グラフ $G$ が、何らかの正の偶数 $r$ について $r$-正則であるなら、その場合にかぎり、$G$ は 2-因子分解可能である。

図 7.14 のグラフ $G$ は 4-正則なので、定理 7.12 によって、$G$ は 2-因子分解可能であることが導かれる。$G$ の 2-因子分解 $\{F_1, F_2\}$ は図 7.14 に示されている。ここで 2-因子 $F_1$ は二つの三角形からなり、$F_2$ は 1 個の閉路、すなわちハミルトン閉路からなる。

一つのグラフにおけるすべての 2-因子は閉路の和集合をなす。グラフ $G$ の 2-因子分解における 2-因子それぞれが 1 個の閉路なら、$G$ をハミルトン閉路に分ける因子分解がある。この性質をもつグラフは「ハミルトン分解可能」と言われる。すべてのハミルトン分解可能な

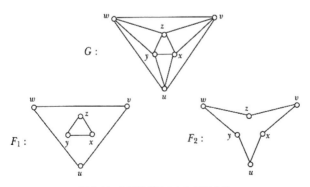

図 7.14　4-正則グラフの 2-因子分解

グラフは2-因子分解可能でもあるので、すべてのハミルトン分解可能なグラフは何らかの正の偶数$r$について、$r$-正則である。

すべてのハミルトン分解可能なグラフは2-因子分解可能であるが、逆は成り立たない。たとえば、図7.13の2-因子分解可能なグラフ$G$はハミルトン分解可能ではない。このことを見るために、$G$はハミルトン分解可能としてみよう。すると$G$には、共通の辺を持たない二つのハミルトン閉路$C$と$C'$がある。その閉路の一方、たとえば$C$には辺$u_1v_1$がある。実際には、閉路$C$が$u_1, v_1$で始まることを前提にしてよい。$C$は$u_1$で終わるので、閉路$C$は辺$v_4u_4$を含んでいなければならない。$G$から$C$の辺を削除することによって得られる2-正則グラフ$H$は連結ではないので、$H$がハミルトン閉路を含むことはありえず、$G$はハミルトン分解可能ではない。

ハミルトン分解可能なグラフについてよく知られている区分の一つは、奇数位数の完全グラフという区分である。この事実の証明は、1890年、ワレッキーによって与えられた。

**定理7.13**：$n \geq 3$となるすべての奇数$n$について、完全グラフ$K_n$はハミルトン分解可能である。

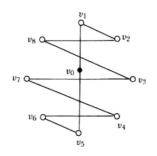

図7.15　$K_9$のハミルトン因子分解の構成

たとえば、$K_9$ がハミルトン分解可能であることを見るためには、8個の頂点 $v_1, v_2, \cdots, v_8$ を円環的に並べて、この頂点が正八角形をなすようにして（図 7.15）、$v_0$ をこの八角形の内部の都合のよい位置に置くことができる。すると、図 7.15 に示されたようにハミルトン閉路が構成できる。この閉路を時計回りに角度 45°ずつ回転させると、3 回でさらに三つのハミルトン閉路ができて、$K_9$ のハミルトン因子分解となる。

# 第8章
# グラフの分解

　生涯でいちばん有名な発見を、ごく若い頃にしたという数学者の例は数多くある。実は、多くの人が、数学者の最高の業績は若い頃に生まれると考えている。これがあてはまる数学者は確かに多いかもしれないが、もちろん、皆がそうであるわけではない。19世紀の組合せ数学で主要な人物の一人に、トマス・ペニントン・カークマンがいる。多くの人にとって、カークマンはアマチュア数学者で、数学への貢献は、15人の女生徒について考案したある問題によると考えられている。しかしカークマンは決してアマチュア数学者ではなかった。実際のところ、数学に無視できない貢献をした論文を60本ほど書いていて、そのすべては40歳以降になって書かれている。

　トマス・カークマン（1806～1895）は、マンチェスターの小さな町に生まれた。地元のグラマースクールではずば抜けた生徒だった。カークマンの父は零細な綿花商人で、息子には家業を継げと言っていた。カークマンは14歳で学校を中退しなければならなくなり、その後の9年は父の会社で働いていた。23歳のとき、父から自立して、アイルランドのダブリンにあるトリニティ・カレッジに入学した。4年後の1833年、数学、哲学、科学、古典を勉強して学士号を得た。その年、イングランドに戻ると、英国教会に入り、5年間を教区司祭として過ごした。

　1839年には、ランカシャー教区の牧師になり、その後の52年、その地位にあった。40歳になる頃には、妻が親の遺産を相続しており、自身は決して裕福ではなかったカークマン師は、今や尊敬される地位

と金銭面での安定を得ていた。カークマンが数学に何らかの関心を抱いていたことを示す証拠はなかったが、明らかに数学力はあった。足りなかったのは、本人を数学に引き寄せる刺激だった。それが、ある雑誌で出会った問題によってもたらされた。

1840年代には、『紳士淑女の日記』(Lady's and Gentleman's Diary)という人気雑誌があった。1844年、編集人のウェズリー・ウールハウスは、同誌で、懸賞問題1733番と呼ばれるものを発表した。

> $n$ 個の記号のうち $p$ 個ずつによってできる組合せの数を求めよ。次のような制約がある。いずれかの組合せに出てくる $q$ 個の記号の組合せは、他の組合せには現れない。

同誌の1845年の号には、このわかりにくい問題文の文章題に対して、多くの不正解が寄せられた。1年後、この問題は具体的に $p=3$, $q=2$ として再出題された。編集人は、$n=10$ のとき、三つ組($p=3$)で、できる対($q=2$)が1回だけずつ現れる体系を見つけることはできないことを言って、問題の難しさに注目させた。

1846年12月15日、カークマンは後から出題されたほうの懸賞問題を取り上げた論文を、マンチェスター文芸哲学協会に提出した。その後まもなくして(1847年)、カークマンによる論文が、『ケンブリッジおよびダブリン数学ジャーナル』で発表された。そこでは次のような問題が取り上げられていた。

> $x$ 個の記号で三つ組はいくつできるか。ただし、二つの記号による同じ組は、この三つ組の中に複数回出てこないものとする。

# シュタイナー三重系

$n \geq 3$ となる整数 $n$ について、$n$ 個の記号による三つ組の系 $S_n$ は、どの二つの記号の組も 1 回だけずつ現れるとき、シュタイナー三重系と呼ばれる。

自明のことながら、三つの記号による $S_3$ の系は、一つだけの三つ組からなり、もちろんどの二つの記号の組も、この三つ組の中にある。実は前章で、七つの記号によるシュタイナー三重系 $S_7$ を見ている。大学院の $a, b, c, d, e, f, g$ で表される 7 人が受講する授業で、学生が 7 班（七つの三つ組）に分かれ、どの二人の学生の組も一つの班だけにいるようにするという話で、それが可能かどうかが問われた。それは可能で、確かに、

$S_7 = \{\{b, e, g\}, \{c, f, g\}, \{a, e, f\}, \{a, d, g\}, \{c, d, e\}, \{b, d, f\}, \{a, b, c\}\}$

は七つの記号によるシュタイナー三重系である。

シュタイナー三重系は、グラフを使って調べることができる。$n \geq 3$ として $n$ 個の記号の集まり、たとえば $\{1, 2, \cdots, n\}$ があるとしよう。そうして、頂点の集合 $\{1, 2, \cdots, n\}$ で、位数 $n$ の完全グラフ $K_n$ を構成する。$K_n$ にある辺の数は、$K_n$ にある頂点の対の数に等しい。この数は一般に $\binom{n}{2}$ で表され、$n$ 個から 2 個選ぶ組合せと呼ばれる。$n$ 個の頂点の中から、順番を無視した 2 頂点の組が何通り作れるかを数えている。つまり、$K_n$ のサイズは $\binom{n}{2} = n(n-1)/2$ となる。$K_n$ に三角形の集まりを探して、$K_n$ のすべての辺がいずれか一つの三角形にのみ属するようにすることが可能なら、シュタイナー三重系を得たことになる。たとえば、図 8.1 に示したような頂点集合 $\{a, b, c, d, e, f, g\}$ に

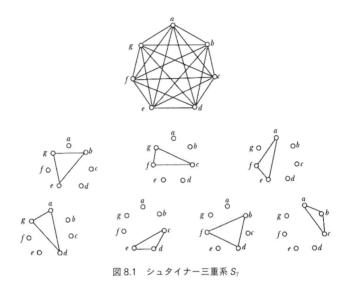

図 8.1　シュタイナー三重系 $S_7$

よる完全グラフ $K_7$ は、七つの三角形 (3人ずつの学生による7班) を含み、$K_7$ のどの辺も、その三角形の一つだけに属している。これはシュタイナー三重系である。

すでにシュタイナー三重系 $S_3$ とシュタイナー三重系 $S_7$ があることは見た。それによってこんな問題が生じる。$S_n$ がシュタイナー三重系なら、$n$ についてどんなことがわかるか。

**定理 8.1**：$S_n$ がシュタイナー三重系であるなら、$q$ を何らかの整数として、$n \geq 3$ であり、かつ、$n = 6q+1$ か、$n = 6q+3$ か、いずれかである。

**証明**：$S_n$ はシュタイナー三重系であるとする。その場合、完全グラフ $K_n$ には、三角形の集まりができ、$K_n$ のすべての辺がその三角形の一つだけに属している。$K_n$ のサイズは $n(n-1)/2$ で、三角形は 3

194

本の辺でできているので、$n(n-1)/2$ は 3 で割り切れ、したがって $n(n-1)/6$ は整数である。さらに、$K_n$ のすべての頂点の次数は $n-1$ である。$K_n$ のすべての頂点はその頂点を含むそれぞれの三角形の 2 本の辺に接続しているので、$n-1$ は偶数でなければならず、$n$ は奇数でなければならない。整数 $n$ を 6 で割ると、商 $q$ と余り $r$ が得られる。これは、すべての整数 $n$ が、$0 \leq r \leq 5$ として、$n = 6q + r$ で表されることを意味する。$n$ は奇数なので、$n = 6q+1$, $n = 6q+3$, $n = 6q+5$ のいずれかである。$n = 6q+5$ だったら、$n(n-1)/2$ は 6 で割り切れるという事実は、$(6q+5)(3q+2)$ が 3 で割り切れるということを意味する。ところが、$6q+5$ も $3q+2$ も 3 では割り切れないので、これはありえない。したがって、$n$ は $6q+5$ ではありえない。つまり、$n = 6q+1$ か $n = 6q+3$ のいずれかである。∎

カークマンに証明できたのは、定理 8.1 の逆もまた成り立つ、つまり、$n \geq 3$ で、かつ $q$ を何らかの整数として、$n = 6q+1$ または $n = 6q+3$ なら、$n$ 個の記号によるシュタイナー三重系があるということだった。

この問題の歴史は、カークマンの興味深い論文とそれに含まれる解だけでは終わらなかった。6 年ほど後の 1853 年、有名な幾何学者ヤーコプ・シュタイナー（1796～1863）が、明らかにカークマンの論文のことを知らずに、そのような三つ組の存在についての問題を立てたことを記す短い覚書を書いた。シュタイナーの覚書が発表されてから 6 年後、シュタイナーの問題は M・ライスによって答えられた。シュタイナーの覚書もライスの論文も、『純粋および応用数学誌』というドイツの学術誌で発表された。これはアウグスト・レオポルト・クレレが創刊した学術誌で、クレレは亡くなる 1855 年まで編集長を務めた。結果として、この雑誌は一般に『クレレ誌』と呼ばれた。何かの学会の紀要ではない主要な数学誌となった最初期の例である。

ライスが当時行なったことは、シュタイナーの問題に、カークマンが同じ問題を立て、かつ解いてから12年たって、答えを出したということだ。これは当然カークマンには不満で、こんなことを書くことになった。

> ……『ケンブリッジおよびダブリン数学ジャーナル』第II巻191頁が、組合せに関するまったく同じ問題についての、クレレ誌第LVI巻326頁の新しい論文から盗むことをどうやって企んだというのか。

カークマンが述べた三重系は、ずっと前に活字になっていたものの、結局、名前はヤーコプ・シュタイナーにちなんだものになり、シュタイナー三重系の概念が生まれた。もちろん、功績が別の人に認められた例はこれだけではない。

先に触れたように、シュタイナー三重系はグラフを使って記述できる。グラフ $G$ は、$G$ が辺について互いに疎の三角形 $T_1, T_2, \cdots, T_k$ を含み、$G$ のすべての辺がこの三角形のいずれか一つ（だけ）に属する場合、$K_3$-「分解可能」と呼ばれる。当然、$G$ が $K_3$-分解可能なら、$G$ のサイズは $k$ を何らかの整数として $3k$ となる。したがって、$K_n$ が $K_3$-分解可能なら、その場合にかぎり、シュタイナー三重系 $S_n$ が存在する。グラフが $K_3$-分解可能であるという捉え方は、もっと一般的な捉え方の特殊な場合である。

グラフ $G$ は、$G$ のすべての辺が部分グラフ $H_1, H_2, \cdots, H_k$ の一つだけに属する場合、その部分グラフに「分解可能」と言われる。この部分グラフは $G$ の「分解」となる。すべての部分グラフ $H_1, H_2, \cdots, H_k$ が同じグラフ $H$ と同型なら、グラフ $G$ は「$H$-分解可能」と呼ばれ、分解は「$H$-分解」と呼ばれる。サイズ $m$ のグラフ $G$ が、$H$ をサイズ $m'$ のグラフとして $H$-分解可能なら、$m$ は $m'$ で割り切れる。すると、

| 123 | 145 | 167 | 357 | 346 | 256 | 247 |
| --- | --- | --- | --- | --- | --- | --- |
| *4ae* | *2bd* | *2ac* | *1eb* | *1cd* | *1ef* | *1gh* |
| *5cg* | *3fh* | *3eg* | *2fg* | *2eh* | *3bc* | *3ad* |
| *6bh* | *6ag* | *4bf* | *4ch* | *5af* | *4dg* | *5be* |
| *7df* | *7ce* | *5dh* | *6de* | *7bg* | *7ah* | *6cf* |

図8.2 シュタイナー三重系 $S_{15}$ にある 35 の三つ組の並び方

この $H=K_3$ で、$n$ を $n \geq 3$ となる何らかの整数として、$G=K_n$ なら、シュタイナー三重系 $S_n$ に戻る。

カークマンの 1847 年の論文が発表された後、カークマンはシュタイナー三重系 $S_{15}$ が他にも興味深い性質を持っていることを報じた。$S_{15}$ の 15 個の記号が七つの整数 1, 2, 3, 4, 5, 6, 7 と八つの文字 $a, b, c, d, e, f, g, h$ で表されるとしよう。$K_{15}$ のサイズは $\binom{15}{2}=15 \times 14/2=105$ なので、このシュタイナー三重系には $105/3=35$ の三つ組が、五つの三つ組ずつの七つの集合に分けられ、15 の記号がどの五つの三つ組にも一度ずつ現れるようにすることができる。これを図 8.2 に示した。

1850 年の『紳士と淑女の日記』誌では、カークマンが読者に、そのような並びを、問題を独自に言い表すことによって自分で発見せよと出題した。

## カークマンの女生徒の問題

学校にいる 15 人の少女が 3 人組になって、7 日間にわたって続けて散歩に出る。二人が一緒に出かけることは 1 回きりずつになるように、3 人の組合せを作るのが問題。

イギリスの数学者ノーマン・ビッグスは、カークマンの問題のこの巧妙な言い回しが、歴史のカークマンに対する見方にマイナスに作用したかもしれないと述べている。

そのようなささいなことが、その著者がその後に数学に対してなすことになる多くの重要な貢献に影を落とすことになるのは不幸なことだが、それでもこれがカークマンの最も長く記憶される記念碑である。

## 閉路分解

もちろん、完全グラフ $K_n$ を三角形に分解するのは、$K_n$ を3-閉路に分解するのと同じことである。$K_n$ が $C_3$-分解可能であるための必要条件は、$n$ が奇数で、$\binom{n}{2}$ が3で割り切れることである。すでに見たように、カークマンはこの条件が十分条件でもあることを示した。$K_n$ を長さが最小の閉路に分解することの反対側の極端には、$K_n$ を長さが最大の閉路に分解することがある。この場合、位数 $n$ の完全グラフをハミルトン閉路 $C_n$ に分解するということだ。この特性を有するどんな完全グラフ $K_n$ も、ハミルトン分解可能である。$K_n$ がハミルトン分解可能である必要条件は、$n$ が奇数で、$\binom{n}{2}$ が $n$ で割り切れることである。しかし、$n$ が奇数なら、$\binom{n}{2}$ は必ず $n$ で割り切れる。$n$ が奇数であるとき、$K_n$ がハミルトン分解可能であるということは、昔から知られていた。1880年にワレッキーによってこれが確かめられたことについては前章で述べた。とはいえ、どうやらこの人物についてはほとんど知られていない。

$n \geq 3$ となる $n$ が任意の奇数で、$\binom{n}{2}$ が3で割り切れるなら、$K_n$ は $C_3$-分解可能(つまりハミルトン分解可能)であることはすでに見た。1981年、ブライアン・アルスパッチは、こうした結果がもっと一般的に言

えることの特殊事例かもしれないという予想を出した。

**アルスパッチの予想**

$n \geq 3$ となる $n$ が奇数で $m_1, m_2, \cdots, m_t$ が、$i(1 \leq i \leq t)$ のそれぞれについて $3 \leq m_i \leq n$ で、$m_1 + m_2 + \cdots + m_t = \binom{n}{2}$ になるとする。その場合、$K_n$ は閉路 $C_{m1}, C_{m2}, \cdots, C_{mt}$ に分解できる。とくに $m$ が $3 \leq m \leq n$ となる整数で $n$ が奇数で $\binom{n}{2}$ が $m$ で割り切れるなら、$K_n$ は $C_m$ 分解可能である。

2012年、ダリン・ブライアント、ダニエル・ホースリー、ウィリアム・ペターソンが、アルスパッチの予想を確かめただけでなく、アルスパッチの関連する予想も証明した。

**定理8.2（ブライアント、ホースリー、ペターソンの定理）**

($i$) $n$ が $n \geq 3$ 奇数で、$m_1, m_2, \cdots, m_t$ が、それぞれの $i(1 \leq i \leq t)$ について、$3 \leq m_i \leq n$ で、$m_1 + m_2 + \cdots + m_t = \binom{n}{2} = n(n-1)/2$ であるなら、$K_n$ は閉路 $C_{m1}, C_{m2}, \cdots, C_{mt}$ に分解できる。

($ii$) $n$ が $n \geq 4$ となる偶数で、$M$ は $K_n$ における完全マッチングであり、$m_1, m_2, \cdots, m_t$ が、それぞれの $i(1 \leq i \leq t)$ について、$3 \leq m_i \leq n$ で、かつ、$m_1 + m_2 + \cdots + mt = \binom{n}{2} - n/2 = n(n-2)/2$ であるなら、$K_n - M$ は閉路 $C_{m1}, C_{m2}, \cdots, C_{mt}$ に分解できる。

**例8.3**：$n=5$ であるとしよう。すると、$\binom{n}{2} = \binom{5}{2} = 10$ であり、$5+5=3+3+4=10$ である。$K_5$ の $C_5, C_5$ と $C_3, C_3, C_4$ への分解は図8.3a,

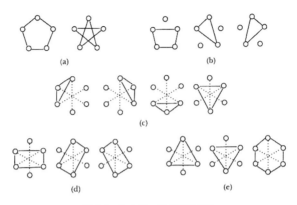

図 8.3 $K_5$ と $K_6-M$ の閉路分解

$b$ に示してある。$n=6$ なら、$\binom{n}{2} - n/2 = \binom{6}{2} - 6/2 = 12$ であり、たとえば、$3+3+3+3 = 4+4+4 = 3+3+6 = 12$ である。$K_6$ の完全マッチング $M$ について、$K_6-M$ の $C_3, C_3, C_3, C_3$ と $C_4, C_4, C_4$ や $C_3, C_3, C_6$ への分解は、図 8.3c, d, e に示した（$K_6$ からマッチング $M$ を削除するところは破線で示した）。

さて、連結グラフ $G$ が何らかの形でいくつかの閉路に分解できるとしよう。分解のうち、$G$ の頂点 $v$ を含む閉路それぞれは、$v$ の次数に 2 をもたらすので、$v$ の次数は偶数であることになる。そのため、$G$ のすべての頂点は偶であり、したがって $G$ はオイラーグラフである。その結果、閉路分解があるすべての連結グラフはオイラーグラフだということになる。オズワルド・ヴェブレン（1880～1960）は、逆も成り立つことを示した。1922 年、ヴェブレンは『位置解析』（*Analysis Situs*）という本を書いた。後にトポロジーとなる数学の領域を専門に論じた初期の主要な本である。その第 1 章は「線形グラフ」という題で、グラフ理論を取り上げている。つまり、ヴェブレンの著書は、グラフ

理論に関する章を含んでいて、全面的にグラフ理論を対象にした最初の本が出版されるより数年前に出版されたということだ。

**定理 8.4（ヴェブレンの定理）**：すべてのオイラーグラフは閉路分解を持つ。

**証明**：オイラーグラフ $G$ において、すべての頂点は偶数次数で、孤立点はないので、すべての頂点の次数は少なくとも 2 である。そのようなグラフには少なくとも一つの閉路 $C$ がなければならない。$G$ から $C$ の辺を削除して得られる新しいグラフ $H$ には、やはりすべての頂点が偶数次数であるという性質があり、したがって $H$ の成分はオイラーグラフである。この過程は $H$ の各成分について、最終的に $G$ の辺がすべて閉路に含まれてしまうまで繰り返せる。■

## 優美なグラフ

位数が奇数のグラフを閉路、とりわけ同じ長さの閉路に分解することには大いに関心が集まっているが、完全グラフを必ずしも閉路ではない一つのグラフのコピーに分解することにも相当の関心が向けられている。このテーマに対する関心の大部分は、アレクサンダー・ローザがグラフの頂点をラベルすることを取り上げた 1967 年の論文にたどれる。

位数 $n$、サイズ $m$ のグラフ $G$ の頂点ついて、集合 $\{0, 1, \cdots, m\}$ の相異なる元によって、$u$ と $v$ が $a$ と $b$ とラベルされていれば、$G$ の辺 $uv$ にラベル $|a-b|$ を割り当てるというラベル付けにおいて、$G$ の相異なる辺が相異なるラベルを受け取る場合、$G$ の「$\beta$（ベータ）付値」とローザは呼んだ。1972 年、ソロモン・ゴロムは $\beta$ 付値を「優美（グレイスフル）なラベル付け」

と呼び、それ以後、この用語が採用されている。優美なラベル付けがあるグラフは「優美なグラフ」と呼ばれる。たとえば、図 8.4 に示した三つのグラフはすべて優美である。それぞれの場合について、優美なラベル付けが示されている。頂点のラベルは頂点の丸の中に置かれ、結果として得られる辺のラベルはその辺の脇に記されている。

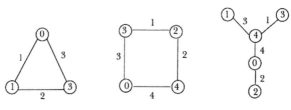

図 8.4 三つの優美なグラフ

サイズ $m$ のグラフ $G$ に優美なラベル付け $f$ があるとすると（つまり、頂点 $v$ がラベル $f(v)$ を得るとすると）、$G$ の各頂点にラベル $g(v) = m - f(v)$ を割り当てるラベル付け $g$ も $G$ の優美なラベル付けであり、$f$ の「補ラベル付け」と呼ばれる。ラベル付け $g$ が優美であることが導かれるのは、$G$ の各辺 $uv$ について、

$$|g(u) - g(v)| = |(m - f(u)) - (m - f(v))| = |f(u) - f(v)|$$

となるからである。

位数 3 の完全グラフ $K_3$ は優美である（図 8.4 に示されているように）が、それだけでなく、$K_4$ も優美である。しかし、$K_5$ についてはそれは言えない。

**例 8.5**：完全グラフ $K_5$ は優美ではない。

**解**：$K_5$ が優美なら、$K_5$ のサイズは 10 なので、頂点を整数 0, 1, …, 10 のうち五つを使ってラベル付けして、辺が 1, 2, …, 10 とラベル

付けされるようにすることができるだろう。とくに、$K_5$ の 5 本の辺は整数 1, 3, 5, 7, 9 でラベル付けしなければならない。$K_5$ の辺 $uv$ が奇数でラベル付けされる唯一の方法は、$u$ と $v$ のいずれかが奇数、もう一つは偶数でラベル付けされることである（図 8.5）。$K_5$ の 5 頂点すべてが奇数で（あるいは偶数で）ラベル付けされるなら、辺が奇数でラベル付けされることはない。$K_5$ の一つの頂点だけが奇ラベル（あるいは偶ラベル）なら、4 本の辺だけが奇ラベルを受け取る。$K_5$ の 2 頂点だけが奇ラベル（あるいは偶ラベル）なら、6 本だけが奇ラベルとなる。ゆえに、5 本の辺だけが奇数でラベル付けされるように頂点をラベル付けすることはできない。◆

図 8.5 $K_5$ は優美ではないことを示す。

どんなグラフが優美かについての多くの問いが存在するが、よく知られたグラフのある区分については、それに属するどのグラフも優美と信じられている。次の予想はゲアハルト・リンゲルと、アレクサンダー・ローザの博士論文を指導したアントン・コツィヒによるものである。

### 優美な木予想

すべての木は優美である。

優美なグラフへの大きな関心の一つは、ローザによって発見された、$H$ がサイズ $m$ の優美なグラフなら、完全グラフ $K_{2m+1}$ が $H$-分解可能であることを述べる定理にある。実際、ローザは、$K_{2m+1}$ が「循環分解」と呼ばれる特殊な種類の $H$-分解を持つことを示した。つまり、グラフ $K_{2m+1}$ にはグラフ $H$ のコピーが見つかり、回転の連続によっ

て、$K_{2m+1}$ の $H$-分解が作れる。

**定理8.6**：$H$ がサイズ $m$ の優美なグラフなら、完全グラフ $K_{2m+1}$ はサイクリック $H$-分解を持つ。

**証明**：$H$ はサイズ $m$ の優美なグラフなので、$H$ の頂点は集合 $\{0, 1, \cdots, m\}$ の相異なる元で、結果として得られる辺のラベルが $1, 2, .., m$ となるようにラベルできる。グラフ $K_{2m+1}$ の頂点集合を $\{v_0, v_1, \cdots, v_{2m}\}$ とし、この頂点を円周上に等間隔に並べよう。二つの頂点のすべては線分で結ばれ、結果として完全グラフ $K_{2m+1}$ になる。つまり、$C = (v_0, v_1, \cdots, v_{2m}, v_0)$ は、$K_{2m+1}$ にできるハミルトン閉路である。

そこで今度は、$K_{2m+1}$ にある $H$ の特定のコピーを考えよう。$H$ の何らかの頂点が、$H$ の優美なラベル付けの中で、$i(0 \leq i \leq m)$ でラベルされるなら、この頂点を $K_{2m+1}$ の頂点 $vi$ に置く。これを $H$ のそれぞれの頂点について行なう。この $K_{2m+1}$ の $H$ のコピーを $H_1$ で表す。

$K_{2m+1}$ の各辺 $v_s v_t$ ($s \neq t$ として、$0 \leq s, t \leq 2m$) は、$C$ における2頂点を結ぶものと考えることができる。辺 $v_s v_t$ を $C$ 上での $v_s$ と $v_t$ の距離 $d_C(v_s, v_t)$ によってラベルする。$1 \leq d_C(v_s, v_t) \leq m$ なので、$K_{2m+1}$ のすべての辺は、ラベル $1, 2, \cdots, m$ のいずれかを割り当てられる。実は、$K_{2m+1}$ には、このそれぞれのラベルを受け取る $2m+1$ 本の辺があり、$H_1$ には、そのラベルそれぞれについて、1本の辺だけがある。

$H_1$ を、$360°/(2m+1)$ の角度だけ（たとえば時計回りに）回転させると、$H_1$ と辺が互いに疎の、別の $H$ のコピーが得られる。これを $H_2$ で表す。この回転を $2m$ 回行なうと、$K_{2m+1}$ を $H_1, H_2, \cdots, H_{2m+1}$ という $H$ のコピーに分解するサイクリック $H$-分解ができる。

定理8.6の証明を図解するために、図8.6aに示したサイズ $m=4$ の

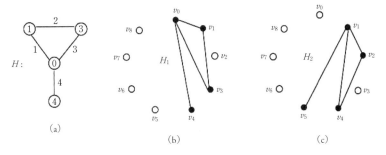

図 8.6　$K_9$ のサイクリック $H$-分解

グラフ $H$ を考えよう。このグラフは優美であり、優美なラベル付けも図に示されている。$H$ のこの優美なラベル付けは、図 8.6b に示された、$K_9$ における $H$ のコピー $H_1$ をもたらす。$H_1$ を時計回りに角度 $360°/9 = 40°$ 回転させると、図 8.6c に示した $K_9$ における $H$ のコピー $H_2$ を生む。

## インスタント・インサニティ

『ギネスブック』は様々なテーマについて集めている記録の多様性で知られ、中にはいちばん売れた玩具、ゲーム、パズルというのもある。長年、ゲーム盤の「モノポリー」〔独占〕が、リストを独占していた。これは史上総合で最も売れたゲーム盤である。このゲームは 2 億セット以上が売られ、5 億人以上が遊んだことがある。今日でも、いろいろな形があって人気がある。ハンガリーの彫刻家で建築の教授エルネー・ルビックによって 1974 年に考案されたルービックキューブは、パズルの中ではいちばん売れているが、1966 年から 1967 年にかけて、モノポリーが抜かれた別のパズルがある。1966 年版の『ギネスブック』には、その年のベストセラーとして「インスタント・インサニティ」〔「即発狂」といった意味〕を挙げた。このパズルは 1966 年から 1967 年に

かけて1200万セット売れた。このパズルはどんなもので、どうしてそれほど人気が出て、グラフ理論とどんなつながりがあるのだろう。

インスタント・インサニティというパズルは、多色のプラスチックの立方体4個で構成される。それぞれの立方体の6面それぞれが4色、たとえば赤、青、緑、黄のうちの一つで彩色される。パズルの目標は、四つの立方体を重ね、重ねた立方体の四つの側面いずれについても4色がすべて現れるようにすることである。

試行錯誤で行なったとしたら、このパズルを解く可能性はどれだけあるだろう。四つの立方体を立方体1、立方体2、立方体3、立方体4と呼ぶとする。立方体の各面の色にだけ関心があるので、重ねた立方体の中で、いちばん下を立方体1、その上が立方体2、さらに立方体3、立方体4としてよい。立方体1の台への置き方は、裏表で組になる2面のいずれを「隠す」か、つまり立方体の天井と底にするかによって、3通りありうる。立方体1の側面に見えている4面のうち一つをその立方体の正面に選ぶ。それから立方体2を立方体1の上に置く。立方体2の6面のうち一つを、立方体1の正面の直上に来るように選び、その面が選ばれると、立方体2は四つの位置の一つに回転できる。したがって、立方体2を立方体1の上に置く置き方は$6×4=24$通りある。これを立方体3と立方体4にも行なうと、四つの立方体について、$3×(24)^3=41,472$通りの積み方がある。実際、この立方体の面が、四つの側面すべてに4色すべてが現れるようにする積み方が1通りしかないように彩色されているなら、正しい積み方を見つける確率は0.000025より小さくなる。したがって、このパズルを試行錯誤で正しく解く方法を見つけるのはありそうにない——即発狂(インスタント・インサニティ)だ。

さて、このパズルは何に由来するのだろう。このパズルは1900年、フレドリック・ショッソーが、彩色をトランプの四つのマーク（ハート、ダイヤ、クラブ、スペード）で行なう形で考えた。第1次大戦中には、彩色に連合国の国旗を使った形のものを売り出した。1900年にはこの

パズルは「グレート・タンタライザー」〔大いにじらすもの〕と呼ばれた。他にも多くの形のものがあって、「カッツェンヤンマー・パズル」〔宿酔パズル〕、「サイミントンのパズル」、「フランティック」〔狂気〕、「ディアボリカル」〔悪魔のような〕、「キャトパズル」、「クレイジー・キューブ」などの名で呼ばれた。しかし、頭抜けて知られていて、人気があったのは、フランツ（フランク）・アームブラスターが1965年の半ばに設計したものに基づき、各面を4色に彩色したプラスチックの立方体で構成されたものだった（当時は赤、青、緑、白が使われた）。

　フランク・アームブラスターは1960年、教育コンサルタントとして仕事を始めた。ティーチングマシンの設計に携わりながら、ティーチングマシンがすることと、ゲームがすることとの類似を見た。とくに、教科内容のルールからゲームのルールが構造化されるなら、ゲームが教えてくれることになる。それぞれのゲームには構造化されたルールの集合、目標、戦略を選ぶ機会がある。

　アームブラスターは人生の大部分でパズルに関心を向けていて、1965年には教育用のツールとしてゲームを設計し始めた。インスタント・インサニティも、高校で順列組合せを教えるための立派な補助と見ていた。もともと、立方体は木製だったが、用いられた木材の木目が思わぬ手がかりになると考えて、プラスチックで立方体を作ることにした。アームブラスターは、サンフランシスコのメイシー社の代表と、このパズルについて話し合うための昼食の約束を取ることができた。これが商品としてのこのパズルの始まりだった。有名なパズルのインスタント・インサニティの最初の形は、パーカーブラザーズ・ゲームカンパニーにライセンスされた。パーカーブラザーズは、「モノポリー」、「クルー」、「ソリー」、「トリビアルパースート」のような有名なゲームを製造している。1991年、パーカーブラザーズ社はハブロ社に買収された。

　インスタント・インサニティに戻ろう。

パッケージを開けると、積み木の各面に4種類の異なる色が見えています。二度とその並びで見ることはないかもしれません。それを混ぜ直して、また4色が、それぞれの側面に見えるように積み直しましょう。

ここに記したのは、先に述べたハスブロ社によって後に製造されたインスタント・インサニティを構成する四つの立方体をなどが入ったパッケージに同梱された冊子に出てくるものである。それぞれの立方体のそれぞれの面は、4色、赤（R）、青（B）、緑（G）、黄（Y）のいずれかで塗られている。先に述べたように、パズルの目標は、図8.7にあるような立方体を、四つの側面のそれぞれに4種類の色がすべて現れるように積み上げることである。

冊子の裏面には、「降参ですか？」と書かれ、パズルの答えを教えてもらえる連絡先が記されている。こうしたことを読むと、びびって

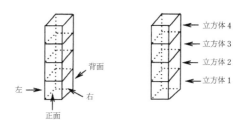

図8.7　四つの立方体を積む

しまうかもしれない。確かに、パズルを解こうとする前から、警告とは言わないまでも、解ける見込みは低いと知らされている。何と言っても、四つの立方体の積み上げ方は41,472通りあると言っている。

グラフ理論はこのもどかしいパズルを解くのを手伝ってくれる。どうすればそれができるかを見てみよう。その目的のためには、立方体とその面の色の位置を表す方法があると便利だ（図8.8）。

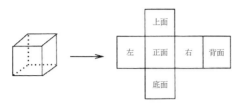

図 8.8 立方体の6面

これで例題を出す準備が整った。

**例 8.7**：図 8.9 に示された四つの彩色立方体を考えよう。

図 8.9 の四つの立方体それぞれにマルチグラフを対応させる。この場合には、実は、頂点をそれ自身と結ぶ辺を許容する。この種の辺は「ループ」と呼ばれる。これから記述する四つのマルチグラフはそれぞれ、位数 4、サイズは 3 である。それぞれのマルチグラフの頂点は 4 色 R, B, G, Y で、この色の裏表の面の対がある場合、一つの色を別の色と結ぶ辺がある。面の対は三つあるので、マルチグラフの辺は 3 本。図 8.9 の四つの立方体に対応する四つのマルチグラフが図 8.10 に示されている。

次に、位数 4（頂点 R, B, G, Y）、サイズ 12 の「複合マルチグラフ」とでも言うべき $M$ を構成する。マルチグラフ $M$ の辺はすべて、図 8.10 に示された四つのマルチグラフの辺である。

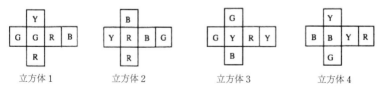

図 8.9 インスタント・インサニティの四つの立方体

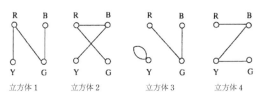

図8.10　例8.7の四つのマルチグラフ

$M$ のどの辺がどの立方体のものかを区別するために、$M$ の中の立方体 $i$ ($i=1, 2, 3, 4$) による3本の辺が $M$ では $i$ とラベルされている。それで複合マルチグラフ $M$ は、1とラベルされた辺が3本、2とラベルされた辺が3本などのようになる。図8.10のマルチグラフから構成したマルチグラフ $M$ を図8.11に示した。

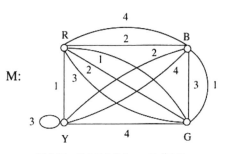

図8.11　図8.7の複合マルチグラフ

ここで例題の答えを一時停止して、いくつか一般論をしておこう。まず、目標が何か、おさらいしておく。四つの立方体を積み重ねて、四つの側面それぞれに4色がすべて現れるようにする。もちろん、4色すべてが正面にも背面にも現れなければならない。立方体 $i$ ($i=1, 2, 3, 4$) の正面が色 $a$ で、この立方体の反対側の面（背面）が色 $b$ なら、マルチグラフ $M$ に $a$ と $b$ を結ぶ、「$i$」とラベルされた辺がなければならない。

たとえば、$a, b, c, d$ が何らかの順で赤、青、緑、黄の4色で、パズ

ルの解となる立方体の積み方では、正面と裏面が図 8.12 にあるようになるとする。すると、複合マルチグラフ $M$ には、立方体 1 の正面と背面の色は $b$ と $c$ なので、1 とラベルされた辺 $bc$ がある。同様に、$M$ には 2 とラベルされた辺 $db$、3 とラベルされた $a$ のループ、4 とラベルされた辺 $cd$ がある。

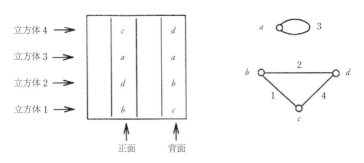

**図 8.12** 複合マルチグラフのいくつかの辺

それぞれの色は積み上げた立方体の正面に 1 回ずつ、背面でも 1 回ずつ現れるので、正面と背面からできる $M$ の全域部分グラフ $M'$ のすべての頂点は、次数が 2 で（ループは次数 2 と考えられる）、四つの数 1, 2, 3, 4 のそれぞれでラベルされる辺が 1 本ずつある。

同様に、右面と左面に対応して、やはり $M$ の全域部分マルチグラフ $M''$ もある。こちらでは $M''$ のすべての頂点は次数が 2 で、$M''$ の辺で $M'$ に属するものはない。インスタント・インサニティに解があるなら、4 色が正面と背面の両方に出てきて、4 色がすべて右面と左面に出てくるような立方体の積み方を見つけなければならない。これはつまり、$M$ を何らかの形で分解する方法が、分解にある二つのマルチグラフが $M$ の二つの 2-正規全域部分マルチグラフ $M'$ と $M''$ で、そこでは $M'$ と $M''$ の 4 辺が 1, 2, 3, 4 とラベルされるようになっていなければならないということである。$M$ の分解で残ったマルチグラフ（上

面と底面に対応する）は関心の対象ではないので無視してよい。

マルチグラフにこのような $M'$ と $M''$ の対が存在しなければ、パズルには解はありえず、このパズルを解かせようとするのはフェアではないことになるだろう。そのようなマルチグラフの対 $M'$ と $M''$ が存在するなら、それをどう使えばパズルを解けるか、つまり立方体の適切な積み方が見える。そのような $M$ の部分マルチグラフ対 $M'$ と $M''$ を見つけることは、この方法によってインスタント・インサニティの答えを見つけるという難問になる。頂点集合 {R, B, G, Y} について、位数 4 の 2-正則マルチグラフは 17 種類あって、それを図 8.13 に示す。

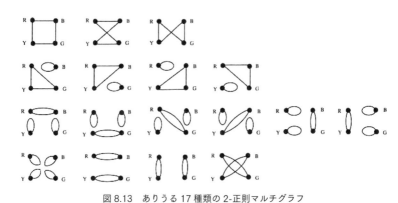

図 8.13　ありうる 17 種類の 2-正則マルチグラフ

したがって、$M$ のどんな 2-正則全域部分マルチグラフも、この 17 種類のマルチグラフの一つでなければならない。ところがマルチグラフ $M$ のうちには、辺が 1, 2, 3, 4 でラベルされる全域部分マルチグラフが四つしか含まれない。つまり第 1 行の第 1 と第 3 のマルチグラフと、第 2 行、第 4 行それぞれの最後のマルチグラフである。この四つのマルチグラフは図 8.14 に示し、それぞれ $M_1, M_2, M_3, M_4$ によって表される。

そこで例 8.7 の問題に戻ろう。図 8.11 のマルチグラフ $M$ には、図

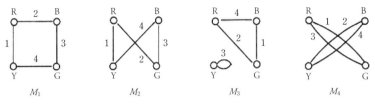

図 8.14 図 8.11 のマルチグラフ $M$ の四つの 2-正則全域マルチグラフで、辺は 1, 2, 3, 4 でラベルされている

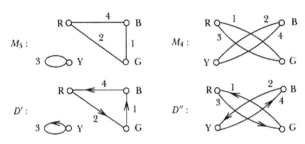

図 8.15 例 8.7 に対する二つの 2-正則全域部分マルチグラフ

8.15 に示された、辺が互いに疎の二つの部分マルチグラフ $M_3$ と $M_4$ が含まれることを見よう。ここではその二つのマルチグラフの辺が 1, 2, 3, 4 でラベルされている（あらためて、そのような辺が互いに疎の部分マルチグラフを見つけるのは難問になる場合があるのを思い出そう）。マルチグラフ $M_3$ は得られるはずの積み木の正面と背面に対応し、$M_4$ は左右の面に対応するとする（お望みなら $M_3$ と $M_4$ が表すものを入れ替えてもよい）。

立方体を積むという目的と便宜のために、$M_3$ と $M_4$ の各成分の辺に、「有向閉路」ができるように向きをつける。すると、図 8.15 に示したように、二つの「有向マルチグラフ」$D'$ と $D''$ ができる。

図 8.15 の有向マルチグラフ $D'$ と $D''$ の助けを借りて、立方体を積み上げる。$D'$ で G から B への有向辺を 1 としているので、立方体 1 を、緑の面が正面、青い面が背面になるように置く。G から R への有向辺は $D''$ で 1 とラベルされているので、この立方体を必要なら回転さ

第 8 章　グラフの分解　　213

せて（緑の面は正面、青の面は背面というのは維持して）、緑の面が右、赤の面が左になるようにする。他の三つの立方体についても同じようにすると……できた。パズルは解けた（図8.16）。◆

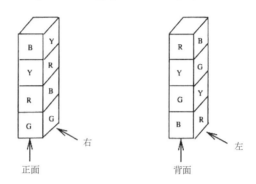

図 8.16　例 8.7 のパズルの解

　例 8.7 のインスタント・インサニティは、ゲーム会社のハスブロから販売されている実際のパズルだ。しかし他にもいくつかのインスタント・インサニティのパズルを自分で作ることもできる。もちろん、四つの立方体の各面が 4 色のいずれかで無作為に彩色されているなら、解がある保証はない。

**例 8.8**：図 8.17 のインスタント・インサニティのパズルでは、各立方体の各面が、赤（R）、青（B）、緑（G）、黄（Y）、白（W）の 5 色のうちいずれかに塗られている。この四つの立方体を、どの側面で

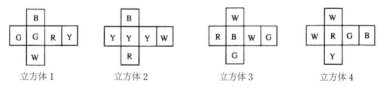

図 8.17　インスタント・インサニティ・パズルの四つの立方体

も同じ色が出てこないように積めることを示せ。

**解**：図 8.17 の四つの立方体それぞれに、図 8.18 の位数 5、サイズ 3 のマルチグラフを対応させる。

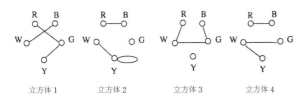

図 8.18　例 8.8 の四つのマルチグラフ

次に、位数 5、サイズ 12 の複合マルチグラフ $M$ を構成する。その辺集合は図 8.19 の四つのマルチグラフの辺集合の和集合である。$M$ の各辺は、この辺を含む立方体の数でラベル付けされる。

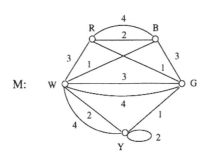

図 8.19　例 8.8 での複合マルチグラフ

図 8.19 のマルチグラフ $M$ に、サイズ 4 の二つの部分マルチグラフ $M'$ と $M''$ を求め、$M'$ と $M''$ の各頂点の次数がたかだか 2 となるようにする。必然的に、$M'$ と $M''$ のそれぞれの成分の次数はたかだか 2 である。そのような部分マルチグラフ $M'$ と $M''$ を図 8.20 に示した。この部分マルチグラフについて、今度は辺に、通路である各成分が

有向通路であり、閉路である各成分が有向閉路であるように向きを割り当てる。

有向マルチグラフ $D'$ の有向辺は、積み木の正面と背面に対応し、有向マルチグラフ $D''$ の有向辺は、積み木の左右の面に対応する。
◆

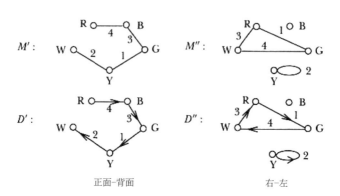

図 8.20　例 8.8 のマルチグラフ M の、二つの部分マルチグラフと、有向マルチグラフ

# 第 9 章
# グラフの向きづけ

ハーヴァード大学は学問の府としてよく知られているが、運動競技の成績でも有名になることがある。1931 年、ハーヴァード大学のフットボールチームは、アメリカを代表するクォーターバック、バリー・ウッドが率いていた。ウッドは当時の一流選手の一人で、『タイム・マガジン』1931 年 11 月 23 日号の表紙にも登場している。その年の 10 月 17 日、ハーヴァード大学は陸軍チームと試合をしたが、前半終了時点では予想外の 13 対 0 でリードされていた。ハーフタイムには、ハーヴァード大学総長の A・ローレンス・ローウェルが、見るからに動転して、陸軍士官学校で士官候補生隊司令を務めていたロバート・C・リチャードソン中佐（当時）に、陸軍はハーヴァードにフットボールで勝てることは示しているが、学術的なことならどんな試合でもハーヴァードが勝てると言ったという。リチャードソンはローウェルの豪語を受け、後に陸軍対ハーヴァードの数学による試合が行なわれることになった。

試合用の科目として数学が選ばれたのは、おそらく両方で教えられているものという事実にもよるのだろうが、ジョージ・パトナム（ローウェル総長の親戚）が数学に関心があって、試合の段取りをつけるのを手伝ったからでもある。その試合は、ジョージ・パトナムの親戚、ウィリアム・ローウェル・パトナムの名がついた。結局のところ、バリー・ウッドは後半に二つのタッチダウンを決めて、ハーヴァードを対陸軍戦で 14-13 での勝利に導いた。その後、ハーヴァードは、11 月 21 日に対イェール大学戦で 3-0 で敗れるまで連勝を続けた。

## ハーバート・ロビンズ

　その1931年の秋学期にハーヴァードに入学した一人が、ハーバート・エリス・ロビンズ（1915〜2001）だった。ロビンズは2次方程式より先の数学は知らなかった。数学ができないからという理由で、「解析幾何学および微積分学」という授業を取ることにした。この授業には、『解析幾何学』と『微積分学』という2冊の教科書があって、どちらもハーヴァードの有名な教授、ウィリアム・フォッグ・オスグッドによって書かれていた。ロビンズが取った数学の授業は若手の講師が教えていた。他に関心があることに気をとられ、授業は何度もさぼったが、試験の成績は良かった。ロビンズの初年度が終わる頃（1932年5月）、まもなく行なわれる陸軍相手の試合に出る、ハーヴァード代表の数学チームに加わらないかと誘いを受けた。陸軍の士官候補生は数学を2年間取るだけだったので、ハーヴァードのチームは、試合が行なわれる時点で2年次の数学を終えようとする学生に限定されていた。ロビンズは、チームの一員に選ばれたので、2年生に進んでもハーヴァードで数学を取ることにした。

　ハーヴァードの数学科は、数学チームのコーチにマーストン・モース教授を充てることにした。ロビンズの2年次のあいだ、チームはモースとの対策会をすることはあったが、ハーヴァードは軽々と陸軍に勝つものと考えられていたので、そのときは問題を解くよりもおしゃべりをして過ごしていた。

　しかしロビンズは数学を勉強したかったし、モースにも感化された。二人はパトナム対策以外でも何度か話すことがあった。モースは妻が自分の許を去ってオスグッド教授と結婚したので落ち込んでいた。オスグッドはそのせいで、その後ハーヴァードを去ることになった。ロビンズはまだハーヴァードで何を専攻するか、決めていなかった。

1933年の春、ハーヴァードの数学チームは試合のためにウェストポイントへ出向いた。コンテストは午前の部と午後の部の二部構成だった。ロビンズは問題にはほとんど独創性は必要ないと思った。その週末のロビンズにとってのハイライトは、前の年に出会っていた女の子とデートするために、ニューヨークへ寄り道することだった。チームがハーヴァードに戻ると、自分たちが陸軍に負けたと伝えられ、気まずい思いをした。それでもロビンズ自身の成績は良く、数学を専攻することにした。この決断はパトナムコンテストのせいだけでなく、モースのところで勉強するのが楽しかったからでもあった。「パトナムコンテスト」は、1938年、全米とカナダの大学に出題される年に一度のコンテストになる。

　まもなくしてモースはハーヴァードを離れ、プリンストン高等研究所へ移るが、ロビンズには勉強を続けてハーヴァードで数学の博士号をとり、それから自分と連絡をとるようにと言った。5年後、ロビンズはハーヴァードで博士論文の口頭試問を受けた。5年間、モースとはまったく連絡を取らなかったが、このとき、「スウガクハカセトル」と電報を打った。モースは「9ツキ1ヒヨリジョシュ」と返信した。その当時、ロビンズは、自分が数学専攻になろうと思った理由は、おそらく、ハーヴァードの数学の教授はたいてい尊大な知ったかぶりで、自分はそういう人たちに、そこそこの頭があれば、数学はできることを示したいからだと思っていた。

　ロビンズが高等研究所に着任する頃には、母と妹や自分の生活のために、大いにお金を必要としていた。高等研究所でマーストン・モースの助手を務めるのは1年契約だったが、ロビンズには恒久的な職が必要だった。当時の一流数学者の一人に、ドイツの数学者で数年前にニューヨーク大学に就職したばかりのリヒャルト・クーラントがいた。クーラントは、誰かニューヨーク大学で雇える人物はいないかと探していて、研究所のモースを訪ねた。モースはクーラントにロビンズを

推薦した。ロビンズはクーラントの提示を受け入れて、1939年から1942年のあいだ、年俸2500ドルでニューヨーク大学にいた。クーラントは、自分の授業の資料を本にするのを手伝ってくれれば、追加で700ドルから800ドルを出すと持ちかけた。ロビンズにはお金が必要で、この計画は魅力があったので、この話を受けた。ロビンズはこの本に時間をかけたので、自分の研究には妨げになった。2年ほど、二人で原稿のやりとりをした。

　ロビンズが本を書くのに役に立つことが明らかになって、クーラントは共著者として名を連ねるよう提案し、ロビンズはそれに同意した。ロビンズは共著者になったので、クーラントは本の作業について賃金を出すことはなくなった。この本の題は『数学とは何か』で、これは数学書としてはベストセラーとなり、当時の数学をありのままに論じた文芸作でもあった。それでも、本が書かれた直後、大きな問題が生じた。ロビンズが最終の校正刷りを読んでいると、表題の頁が「数学とは何か、リヒャルト・クーラント著」となっていた。さらに、まえがきではロビンズの協力への謝辞があり、クーラントの子どもへの献辞があった。著作権表示はクーラントの名だけになっていた。クーラントはロビンズに印税の一部を渡すと言った。ロビンズは本が何部発売されるかも、クーラントがいくら受け取るかも知らなかった。

　クーラントはすでに有名で、ロビンズはそれから名を知られることになるが、どちらも1941年に刊行されたこの本でいちばんよく知られている。本が『マセマティカル・レビュー』誌で評されたときには、次のように言われた。

　本書は現代数学を初等的に取り上げていて……明晰な解説のお手本であり……並外れた完成度の著作である。

　アルバート・アインシュタインさえ、この本に賛辞を寄せている。

数学の分野全体の根本的な概念と方法を明晰に表している……容易に理解できる。

　先にも述べたように、ロビンズは 1938 年にハーヴァードで博士号を取った。研究領域は位相幾何学で、博士号取得は 23 歳のときだった。
　ロビンズが 1942 年にニューヨーク大学の任期を終えた頃は、アメリカは第 2 次世界大戦のさなかで、ロビンズは海軍に入った。海軍の軍務を終えたときには 32 歳になっていて、無職となった。そこでノースカロライナ大学チャペルヒル校に新設された統計学科の職を紹介された。統計学にはほとんど関心はなかったが、その職に就いた。それでロビンズの関心は数理統計学に向かった。その後、立派な統計学者となる。ロビンズは幅広い見解や関心を抱いていた。よく引用されるロビンズの言葉には次のようなものがある。

- 人々は数学をとんでもなく恐怖している。たいていの人は数学者が何をしていて、何を考え、社会にどんな貢献をするかについて、ちっともわかっていない。
- 優れた研究者は教えるのが下手な場合が多い。研究者として劣る人はほとんど必ず教えるのも下手だ。教えるのが下手な教師に当たる理由は、学生に科目の内容そのもの以外のものは何も与えない人がいるということである。生きる喜びも、学ぶ熱意や好奇心もない。私は自分の職業は教師だと思いたい。研究は楽しみのためのことだ。
- 平凡への回帰（学生の）があるらしい。まずまず優秀な学生が多いが、本当に優れた学生はそれほど多くないし、それと同じくらい、本当にだめな学生もいる。
- 私の 3 人の子どもはテレビを見て過ごし、本を読むことはほとん

どない。私がその子たちの年齢の頃には、放課後は公共の図書館へ行って、腕いっぱいに本を抱えて帰ってきたものだ。図書館の本をすべて読んだにちがいない。

## グラフの強連結の向きづけ

ロビンズの下にも博士課程の学生がいて、その一人は（ロビンズと同じ）ハーバート・ウィルフで、こちらは組合せ数学の研究で知られている。実は、そのウィルフの学生の一人が、グラフ理論とインターネットの数理での研究で知られる、ファン・チュン・グレアムだ。ロビンズがハーヴァード大学で博士号を取ったときの指導教授はハスラー・ホイットニーで、この人もグラフ理論でいくつかの重要な定理を得ている。ロビンズには150本ほどの公刊論文があるが、主として数理統計学のものである。ロビンズの2本めの論文で、博士号を取った後の最初の論文は、グラフ理論で書いた唯一の論文だった──『アメリカン・マセマティクス・マンスリー』に掲載した小論である。この小論で、ロビンズは交通制御の問題を考察している。

　この町では、平日の交通量はとくに混雑はしておらず、すべての街路は一方通行ではないが、いずれか一つの街路は工事中で、町の中のどの地点も、任意の地点から行けるように迂回できるものとしよう。週末には工事はなく、したがって、どの街路も通れるが、渋滞のせいで（有名なフットボールチームがある大学町なのだろう）、すべての街路を一方通行にして、しかも任意の地点から任意の地点へ、交通違反をすることなく行けるようにしたい。

ロビンズに示すことができたのは、街路が平日の行き来に適しているなら、週末の行き来にも適しているし、逆も言えるということだっ

た。図 9.1 は街路網を示している。

図 9.1 の街路網は図 9.2 のグラフ $G$ によってモデル化できる。$G$ の頂点は街路の交差点に対応し、対応する二つの交差点について、第 3 の交差点を通らずに行けるなら、二つの頂点は辺で結ばれる。

ロビンズの定理をグラフ理論で表すには、新しい用語がいくらか必要となる。グラフ $G$ の各辺に方向が付与されているなら、得られる構造は「有向グラフ<sub>オリエンティッド</sub>」あるいは $G$ の「向きづけ<sub>オリエンテーション</sub>」と呼ばれる。$u$ と $v$ が有向グラフの 2 頂点なら、$u$ と $v$ のあいだには、与えられたグラフ $G$ に辺 $uv$ があるかどうかによって、有向辺が 1 本あるか、まったくないか、いずれかでありうる。この辺が $u$ から $v$ へ向いているなら、得られる有向辺は $(u, v)$ で表される。有向辺は一般に「弧<sub>アーク</sub>」とも呼ばれる。弧 $(u, v)$ は、$u \to v$ または $v \leftarrow u$ とも表される。この場合、$u$

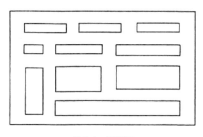

図 9.1　街路網

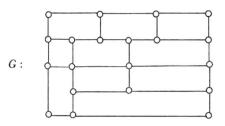

図 9.2　両方向街路網をモデル化するグラフ

は $v$ へ隣接していると言い、$v$ は $u$ から隣接していると言う。

$G$ の向きづけ $D$ は、すべての二つの頂点 $u$ と $v$ について、$D$ が有向路 $u$-$v$ と有向路 $v$-$u$ の両方を含むとき、「強連結」と言う。ここで、連結グラフ $G$ における橋とは、$G$ からそれを削除すると非連結グラフになる辺のことだったことも思い出しておこう。

**定理 9.1（ロビンズの定理）**：グラフ $G$ が連結で橋を含まないなら、その場合にかぎり、$G$ には強連結の向きづけがある。

図9.2のグラフ $G$ は連結で、橋がないので、ロビンズの定理によって、$G$ には強連結の向きづけがあることが導かれる。ありうる強連結の向きづけの一つを図9.3に示した。

この図9.3の強連結の有向グラフは、図9.1の街路網の街路を一方通行にして、結果の道路網では、町のどの地点からでもどこへでも（合法的に）行けるようにする方法をもたらす。これは図9.4に示されている。

ロビンズの定理によれば、町のすべての街路を一方通行にして、任意の2点間を（合法的に）移動できるようにすることができるなら、その場合にかぎり、どの街路を工事しても町の任意の2点間をロビンズ

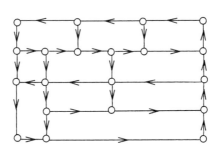

図 9.3　強連結の向きづけ

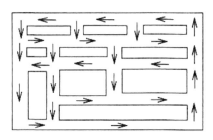

図 9.4 一方通行街路網

が述べたように移動できる。

## トーナメント

有向グラフの中で群を抜いて知られているのは完全グラフの向きづけである。$n$ チームが、どの2チームも必ず1試合ずつ対戦するようになっている競技会を「総当たり戦」と言う。引き分けを認めないとすれば、この競技会は「トーナメント」と呼ばれる有向グラフで表される。このトーナメント $T$ には、頂点として参加チームがあり、$u$ が $v$ に勝つと、$T$ には有向辺 $(u, v)$ ができる。

トーナメントについての最初の定理は、おそらく、1934年にハンガリーの数学者で学校の先生をしていたラースロー・レーデイによって得られたものだろう。この事実には第1章でも触れた。

**定理 9.2**:すべてのトーナメントグラフには有向ハミルトン路がある。

**証明**:$T$ は位数 $n$ のトーナメントグラフで、$P=(u_1 \to u_2 \to \cdots \to u_k)$ を $T$ で長さが最大の有向路とする(図9.5)。$k=n$ なら、$P$ は有向ハミルトン路で、証明は終わり。そこで、$k<n$ と仮定してよい。こ

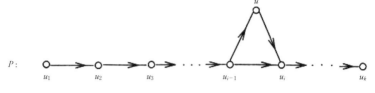

図 9.5　定理 9.2 の証明の一段階

れは、$T$ の頂点のうち、$P$ に属さないものが少なくとも一つあるということで、そうした頂点の一つを $u$ とする。

$P$ は $T$ の最長有向路なので、$(u_1, u)$ と $(u, u_k)$ は $T$ の弧である。そうでなかったら、$T$ には $P$ より長い有向路があることになるからだ。$u_i$ を、$(u, u_i)$ が $T$ の弧であるような、$P$ の最初の頂点とする（図9.5）。つまり、$(u_{i-1}, u)$ と $(u, u_i)$ はどちらも $T$ の弧である。ところがそうなると、

$$P' = (u_1 \to u_2 \to \cdots \to u_{i-1} \to u \to u_i \to \cdots \to u_k)$$

は $P$ より長い有向通路となって、これは矛盾する。■

この定理が言っているのは、すべての総当り戦では（引き分けはなし）、チームは $t_1, t_2, \cdots, t_n$ とし、$t_1$ が $t_2$ に勝ち、$t_2$ が $t_3$ に勝ち……というふうに並べられるということだ。グラフ理論で言えば、レーデイの定理が述べているのは、すべてのトーナメントグラフ $T$ では、頂点は、$v_1, v_2, \cdots, v_n$ として、$1 \leq i \leq n-1$ の $i$ について、$v_i \to v_{i+1}$ が $T$ の弧となるように必ずできるということである。図9.6の位数8のトーナメントグラフでは、通路

$P：v_1 \to v_2 \to v_6 \to v_5 \to v_8 \to v_4 \to v_7 \to v_3$

は有向ハミルトン路である。

総当り戦（引き分けはなし）に参加しているチームは、$t_1, t_2, \cdots, t_n$ と

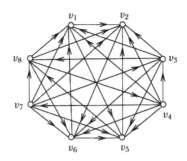

図 9.6 位数 8 のトーナメントグラフ

並べて、並んだそれぞれのチームは、直後のチームに勝っているようにすることができるだけでなく、この事実はもっと一般的なことの特殊事例であることがわかる。

トーナメントグラフでの通路 $P$ は、$P$ の二つの隣りあう弧がすべて逆向きになっている場合、「反方向」（アンティダイレクティッド）と呼ばれる。たとえば、通路 $P : v_1 \to v_3 \leftarrow v_2 \to v_5 \leftarrow v_4 \to v_6$ は、図 9.7 のトーナメントグラフの中

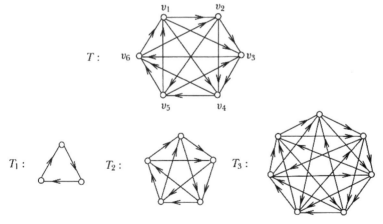

図 9.7 位数 6, 3, 5, 7 のトーナメントグラフ

第 9 章 グラフの向きづけ

の位数6の反方向路で、$P'：v_1 \leftarrow v_5 \rightarrow v_6 \leftarrow v_2 \rightarrow v_4 \leftarrow v_3$ もそうである。しかし、図9.7のトーナメントグラフ $T_1, T_2, T_3$ はいずれも、それぞれ $n=3, 5, 7$ の位数 $n$ の反方向路がない。研究者生活の大部分をワシントン大学で過ごした数学者のブランコ・グリュンバウムは、この三つのトーナメントグラフだけが例外であることを示した。

**定理 9.3**：すべての位数 $n$ のトーナメントグラフは、図9.7のトーナメントグラフ $T_1, T_2, T_3$ を例外として、位数 $n$ の反方向路を持つ。とくに言えば、$n \geq 8$ のトーナメントグラフは、すべて位数 $n$ の反方向路を含む。

これが言っていることは、たとえば、8チームによる総当り戦があれば、そのチームを $t_1, t_2, \cdots, t_8$ と並べ、$2 \leq i \leq 7$ として、チーム $t_i$ それぞれが、$t_{i-1}$ と $t_{i+1}$ の両方に勝つか、両方に負けるかになるようにすることができるということである。

2000年、フランスの数学者、フレデリック・アヴェとステファン・トマセは、さらに特筆すべき帰結を証明した。

**定理 9.4**：位数 $n$ のすべてのトーナメントグラフは、位数 $n$ の各有向路を含む。ただし図9.7のトーナメントグラフ $T_1, T_2, T_3$ はそれぞれ位数 3, 5, 7 の反方向路は含まない。

たとえば、弧が次のような向きの位数8のトーナメントグラフには、位数8の通路がある。

$\leftarrow \leftarrow \rightarrow \rightarrow \rightarrow \leftarrow \rightarrow$

とくに、図9.8に示した総当り戦では、次のようになる。

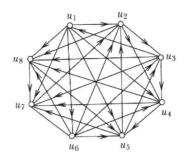

図9.8 位数8のトーナメントグラフの
中の位数8の通路

$u_1 \leftarrow u_3 \leftarrow u_6 \rightarrow u_5 \rightarrow u_2 \rightarrow u_8 \leftarrow u_4 \rightarrow u_7$

位数8以上のトーナメントグラフ $T$ には、すべての頂点を含み、弧が望むだけの順序に向きがある有向路があるが、これは $T$ の中の閉路にはあてはまらない。位数 $n$ のトーナメントグラフ $T$ は、$T$ の頂点が $v_1, v_2, \cdots, v_n$ の順に、そこにある頂点 $v_i$ それぞれについて、$j > i$ なら弧が $v_i$ から $v_j$ に向かうようにできる場合、「遷移的」と言われる。たとえば、図9.9のトーナメントグラフ $T$ と $T_1$ はどちらも遷移的である。この二つのトーナメントグラフが遷移的と言われる理由は、$(u, v)$ と $(v, w)$ が弧なら、$(u, w)$ も弧となるからだ。これが数学で言う遷移的な性質である。遷移的トーナメントグラフは、有向ハミル

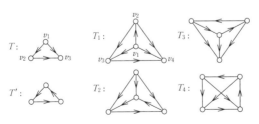

図9.9 位数3と4の非同型トーナメントグラフ

トン閉路を含まないだけでなく、いかなる長さの有向閉路も含まないトーナメントグラフ $T$ と $T'$ は、位数3の場合に二つだけある（非同型の）トーナメントグラフであり、位数4の場合にありうるのは、$T_1, T_2, T_3, T_4$ だけである。トーナメントグラフ $T_2$ と $T_3$ は、遷移的ではないし、強連結の有向グラフでもない。

図9.9のトーナメントグラフ $T'$ および $T_4$ は、有向ハミルトン閉路であり、したがってハミルトントーナメントグラフである。すべてのハミルトントーナメントグラフが強連結の有向グラフであることは明らかだが、逆が真であることはそれほど明らかではない。この意外な事実が確かめられたのは1959年、ポール・カミオンによる。

**定理9.5**：位数が少なくとも3のトーナメントグラフは、それが強連結なら、その場合に限り、ハミルトングラフである。

図9.9が図解するように、位数3のトーナメントグラフは2通り、位数4のグラフは4通りある。位数5になると12通り、位数6なら56通りとなる。予想されるように、位数 $n$ の非同型のトーナメントグラフは、$n$ とともに急速に増える。位数12となると、非同型のトーナメントグラフは、実に154,108,311,168通りとなる。

## トーナメントのキング

何らかの組織（政府機関や企業）に属する人々が何らかの「上下関係」ペッキングオーダーを経験することはまれではない。つまり、組織にはしばしば、どの二人をとっても、一方が他方に対して上位になるような階層構造や権力構造がある。

「ペッキングオーダー」〔原義は「つつき順」〕は、鶏の群れに生じる現象に由来する。群れの鶏どうしでは、一方が上（つつく）で他方が下

になる。これが鶏の上下関係を記述していて、これは頂点をそれぞれの鶏とし、鶏 $u$ が鶏 $v$ をつつくなら $(u, v)$ が弧となるようなトーナメント $T$ によってモデル化される。

鶏の群れの中で、鶏 $K$ は、群れの他のすべての鶏 $C$ について、$K \to C$ であるか、$K \to C' \to C$ となる鶏 $C'$ がいるか、いずれかなら、キングと呼ばれる。

有向グラフ $D$ の頂点 $u$ は、$D$ の他の任意の頂点 $w$ について、$u \to w$ であるか、$D$ に $u \to v \to w$ となる頂点 $v$ がある場合、キングと呼ばれる。つまり、$D$ は長さがたかだか 2 の有向路 $u$-$w$ を含む。図 9.10 の位数 5、サイズ 8 のグラフ $G$ については、$G$ の向きづけ $R$ の頂点 $u$ はキングである。$v$ と $x$ についてもそうだ。しかし $R$ にある $w$ と $y$ はキングではない。キング $u, v, x$ が話せたら、こんなことを言うかも(あるいは歌うかも)しれない。

われらは向きづけ $R$ の 3 人の王
われらのみこそ向きづけ $R$ の王
王でない者に、われらは優しい
われらから君遠くなかろう。

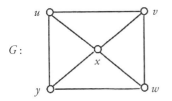
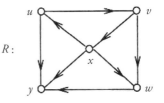

図 9.10 キングが三つある有向グラフ

すべての有向グラフにキングがあるわけではない。たとえば、図 9.11 に示した 4 閉路 $C_4$ のいずれの向きづけもキングはない。

有向グラフ $D$ にある頂点 $v$ の「出次数」od $v$ は $v$ からの隣接頂点の

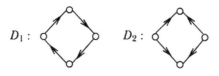

図9.11　キングのない有向グラフ

数を意味する。$D$にある$v$への隣接頂点の数は「入次数」(インディグリー)で、$\mathrm{id}\, v$で表す。図9.10の有向グラフ$R$について、キング$u$は出次数2で、$\mathrm{od}\, v = 2$、$\mathrm{od}\, x = 3$である。また、$\mathrm{od}\, w = 1$であり、$\mathrm{od}\, y = 0$である。さらに、$\mathrm{id}\, u = \mathrm{id}\, v = \mathrm{id}\, x = 1$, $\mathrm{id}\, w = 2$, $\mathrm{id}\, y = 3$である。すぐに次の帰結が得られ、これはグラフ理論の第一定理（定理1.1）の有向グラフ版である。

**定理9.6**：位数$n$、サイズ$m$の有向グラフ$D$について、$V(D) = \{v_1, v_2, \cdots, v_n\}$であれば、

$\Sigma_{i=1}^{n}\, \mathrm{od}\, v_i = \Sigma_{i=1}^{n}\, \mathrm{id}\, v_i = m$

明らかに、位数$n$の有向グラフで出次数が$n-1$の頂点はキングである。図9.11で見たように、連結グラフの向きづけがすべてキングを含むわけではない。しかし完全グラフの場合には、すべての向きづけにはキングがある。鶏の群れの上下関係はトーナメントグラフで表されるということで、次の定理は遊んだ名がついている。

**定理9.7（キングチキン定理）**：すべてのトーナメントグラフにはキングがある。

**証明**：$w$は位数$n$のトーナメントグラフ$T$で最大の出次数をもつ頂点であるとする。$w$がキングであることを示す。そこで、$\mathrm{od}\, w = k$とし、$w_1, w_2, \cdots, w_k$を、$T$で$w$からの隣接である頂点とする。$w$がキングでないとすると、そこから長さが1か2の$w\text{-}v$通路がない頂

点 $v$ がある。すると $v$ は $w$ への隣接であり、$w_1, w_2, \cdots, w_k$ への隣接でもある（図9.12）。したがって、od $v \geq k+1 =$ od $w+1$ となって、$w$ が最大であることと矛盾する。■

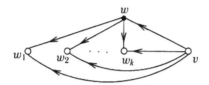

図9.12 定理9.7を証明する一段階

トーナメントグラフはスポーツチームによる総当り戦も表すので、定理9.7は、すべての総当り戦に、チーム $A$ の他のすべてのチーム $B$ について、$A$ が $B$ を破るか、$B$ を破ったチームを破るかしたという性質をもったチーム $A$ があることを意味する。

位数 $n$ のトーナメントグラフでの出次数 $n-1$ の頂点を、「皇帝（エンペラー）」と言う。トーナメントにエンペラーがいるなら、それは唯一のキングである。しかし、二つだけのキングがあるトーナメントはない。

**定理9.8**：$T$ は $n \geq 3$ となる位数 $n$ の、エンペラーを含まないトーナメントグラフなら、$T$ には少なくとも三つのキングがある。

**証明**：定理9.7によって、$T$ にはキング $w$ がある。od $w < n-1$ なので、$w$ へ隣接する頂点がある。$v$ を最大出次数の頂点の一つとする。言いたいのは、$v$ も $T$ のキングであるということだ。そこで逆に、$v$ はキングではないとする。その場合、$T$ には長さが2以下の有向路 $v$-$x$ がないような頂点 $x$ がある（図9.13a）。$v$ は $x$ への隣接ではないので、$x$ は $v$ への隣接であることになる。さらに、長さ2の有向路 $v$-$x$ はないので、$v$ からの隣接であるすべての頂点は、$x$ からの隣接でもある。ところがそうすると、$x$ は $w$ への隣接であり、od $x >$

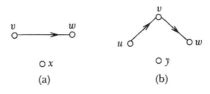

図 9.13 定理 9.8 を証明する段階

od $v$ で、これはできない。つまり、主張の通り、$v$ は $T$ のキングである。

次に、$u$ を出次数が最大で $v$ への隣接である頂点とする（図 9.13b）。$u$ も $T$ のキングであると言うことができる。$u$ がキングでなければ、$T$ には長さ 2 以下の有向路 $u$-$y$ がない頂点 $y$ が存在することになる。すると $y$ は $u$ への隣接で、$u$ からの隣接であるすべての頂点は $y$ からの隣接でもある。$y$ は $u$ への隣接で、od $y$ > od $u$ なので、矛盾が生じる。つまり $u$ は $T$ のキングでもある。■

## 投票による手順

トーナメントグラフは、引き分けのない総当り戦を表すのに使えるが、他にもいくつかの状況を表すのに使うこともできる。たとえば、トーナメントグラフは「対比較」を表すのにも使える。何かの対象の集まりがあるとする。この対象はそれそれ、$b$ より $a$ が選ばれる場合に $(a, b)$ が弧となるトーナメントグラフの頂点である。

たとえば、誰かが青い車より赤い車のほうを選び、銀色の車より青い車を選び、白の車より銀色の車を選ぶとする。この状況は、図 9.14 のトーナメントグラフ $T$ で表される。

トーナメントグラフ $T$ は遷移的である。$v$ より $u$ が選ばれ、$w$ より $v$ が選ばれるなら、$w$ より $u$ が選ばれると予想されるので、遷移的になるのは意外ではない。これは、選挙で人がどの候補に投票するかを

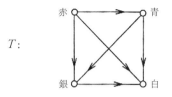

図9.14　対比較のトーナメントグラフ

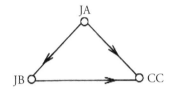

図9.15　3人の優先順位を示す遷移的トーナメントグラフ

決めるときに共通の性質でもある。たとえば、ある役職の候補者が、ジョン・アダムズ（JA）、ジェームズ・ブキャナン（JB）、カルヴィン・クーリッジ（CC）の3人で、ある投票者の好みがブキャナンよりはアダムズ、クーリッジよりはブキャナンであるとしたら、この投票者にとっては、クーリッジよりもアダムズが選ばれるのは当然だろう。この状況は、図9.15の遷移的トーナメントグラフによって表せる。

アダムズ、ブキャナン、クーリッジのあいだで選ばれるのは誰か、この投票者によって3人がどう順位をつけられるかは明らかだが、候補者がもっといて、投票者がもっといたら、明らかどころではなくなる。たとえば、5人の学生A, B, C, D, Eがいて、誰を最優秀とするかが検討されていて、その判断をする任を帯びた5人からなる委員会があるとする。図9.16の五つのトーナメントグラフを作ることができて、それが5人の委員それぞれの好みに対応することがありうる。見てのとおりで、誰が最優秀とされるかについて、全面的な合意はない。

図9.16の五つのトーナメントグラフは一個のトーナメントグラフ

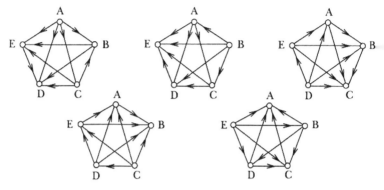

図9.16　5人の委員の好み

に融合することができる。たとえば、5人の委員のうち3人がBよりAを選ぶので、結合したトーナメントグラフでは、弧A→Bを引く。これを10組の候補の対に対して行なうと、図9.17の結合トーナメントグラフができる。つまりBよりAが選ばれ、CよりBが選ばれ、DよりCが選ばれ、EよりDが選ばれる――ところがAよりEが選ばれる！　最優秀の学生には誰を選べばいいのだろう。

　状況はさらにややこしくなりうる。特定の役職に候補が4人いて、選挙で408人が投票するとしよう。この選挙では、各投票者が4人の候補にありうる4!＝24通りの順位リストから一つを選ぶよう求めら

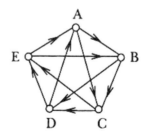

図9.17　結合トーナメントグラフ

| <u>12</u> | <u>11</u> | <u>28</u> | <u>10</u> | <u>27</u> | <u>26</u> | <u>11</u> | <u>10</u> | <u>25</u> | <u>9</u> | <u>24</u> | <u>29</u> |
|---|---|---|---|---|---|---|---|---|---|---|---|
| A | A | A | A | A | A | B | B | B | B | B | B |
| B | B | C | C | D | D | A | A | C | C | D | D |
| C | D | B | D | B | C | C | D | A | D | A | C |
| D | C | D | B | C | B | D | C | D | A | C | A |

| <u>10</u> | <u>9</u> | <u>22</u> | <u>12</u> | <u>21</u> | <u>20</u> | <u>11</u> | <u>8</u> | <u>21</u> | <u>7</u> | <u>20</u> | <u>25</u> |
|---|---|---|---|---|---|---|---|---|---|---|---|
| C | C | C | C | C | C | D | D | D | D | D | D |
| A | A | B | B | D | D | A | A | B | B | C | C |
| B | D | A | D | A | B | B | C | A | C | A | B |
| D | B | D | A | B | A | C | B | C | A | B | A |

図 9.18　ある選挙の投票結果

れる。この選挙の結果が図 9.18 に示されている。

選挙の結果を次のいずれかの方法で決定するものとしよう。

(1) 投票者各人の第 1 位の選択のみを数える。
(2) (1) の得票数の下位 2 名を除き、残り 2 名の投票数を数える。
(3) (1) の得票数の最下位 1 名を除き、残り 3 人の候補の得票数を数え直す。
(4) 4 人の候補者の対比較をしたトーナメントグラフを構成する。

　首位に選ばれた得票数は、A＝114, B＝108, C＝94, D＝92 で、(1) なら A が当選、以下 B が次点、C が 3 位、D が 4 位となる。(2) の方式なら、B が当選、(3) なら C が当選となる。(4) の場合には、図 9.19 のようなトーナメントグラフができる。すると、$D$ が他のすべての候補者よりも上であるだけでなく、C は A、B よりも上、B は A よりも上となる。つまり D が当選し、次点は C、B が 3 位、A が 4 位となる。

　投票者に候補者全てに選択する順位をつけるよう求める投票方式に

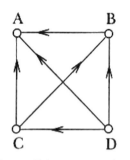

図9.19　結合トーナメントグラフ

基づく投票結果を得るのは（「選好投票方式」と呼ばれる）、少々無理があるように見えるかもしれないが、これは実際にも行なわれている。映画芸術科学アカデミーが1929年に、1927年と28年に作られた映画を表彰する第1回アカデミー賞を催したときには、最優秀作品賞はなかった。無声映画の『ウィングズ』が最も顕著な作品として選ばれた。候補作は3本あった。その後の3年では候補作は5本、さらにその翌年には8本で、その後は10本となった。1934年と35年には12本の候補作があった。1943年までは10本に戻り、43年には『カサブランカ』が最優秀作品賞を獲った。1944年の賞（『我が道を行く』が受賞）からは、候補作は5本となった。1934年から45年までは選好投票制が採用された。1946年から2008年までは、アカデミーの会員が1本だけ選べて最多得票作品が受賞した。2010年には、候補作が10本あって、選好投票制が復活した。アカデミーの会員が、10本の候補作について、最優秀作品賞にするかどうかを順位をつけた投票用紙を提出するよう求められた。第1位に選んだ投票が過半数を獲った映画があれば、それが最優秀作品賞となる。そうでなければ、第1位に選ぶ票が最少の作品が除かれて、それを1位に推した人の投票では、第2位の作品が第1位と見なされる。第1位の作品が過半数となるまでこれを繰り返し、受賞作品が決められる。この方法によって、2009年には『ハー

トロッカー』がアカデミー最優秀作品賞を受賞し、2010年には『英国王のスピーチ』が最優秀作品賞を獲った。

　10本の中には候補作にふさわしくないものがあるという不満を受けて、アカデミーは2011年から最優秀作品賞のルールをまた変えた。実は、このとき変わったのは候補作を選ぶ手順で、これによって、候補作の数は決まらないことになった。各投票者（アカデミー会員）は、五つの空欄による投票用紙をもらう。会員はこの用紙に5本の映画に順番をつけて記入するよう求められる。第1位に挙げた票が少なくとも5％あれば、それが候補作となる。そのような映画を1位に挙げた投票用紙をあらためて調べ、第2位とされた作品に部分点が与えられる。この手順が繰り返される。この方式によって5本から10本の作品が候補作になることがわかっている。（順位がついていない）候補作のリストが決まると、選好投票制を用いて、最優秀作品賞の受賞作が決まる。この方式では、たとえば2011年の最優秀作品賞のときには候補作が9本となり、その中から『アーティスト』が受賞作となった。もしかすると、このようなことを決めるときに対比較のトーナメントグラフを用いるのは、それほど悪い考えではないかもしれない。

# 第10章
# グラフを描く

何十年か前、あるパズルが本や雑誌に数多く登場し、いろいろな名で呼ばれた。このパズルの広まった名の一つでは「3軒の家と3種の公共設備」という。

## 3軒の家と3種の公共設備

3軒の家 A, B, C が建設中で、それぞれの家には3種の公共設備、つまり水道、電気、ガスとつながなければならない（図10.1）。どの業者も接続地点から各戸へ、途中、他の設備の配管や他の家を通らずに、直接につなぐ必要がある。さらに、三つの設備の業者は、どの配管とも交差せずにぴったり同じ深さに埋めなければならない。そんなことができるのだろうか。

ヘンリー・アーネスト・デュードニーは有名なイギリスのパズル作者で、娯楽数学を唱導していた。この数学者にして文筆家は、イギリスの文芸サークルに属していて、そこにはシャーロック・ホームズの

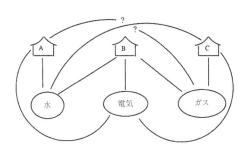

図10.1 3軒の家と3種の公共設備問題

生みの親、アーサー・コナン・ドイルもいた。1917年、デュードニーは、著書の『パズルの王様』〔藤村幸三郎ほか訳、ダイヤモンド社（全4巻、1974）〕という本で、この「3軒の家と3種の公共設備の問題」を取り上げた。デュードニーは、この問題は「山と同じくらい古い」とも言っている。

「3軒の家と3種の公共設備の問題」と同等ないくつかの問題の中に、オイステイン・オアの『グラフ理論』に述べられたものがある。

一筆の土地に3軒の家が建てられ、居住者用に井戸が3本掘られた。土地と気候の性質として、いずれかの井戸が頻繁に涸れる。そこで、3軒の家が3本の井戸いずれをも利用できるようにする必要がある。しばらくして、住民たちは互いに嫌うようになり、それぞれの家と井戸とをつなぐ管が互いに交わらないようにする経路を作ることにした。そのような配置は可能か。

## 平面的グラフ

「3軒の家と3種の公共設備の問題」の問題文はあっけないほど簡単だが、その解はそれほど簡単ではない。この問題はグラフ理論の問題として表すことができるのは明らかだ。実際、図10.1は基本的にグラフで、これは図10.2にもっとグラフらしく再現されている。頂点 W, E, G はそれぞれ水道、電気、ガスを表す。

したがって、「3軒の家と3種の公共設備の問題」は $K_{3,3}$ のグラフとしてモデル化される。$K_{3,3}$ の六つの頂点のうち三つが家で、残りの三つが公共設備である。つまり、「3軒の家と3種の公共設備の問題」を解くことは、グラフ $K_{3,3}$ が平面上で、どの辺も交わらないように描けるかどうかを求める問題と同等となる。$K_{3,3}$ をそのように描こうとすると、図10.2に見えるように、やっかいなことになりがちだ。実際、

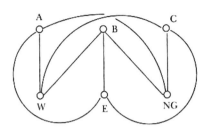

図 10.2 3 軒の家と 3 種の公共設備のグラフによる表現

平面に $K_{3,3}$ をそのように描く方法や、$K_{3,3}$ をどう描こうと、何らかの辺は交わらざるをえないことをどう納得するかは、おそらくはっきり見えてはこないだろう。そこで、グラフのある重要な区分について検討してみよう。

グラフ $G$ のどの 2 本の辺も平面上で交わらないようにして描けるなら、$G$ は「平面的グラフ」(プレイナー)である。図 10.3a は、完全グラフ $K_4$ の図を示す。この絵では、2 本の辺が交わっている。それでも、$K_4$ はどの辺も交わることなく描ける。図 10.3b のようにすればよい。したがって、$K_4$ は平面的である。

「3 軒の家と 3 種の公共設備の問題」を解くことは、$K_{3,3}$ が平面的グラフであるかどうかを求めることと同等である。平面的でないグラフは「非平面的グラフ」と言う。「3 軒の家と 3 種の公共設備の問題」には、本章でまた戻ってくる。

$G$ が平面的な連結グラフであるとする。すると、$G$ を平面上で、ど

図 10.3 $K_4$ は平面的グラフであることを示す

の辺も交わることなく描くことができる。頂点を平面上の点と解釈し辺は線分または曲線と解釈して〔この脈絡でのグラフはあくまで点と線の関係で、それが「乗っている」平面は後から付加されるものであることに注意〕、平面から $G$ の頂点と辺に相当する点と線を削除すると〔平面からグラフによる型で抜くように考える〕、平面のひとつづきのピースがいくつか残り、$G$ の「領域」(レジョン) と呼ばれる。必ず一つの境界で囲まれていない領域ができ、$G$ の「外部領域」と呼ばれる。図10.4の平面的グラフ $G$(平面上で辺が交わらないように描かれている)については、六つの領域、$R_1, R_2, \cdots, R_6$ がある。$R_6$ は外部領域である。

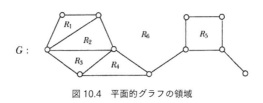

図10.4 平面的グラフの領域

## オイラーの等式

「多面体」とは、境界が多角形の平面で構成される3次元の対象である。この表面はふつう、多面体の「面」と呼ばれる。面の境界は多角形の頂点と辺で構成される。この設定では一般に、多面体の面の総数が $F$ で表され、辺の総数は $E$、頂点の数は $V$ で表される。最もよく知られている多面体は、いわゆる「プラトン立体」で、「四面体」、「立方体」(「六面体」)、「八面体」、「十二面体」、「二十面体」である。この五つの多面体は、図10.5に、それぞれの $V, E, F$ の値とともに示されている。

18世紀、レオンハルト・オイラー(先に見たように、「ケーニヒスベルクの橋問題」を解いて一般化することで、要するにグラフ理論を世界に売り出し

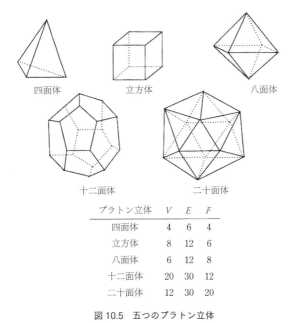

| プラトン立体 | V | E | F |
|---|---|---|---|
| 四面体 | 4 | 6 | 4 |
| 立方体 | 8 | 12 | 6 |
| 八面体 | 6 | 12 | 8 |
| 十二面体 | 20 | 30 | 12 |
| 二十面体 | 12 | 30 | 20 |

図 10.5 五つのプラトン立体

た人物）と、クリスチャン・ゴールドバッハ（4 以上のすべての偶数は二つの素数の和で表されるという予想が有名な人物）は、数多くの手紙（160 通を超える）をやりとりしした。オイラーがゴールドバッハに出した 1750 年 11 月 14 日付の手紙では、オイラーは多面体の $V, E, F$ のあいだに存在する関係を述べていて、それは後にこう呼ばれることになる。

### オイラーの多面体公式

多面体に $V$ 個の頂点、$E$ 本の辺、$F$ 枚の面があるなら、$V - E + F = 2$ である。

オイラーは明らかにこの式（実際には「公式」と言うよりも「等式」である）を見てとった最初の数学者であるということは、アルキメデス（紀元前 287〜紀元前 212）とルネ・デカルト（1596〜1650）が、どちらもオイ

ラーよりずっと前に多面体を研究していたという事実を考えると、少々意外なことかもしれない。オイラー以外の人がこの等式を見逃したらしい理由を説明するとすれば、幾何学はもともと距離の研究だったという事実のせいとすることではないか。

オイラーの多面体公式が活字になったのは2年後（1752年）で、オイラーの2本の論文に登場する。2本のうち先に出たほうでは、オイラーはこの公式を証明できなかったと述べている。しかし2本めのほうでは、多面体を四面体に分割することによって証明を行なっている。その証明は巧妙だったが、いくつか間違いもしていた。この等式の証明として広く受け入れられている最初のものは、フランスの数学者アドリアン゠マリ・ルジャンドルによる。

点、多面体、平面を3次元空間に適切に置くことによって、それぞれの多面体はこの点から平面に投影できて、その写像から多面体を表す平面的グラフが得られる。このことは、多面体が立方体の場合について、図10.6に図解されている。

五つのプラトン立体から得られる平面的グラフを図10.7に示した（念のために言うと、四面体のグラフは図10.3で見た $K_4$ である）。つまり、多面体の面は平面的グラフの領域に対応する。

平面上でどの辺も交わらないように描かれた平面的グラフ $G$ は、「平面に埋め込まれている」といい、$G$ の「平面埋め込み」ができる。グラフ $G$ の平面埋め込みの中の領域 $R$ と、接続する頂点と辺は、$R$ の「境界」と呼ばれる部分グラフをなす。図10.4の平面的グラフ $G$ の六つの領域の境界は、図10.8に示されている。$G$ のすべての辺は、辺が橋でないかぎり、二つだけの領域の境界にできることを見ておこう。橋の場合には、一つの領域だけの境界にできる。

多面体が $V$ 個の頂点、$E$ 本の辺、$F$ 枚の面を持つなら、オイラーの多面体公式によって、$V-E+F=2$ である。この多面体によって、たとえば $n$ 個の頂点、$m$ 本の辺、$r$ 個の領域を持つ平面的グラフができる。

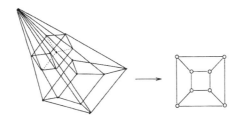

図 10.6 多面体の平面グラフによる表現

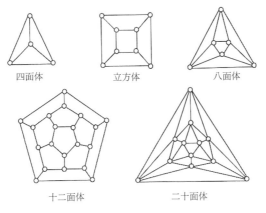

図 10.7 五つのプラトン立体のグラフ

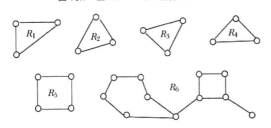

図 10.8 平面に埋め込まれたグラフの領域の境界

したがって、$n-m+r=2$ が導かれる。結局のところ、この公式（あるいは等式）は、多面体から得られる平面的グラフだけでなく、すべて

の平面的グラフについて成り立つことがわかる。

**定理 10.1（オイラーの等式）**：$G$ が位数 $n$、サイズ $m$ の、平面に埋め込まれた連結グラフで、$r$ 個の領域ができるなら、$n-m+r=2$ である。

**証明の考え方**：まず、$G$ が位数 $n$、サイズ $m$ の木なら、$m=n-1$ であり（定理 4.3）、領域は一つだけなので、$r=1$ である。この場合には、$n-m+r=n-(n-1)+1=2$ となる。そこで関心を、平面に埋め込まれた、木ではない連結グラフに限ることができる。図 10.9 は、サイズ 5 以下の、平面に埋め込まれた、木ではない連結グラフをすべて示している。それぞれの場合に、オイラーの等式は成り立っている。

そこで、$G$ が木ではない、平面に埋め込まれた、サイズ 6 の連結グラフなら、オイラーの等式が成り立つことを示す。$G$ が位数 $n$ で、埋め込みには $r$ 個の領域があるとしよう。$G$ は木ではないので、閉路 $C$ がある。$C$ 上の辺を $e$ とし、$H$ を、$G$ から $e$ を削除することによって得られるグラフ $G-e$ のこととしよう。すると、$H$ のサイズは 5 である。$e$ は $G$ の橋ではないので（定理 3.1）、$H$ は連結であり、木で

$n=m=3, r=2$

$n=m=4, r=2$

$n=4, m=5, r=3$

$n=m=5, r=2$

図 10.9　サイズ 5 以下で木ではない連結グラフについてオイラーの等式を確かめる

あるか、図10.9にあるサイズ5のグラフであるか、いずれかである。$e$は$G$にある二つの領域の境界にあるので、この二つの領域は、$H$では一つの領域に合体する。それで$H$は位数$n$、サイズ5、領域の数は$r-1$個となる。オイラーの等式は$H$については成り立つので、$n-5+(r-1)=2$となり、$n-6+r=2$、つまり、オイラーの等式は$G$についても成り立つ。同様にして、$G$の辺が7本のときもオイラーの等式が成り立つことを示せるし、さらに8本でも、それ以後でも示せる。■

定理10.1によって、$G$が位数$n$、サイズ$m$の平面的な連結グラフで$r$個の領域に分かれるなら、$n-m+r=2$である。$m \geq 3$なら、$G$のすべての領域の境界は、少なくとも3本の辺を含まなければならない。実は、$n \geq 3$なら、$n$と$m$だけを含む関係がある。

**定理10.2**：$n \geq 3$として、$G$が位数$n$、サイズ$m$の平面的グラフなら、

$$m \leq 3n-6$$

**証明**：$G$は連結と前提してよい。$G$が連結でなければ、辺を加えて、平面的な連結グラフができる。$n=3$なら結果は自明なので、$n \geq 4$で、したがって$m \geq 3$と前提してよい。$G$の平面的埋め込みで$r$個の領域ができるとする。その場合、定理10.1によって、$n-m+r=2$である。$N$は、領域の境界上にある辺の数が$G$のすべての領域について合計されたときに得られる数であるとする。たとえば、図10.10に再掲した図10.4のグラフ$G$について$N$を数えてみよう。

それぞれの境界は少なくとも3本の辺を含み、各辺が数えられるのはたかだか2回までなので、$3r \leq N \leq 2m$となる。ゆえに、

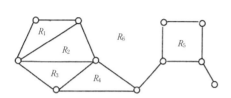

図 10.10　定理 10.2 を証明する一段階の図解

$$6 = 3n - 3m + 3r \leq 3n - 3m + 2m$$

したがって、$m \leq 3n - 6$ である。■

定理 10.2 を使って、平面的グラフには必ず次数が大きくない頂点があることが示せる。

**系 10.3**：すべての平面的グラフには、次数 5 以下の頂点がある。

**証明**：位数 6 以下の平面的グラフについては自明である。ところが、$n \geq 7$ として位数 $n$、サイズ $m$ で、次数 5 以下の頂点がない平面的グラフ $G$ があるとしよう。$v_1, v_2, \cdots, v_n$ が $G$ の頂点なら、$G$ のすべての頂点 $v_i$ について、$\deg v_i \geq 6$ である。グラフ理論の第一定理によって、

$$2m = \deg v_1 + \deg v_2 + \cdots + \deg v_n \geq 6n$$

なので、$m \geq 3n$ となり、定理 10.2 と矛盾する。

定理 10.2 の対偶から始めると、次が得られる。

**定理 10.4**：$n \geq 3$ として、$G$ が位数 $n$、サイズ $m$ で、$m > 3n-6$ となるようなグラフなら、$G$ は非平面的グラフである。

したがって定理 10.4 はグラフが非平面的であるための十分条件を与えている。それでも主要な問題は残っている。与えられたグラフが平面的かどうかをどうやって決定できるか。

## クラトウスキーの定理

定理 10.4 の図解として、図 10.11 に示された完全グラフ $K_5$ を考えよう。このグラフは位数 $n=5$、サイズ $m=10$ である。$10 = m > 3n-6 = 9$ なので、そこから $K_5$ は非平面的であることが言える。

もちろん、$K_{3,3}$ も、平面的かどうかの問題が関心の的である。このグラフが平面的かどうかがわかれば、「3 軒の家と 3 種の公共設備の問題」に答えが出るからだ。まず、$K_{3,3}$ の位数 $n=6$ で、そのサイズ $m=9$ である。しかし、$9 = m \leq 3n-6 = 12$ で、これは定理 10.2 によっては何の情報も得られない。定理 10.2 の証明は、$m \geq 3$ としてサイズ $m$ の平面的な連結グラフにできるすべての領域の境界は、少なくとも 3 本の辺を含むという事実を利用している。$G$ が二部グラフで $m \geq 4$ なら、すべての領域の境界は、少なくとも 4 本の辺を含んでいる。そ

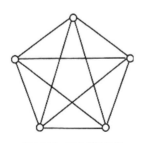

図 10.11　完全グラフ $K_5$

こから $4r \leq N \leq 2m$ となり、したがって、$2r \leq m$ である。つまり、オイラーの等式を2倍すると、

$$4 = 2n - 2m + 2r \leq 2n - 2m + m$$

が得られ、よって、$m \leq 2n-4$ である。ところが、グラフ $K_{3,3}$ については、$9 = m > 2n - 4 = 8$ である。ゆえに、$K_{3,3}$ は非平面的で、これで「3軒の家と3種の公共設備の問題」が解ける。つまり、それぞれの家が三つの公共設備に交差せずに連結することは$\cdot$で$\cdot$き$\cdot$な$\cdot$い。

非平面的なグラフとして、$K_5$ と $K_{3,3}$ の2種類が知られた（図10.12）。$G$ が非平面的な部分グラフを含むグラフなら、当然、$G$ そのものも非平面的であるはずだ。したがって、部分グラフとして $K_5$ あるいは $K_{3,3}$ を含むグラフは非平面的である。

図10.13のグラフ $G$ を考えよう。このグラフは、位数 $n=7$、サイズ $m=16$ である。$m = 16 > 15 = 3n - 6$ なので、定理10.4によって、$G$ は非平面的である。しかし、このグラフには部分グラフとして $K_5$ も

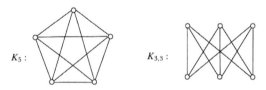

図10.12　二つの非平面的グラフ

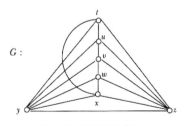

図10.13　非平面的グラフ

$K_{3,3}$ も含まれていないことがわかる。なぜそう言えるのだろう。

まず、$H=K_5$ が $G$ の部分グラフであるとしよう。すると $H$ は次数 4 の頂点を五つ持っていなければならない。必然的に、$H$ には頂点 $y$ が入っている。そうでなかったら、$H$ には $u, v, w$ のうち少なくとも二つがあり、それでは $H$ での次数がせいぜい 3 になるからだ。同じ理由で、$H$ には頂点 $z$ も含まれる。しかし、$y$ と $z$ は $G$ にできるある三角形の三つの頂点いずれにも隣接していなければならない。$t, u, v, w, x$ の中にはそのような三角形がないので、$G$ は部分グラフとして $K_5$ を含まない。

次に、$F=K_{3,3}$ が $G$ の部分グラフであるとしよう。つまり、$F$ には $G$ の頂点が一つを除いてすべて含まれる。四つの場合を考えよう。

**場合 1**：$F$ が $y$ を含まない場合。$t$ は $F$ で次数 3 であり、$u, x, z$ に隣接しているので、$F$ の二つの部集合は $\{t, v, w\}$ と $\{u, x, z\}$ でなければならない。ところが、$v$ は $x$ に隣接していないので、これはありえない（$F$ が $z$ を含んでいない場合も、基本的に同じこと）。

**場合 2**：$F$ が $t$ を含まない場合。$u$ は $F$ で次数 3 であり、$v, y, z$ に隣接しているので、$F$ の二つの部集合は $\{u, w, x\}$ と $\{v, y, z\}$ でなければならない。ところが、$v$ は $x$ に隣接していないので、矛盾する（$F$ が $x$ を含んでいない場合も、基本的に同じこと）。

**場合 3**：$F$ が $u$ を含まない場合。$t$ は $F$ で次数 3 であり、$x, y, z$ に隣接しているので、$F$ の二つの部集合は $\{t, v, w\}$ と $\{x, y, z\}$ でなければならない。ここでも、$v$ は $x$ に隣接していないので、矛盾（$F$ が $w$ を含んでいない場合も、基本的に同じこと）。

**場合 4**：$F$ が $v$ を含まない場合。$u$ は $F$ で次数 3 であり、$t, y, z$ に隣

接しているので、$F$の二つの部集合は $\{u, w, x\}$ と $\{t, y, z\}$ でなければならない。ところが $t$ と $w$ は隣接していないので、矛盾。

ゆえに、先に述べたとおり、図 10.13 のグラフ $G$ は部分グラフとして $K_5$ も $K_{3,3}$ も含まない。つまり、グラフは $K_5$ または $K_{3,3}$ を部分グラフとして含まなくても非平面的グラフでありうる。とはいえ、$K_5$ と $K_{3,3}$ の二つのグラフはグラフ $G$（実際は与えられた任意のグラフ）が非平面的である理由で中心的な活躍をする。

グラフ $H$ は、$H = G$ の場合、または $H$ が $G$ を元に次数 2 の頂点を $G$ の辺にはさむことで得られる場合、$G$ の「細分割」(サブディヴィジョン)と言う。図 10.14 のグラフ $G$ については、グラフ $H_1$, $H_2$, $H_3$ はすべて、$G$ の細分割である。実は $H_3$ は $H_2$ の細分割である。

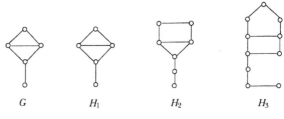

図 10.14　グラフの細分割

もちろん、グラフ $G$ の細分割 $H$ は、$G$ が平面的であるなら、その場合にかぎり、平面的である。したがって、$K_5$ と $K_{3,3}$ が非平面的であるだけでなく、$K_5$ または $K_{3,3}$ の細分割はすべて非平面的である。この点は、グラフが平面的であるための必要条件を与える。

**定理 10.5**：グラフ $G$ が平面的なら、$G$ は $K_5$ または $K_{3,3}$ の細分割である部分グラフは含まない。

グラフが平面的であることのこの必要条件で顕著な特色は、この条件が十分条件でもあるところだ。この事実の最初の公刊された証明は、1930年に出てきた。この定理は、ポーランドの位相幾何学者カツィミエルツ・クラトウスキー（1896〜1980）によるもので、この定理を最初に告知したのは1929年のことだった。クラトウスキーの論文のタイトルは、「位相幾何学におけるひずみ曲線の問題について」といい、これはこの定理の舞台が——グラフ理論ではなく——位相幾何学にあることを、適切にも示している。非平面的グラフはその頃、ひずみグラフと呼ばれることがあった。

　クラトウスキー論文の刊行の日付は、この定理がクラトウスキーによると言えるぎりぎりの分かれ目となった。後で、アメリカの数学者、オリン・フリンクとポール・アルトハウス・スミスは、1930年、この定理も含む論文を提出したが、クラトウスキーの証明が一歩違いながらすでに出ていたことを知って、その論文を取り下げた。二人は『アメリカ数学会報』に自分たちが行なったことと、そのタイトルが示すとおり（非還元非平面的グラフ）、この証明がグラフ理論的に行なわれていることを告げる一文を載せた。

　この定理の証明は、少し前に、成人してからはほとんど盲目だったロシアの位相幾何学者レフ・セメノヴィチ・ポントリヤーギンによって発見されていたかもしれないと信じる人々もいる。この定理の最初の証明はポントリヤーギンの未発表の覚書にあったかもしれないので、この帰結はロシアなどではポントリヤーギン゠クラトウスキーの定理と呼ばれることもある。しかし、ポントリヤーギンがこの定理を証明したかもしれないとしても、それは審査のある相応の学術誌で活字になったものという確立した慣行を満たさないので、この定理は一般にクラトウスキーの定理として認識されている。

**定理10.6（クラトウスキーの定理）**：グラフ $G$ が、$K_5$ あるいは $K_{3,3}$ の

細分割である部分グラフを含まないなら、その場合にかぎり、$G$ は平面的である。

図 10.13 のグラフ $G$ は非平面的であることがわかっており、部分グラフとして $K_5$ も $K_{3,3}$ も含まないこともわかっているので、定理 10.6 から、このグラフ $G$ は実際に $K_5$ または $K_{3,3}$ ではないグラフの一つの細分割を含まなければならない。実際には、このグラフ $G$ は $K_5$ の細分割（図 10.15a）と $K_{3,3}$ の細分割（図 10.15b）の両方を含む！

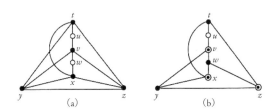

図 10.15　図 10.13 のグラフ $G$ にある $K_5$ と $K_{3,3}$ の細分割

## 交差数

グラフ $K_5$ と $K_{3,3}$ は非平面的なので、平面上で辺が交わることなしに描くことはできない。とはいえ実際には、どちらのグラフも一か所で交わるだけで描くことができる（図 10.16）。

平面上でグラフ $G$ を描くときの最小の交差数を求めるという問題

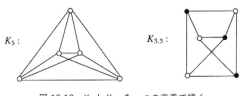

図 10.16　$K_5$ と $K_{3,3}$ を一つの交差で描く

は難問で、世界史の困難な時期にまでさかのぼる。1977 年、ハンガリーの数学者ポール・トゥラーンは、自身が第 2 次世界大戦中に強制収容所に入れられていたときに起きた出来事を、次のように述べている。

1944 年 7 月、ブダペストでも、ブダペストの外でも強制移住の恐れは差し迫っていた。私たちはブダペスト近くの煉瓦工場で働いていた。煉瓦を作るための炉がいくつかあり、煉瓦を置いておく野積みの広場があった。すべての炉はレールですべての貯蔵場と結ばれていた。煉瓦は小型のトロッコで貯蔵場へ運ばれた。私たちは炉で煉瓦をトロッコに載せ、それを貯蔵場まで押して行き、そこで煉瓦を下ろすだけだった。トロッコの積載量は妥当で、作業そのものは難しくなかった。難しいのは交差点だけだった。トロッコはそこでたいてい飛び跳ねて、煉瓦がこぼれ落ちる。要するに、このために手間が増え、貴重な時間が無駄になる。そういう場合には、私たちはみな汗まみれになって呪ったもので、私もそうだった。しかしいやおうなしに、レールの交差を最小にすればこの時間の損失も最小になるということが私の頭に浮かんだ。しかし交差の最小数はいくつだろう。私は何日かして、実際の状況は改善できるが、炉が $m$ か所で、貯蔵場が $n$ か所という一般的な問題の厳密解は非常に難しそうだということを認識した。……

トゥラーンがこの「煉瓦工場問題」で問うていたのは、完全二部グラフ $K_{m,n}$ を平面上で描いたものの中での交差の最小数だった。これは結局、グラフ理論のもっと一般的な概念をもたらす。

グラフ $G$ を平面で描いた場合、すべての描き方の中での交差する辺の最小数を、「交差数」cr($G$) と言う。ここではつねに、平面上の 1 点で交わる辺は 2 本までとされている。もちろん、$G$ が平面グラ

フであるなら、その場合にかぎり、cr($G$) = 0 となる。さらに、$K_5$ と $K_{3,3}$ は非平面グラフであり、それぞれを描くと一か所の交差が存在するので、cr($K_5$) = 1, cr($K_{3,3}$) = 1 となる。

当時のトゥラーンが関心を向けていたのは、すべての正の整数 $m$ と $n$ についての、cr($K_{m,n}$) の値だった。あるとき、ポーランドの数学者、カツィミエルツ・ツァランキエウィチは、cr($K_{m,n}$) の公式を発見したと思ったが、結局それは上限を確かめただけだった。

cr($K_{m,n}$) ≤ $\lfloor m/2 \rfloor \lfloor m-1/2 \rfloor \lfloor n/2 \rfloor \lfloor n-1/2 \rfloor$：(10.1)

なお、たとえば $\lfloor m/2 \rfloor$ は、$m/2$ の「床」($m/2$ 以下の最大の整数）を表す。したがって、$\lfloor m/2 \rfloor$ は、$m$ が偶数のとき $m/2$ で、$m$ が奇数なら、$\lfloor m/2 \rfloor$ = $(m-1)/2$ である。式（10.1）に示される cr($K_{m,n}$) の上限は、「$m ≤ n$ である」、かつ、「(1) $m ≤ n$ か、(2) $m = 7$ かつ $n ≤ 10$ か、いずれか」のとき、cr($K_{m,n}$) の値そのものであることが示されている。トゥラーンの煉瓦工場問題は、まだ解かれておらず、明らかに非常な難問だ。

非平面的グラフの交差数を求めるのは一般に難しいが、交差数については、ときとして有益になる限界がある。定理 10.4 で見たように、$G$ が $n ≥ 3$ として位数 $n$、サイズが $m$ で、$m > 3n-6$ であるような連結グラフなら、$G$ は非平面的である。つまり、$m-3n+6 > 0$ なら、$G$ は非平面的である。

**定理 10.7**：$n ≥ 3$ として、$G$ が位数 $n$、サイズ $m$ のグラフなら、

cr($G$) ≥ $m - 3n + 6$

**証明**：定理 10.2 によって、$G$ が平面的なら、$m ≤ 3n-6$ であり、したがって、$m-3n+6 ≤ 0$ である。確かに、この場合は $cr(G) ≥ m-3n+6$ である。そこで、$G$ は非平面的であるとしてよい。$cr(G) =$

$c \geq 1$ とし、$G$ は $c$ 回の交差で平面上に描けるとする。$c$ 回の交差のそれぞれに新しい頂点を導入する。これによって、位数 $n' = n+c$ で、サイズ $m' = m+2c$ の平面的グラフ $G'$ ができる。定理 10.2 により、$m' \leq 3n' - 6$ であり、したがって、

$m + 2c \leq 3(n+c) - 6$

ここから、$\mathrm{cr}(G) = c \geq m - 3n + 6$ が導ける。

定理 10.7 が特定の非平面的グラフの交差数を計算するのに使えることを見てみよう。

**例 10.8**：完全グラフ $K_6$ の交差数を求めよ。

**解**：$c$ を $K_6$ の交差数とする。$K_6$ には部分グラフとして非平面的グラフ $K_5$ があるので、$K_6$ も非平面的であり、したがって $c \geq 1$ である。実際、$K_6$ は位数 6、サイズ $m = \binom{n}{2} = \binom{5}{2} = 15$ なので、定理 10.7 により、$c \geq 15 - 3 \cdot 6 + 6 = 3$ となる。つまり、$cr(K_6) \geq 3$ である。3 か所で交差する $K_6$ の描き方があるので（図 10.17）、$cr(K_6) = 3$ ということになる。◆

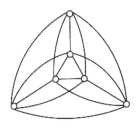

図 10.17　3 か所で交差する $K_6$

完全グラフ一般については、何人かの数学者の努力が合わさって、$1 \leq n \leq 12$ の場合は必ず

$$\mathrm{cr}(K_n) = 1/4 \left\lfloor \frac{n}{2} \right\rfloor \left\lfloor \frac{n-1}{2} \right\rfloor \left\lfloor \frac{n-2}{2} \right\rfloor \left\lfloor \frac{n-3}{2} \right\rfloor \quad (10.2)$$

であることと、(10.2) の式はすべての整数 $n$ について、$\mathrm{cr}(K_n)$ の上限であることが示されている。

平面上にグラフ $G$ を描くと、$G$ の辺は線分を含むどんな曲線でもよい。グラフ $G$（平面的でもそうでなくても）の「直線分描画」とは、すべての辺が直線分となるように $G$ を平面上に描くことである。グラフ $G$ の「直線交差数」$\overline{\mathrm{cr}}(G)$ は、平面での $G$ の直線分描画の中での、最小の交差数のことを言う。したがって、$\mathrm{cr}(G) \leq \overline{\mathrm{cr}}(G)$ である。$\overline{\mathrm{cr}}(K_6) = 3$ であることは、図 10.17 の $K_6$ の描画が、少し変更すると、図 10.18 に示した直線分描画に達することができるのを見ることで導かれる。

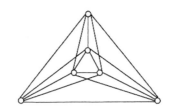

**図 10.18** $K_6$ の 3 か所の交差がある直線分描画

$\mathrm{cr}(G)$ と $\overline{\mathrm{cr}}(G)$ という数は多くのグラフ $G$ で同じだが、すべてのグラフ $G$ で同じというわけではない。たとえば、$\mathrm{cr}(K_8) = 18$ で、$\overline{\mathrm{cr}}(K) = 19$ であることが示されている。しかし、$\mathrm{cr}(K_{m,n}) \neq \overline{\mathrm{cr}}(K_{m,n})$ となる正の整数の組 $m, n$ は知られていない。

平面でいかなる辺も交わらない平面的グラフすべてについて直線分描画があることを述べる、興味深い定理がある。この帰結はイシュト

ヴァアーン・ファーリ、シャーマン・K・スタイン、クラウス・ヴァーグナーによって独立に発見されたが、一般に「ファーリの定理」と呼ばれている。

**定理 10.9**（ファーリの定理）：$G$ が平面的グラフなら、$\overline{\mathrm{cr}}(G)=0$ である。

ファーリの定理の証明は示さないが、この定理のふつうの証明のしかたでは、平面上の三角形、四角形、五角形それぞれの内部には、その多角形の頂点と直線分で結べる1点を置くことができるので、それぞれの直線分は多角形の内部にあるという幾何学的な事実を用いる（この点の図解については図10.19）。こうした事実を使って、よくある幾何学の問題を解くことができる。

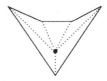

図 10.19　多角形の頂点と、その多角形内部にある1点とを結ぶ直線分

## 美術館監視問題

美術館が、絵が掛けられる $n$ 枚の壁で仕切られた一つの大きな部屋でできているとする。壁に掛けられた絵すべてについて、その作品を直線で見通せる警備員が必ず一人はいるようにするには、美術館は何人の警備員を配置しなければならないか。

この問題は1973年、ヴィクトル・クレーが、ヴァシェク・フヴァータルと交わした議論の後で立てられた。フヴァータルによって、必要な警備員の数は $\lfloor n/3 \rfloor$ 人を超えず、実際 $\lfloor n/3 \rfloor$ 人が必要な例も存在す

ることが示された。

## 面にグラフを埋め込む

「3軒の家と3種の公共施設の問題」の解は、$K_{3,3}$の平面埋め込みは作れない(つまり、$K_{3,3}$を平面上で描こうとしても、いくつかの辺は必ず交わる)ことを教えてくれる。また、グラフ$G$の平面埋め込みがあるのは、$G$の球面埋め込みがあるときで、その場合にかぎることがわかっている。つまり、平面グラフだけが、球面上で辺が交わらずに描ける。

これを見るために、グラフ$G$が球(の表面)に、辺が交わらないように描けるとする——$G$の「球面埋め込み」である。球面上に、$G$の頂点でもなく、$G$の辺上にもない点$p$を選ぶ。$q$を球面上にあって、$p$を通る直径の正反対の側にある点とする。そうして平面上に、球が$q$でその平面に接するように球を置く。$p$は球の北極、$q$は南極と考えることができる。球面上で、$G$の頂点あるいは$G$の辺上にある各点$x$について、$p$から$x$を通って平面上の点$x'$で交わるまで直線を引く。$G$の平面上の埋め込みができる。この球面上のグラフ$G$の平面上のグラフ$G$への投影は「ステレオ投影」と呼ばれる。この手順を逆転して、(平面的)グラフ$G$の平面埋め込みから始め、$G$の球面埋込を作ることができる。したがって、グラフ$G$が球面に埋め込めるなら、その場合にかぎり、$G$は平面的グラフである。このことを図10.20に図解してある。

しかし、辺が交わらないように何らかのグラフが描けるもっと複雑な面が他にもある。そのような面の一つが「トーラス」、つまりドーナツ形の表面である(図10.21a)。グラフ$K_{3,3}$は平面では辺が交わらないように描くことはできず、したがって、球面でも辺が交わらないようにして描くことはできないが、トーラス上では描けて、$K_{3,3}$の「トーラス埋め込み」ができる(図10.21b)。

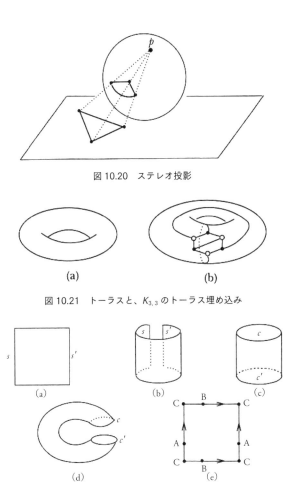

図 10.20　ステレオ投影

図 10.21　トーラスと、$K_{3,3}$ のトーラス埋め込み

図 10.22　トーラスの構成

　$K_{3,3}$ のトーラスへの埋め込み方は他にもあり、そちらのほうが見やすいかもしれない。図 10.22a にあるように、柔軟性のある素材でできた長方形があって、この長方形の二つの縦の辺 $s$ と $s'$ を合わせると、図 10.22c にあるような円筒形の面ができる。円筒の上側と下側の円 $c$

第 10 章　グラフを描く　　263

と $c'$ を合わせると、トーラスができる。したがって、図 10.22e のトーラスの長方形による代理では、A とラベルされた 2 点は、トーラス上では同じ点になり、B とラベルされた 2 点、C とラベルされた 4 点も同じになる。

このトーラスの代理を使うと、図 10.23a に $K_{3,3}$ のトーラス埋め込みが見える。図 10.23b は、$K_5$ もトーラスに埋め込めることを示している。実は、$K_6$ と $K_7$ もトーラスに埋め込めるが、$K_8$ はできない。

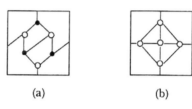

図 10.23　$K_{3,3}$ と $K_5$ のトーラス埋め込み

## グラフマイナー

クラトウスキーの定理（定理 10.6）は、グラフが平面的であるかどうかを決める方法となる。つまり、グラフ $G$ に $K_5$ または $K_{3,3}$ の細分割となる部分グラフが含まれないなら、その場合にかぎり、$G$ は平面的である。どのグラフが平面的かを判定する方法は他にもある。これはドイツの数学者、クラウス・ヴァーグナー（1910～2000）が 1937 年に得た定理にさかのぼる。ヴァーグナーの定理は、クラトウスキーの定理と関係していて、文言もそれに似ているが、それとはまったく別物である。

グラフ $G$ の辺 $uv$ の「縮約」とは、$uv$ を 1 個の頂点 $w$ にまとめ、$G$ の $u$ または $v$ に隣接しているすべての頂点に、$w$ が隣接するようにすることである。これによって、位数が $G$ よりも一つ小さいグラフ $G'$

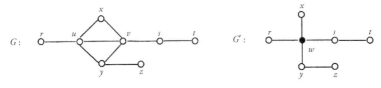

図 10.24　辺の縮約

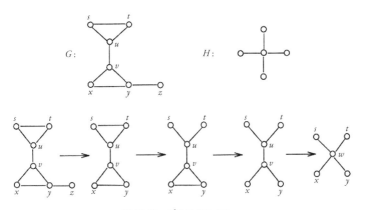

図 10.25　グラフのマイナー

ができる。たとえば、図 10.24 のグラフ $G$ で $uv$ が縮約されると、グラフ $G'$ ができる。

グラフ $H$ がグラフ $G$ と同型、あるいは $G$ から、縮約、辺削除、頂点削除を順不同で次々と行なって得られるグラフに同型である場合、$H$ はグラフ $G$ の「マイナー」と呼ばれる。図 10.25 のグラフ $H$ は同図のグラフ $G$ のマイナーである。$H$ は $G$ から $z$ を削除し、それから $st$ を削除し、さらに $xy$ を削除して、$uv$ を縮約することで得られる。

マイナーに関しては、次のような重要な所見がある。

**定理 10.10**：グラフ $G$ がグラフ $H$ の細分割であるなら、$H$ は $G$ のマイナーである。

ピーターセングラフは、$K_{3,3}$ の細分割である部分グラフを持つが、$K_5$ の細分割である部分グラフは持たない(練習問題6)。しかしピーターセングラフは、マイナーとして $K_5$ を含む。図 10.26 の辺 $u_1v_1$, $u_2v_2$, $u_3v_3$, $u_4v_4$, $u_5v_5$ を縮約すると $K_5$ ができるからである。ピーターセングラフがマイナーとして $K_5$ を含むが $K_5$ の細分割は含まないという事実は、定理 10.10 の逆が真ではないことを示している。

クラトウスキーの定理と定理 10.10 によって、$G$ が非平面的グラフなら、$K_5$ あるいは $K_{3,3}$ のいずれかは $G$ のマイナーであることが導かれる。ヴァーグナーが証明できたのは、その逆も成り立つことだった。つまり、$K_5$ または $K_{3,3}$ がグラフ $G$ のマイナーであるなら、その場合にかぎり、$G$ は非平面的である。この命題の対偶も、グラフが平面的であるかどうかを決める方法となる。

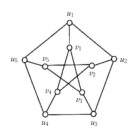

図 10.26 $K_5$ はピーターセングラフのマイナーである

**定理 10.11（ヴァーグナーの定理）**：$K_5$ も $K_{3,3}$ もグラフ $G$ のマイナーではないなら、その場合にかぎり、$G$ は平面的である。

ヴァーグナーは、この定理を証明した頃、マイナーに関する予想を行なっていたらしい（その予想は 1970 年まで活字にはならなかったが）。

### ヴァーグナーの予想

グラフの無限集合について、その集合には、同じ集合の別のグラフのマイナーであるグラフがある。

ヴァーグナーの予想が確かめられたのは2004年で、ニール・ロバートソンとポール・セイマーがこの問題を20年以上研究した成果による。ロバートソンはオハイオ州立大学に就職してからの研究生活をかけ、セイモアはプリンストン大学に在籍していた後半を費やした。ヴァーグナーの予想が真であることが示されると、これはロバートソン = セイマーの定理と呼ばれ、またグラフマイナー定理とも呼ばれている。

**定理 10.12（グラフマイナー定理）**：グラフの任意の無限集合について、その集合には、同じ集合の別のグラフのマイナーであるグラフが存在する。

グラフの何らかの集合$S$には、$S$にあるグラフのマイナーすべてが$S$に属するという性質を持ったものがある。そのような性質を持ったグラフの集合は、「マイナーについて閉じている」と呼ばれる。平面的グラフの区分はマイナークローズドである。トーラスに埋め込むグラフの集合もマイナークローズドである。

グラフのマイナークローズドな集合$S$の一つの特徴は、グラフ$G$のマイナーが集合$M$に属さないなら、その場合にかぎり、$G$がマイナークローズドな集合$S$に属するという意味で、「禁止マイナー」であるグラフの有限集合$M$が、必ずあるということである。たとえば、平面的グラフの集合$S$については、ヴァーグナーの定理から、$M=\{K_5, K_{3,3}\}$は禁止マイナーの集合である。すると、グラフマイナー定理から次の結果が帰結する。

**定理 10.13**：$S$をグラフのマイナークローズドな集合とする。そのとき、グラフの集合$M$にあるグラフがグラフ$G$のマイナーではないなら、その場合にかぎり$G$が$S$に属するような、何らかの有限集合$M$がある。

とくに言えば、トーラスに埋め込めるグラフの集合については、禁止マイナーの有限集合$M$がある。つまり、$M$のグラフのいずれもグラフ$G$のマイナーではないなら、その場合にかぎり、$G$はトーラスに埋め込める。そのような集合$M$がどういうものかについては、$M$が80を超えるグラフを含んでいなければならないこと以外には、誰も知らない。

# 第11章
# グラフの彩色

過去何世紀かのあいだに、魅力的な数学の問題が数多く登場し、中にはきわめてわかりやすいものもあったが、なかなか解けないことで有名なものもある。

17世紀の有名な数学者の一人にフランスのピエール・ド・フェルマーがいて、$n \geq 3$ となる整数 $n$ について、$a^n + b^n = c^n$ となる正の整数 $a$, $b$, $c$ はないと書いた。もちろん、$n = 2$ のときには、正の整数解はいくらでもある。たとえば、$3^2 + 4^2 = 5^2$, $5^2 + 12^2 = 13^2$, $8^2 + 15^2 = 17^2$ というように。$a^2 + b^2 = c^2$ となるような正の整数の三つ組 ($a$, $b$, $c$) は、ピュタゴラスの三つ組数と呼ばれる。そう呼ばれるのは、この三つ組は、いわゆるピュタゴラスの定理を満たし、直角を挟む辺の長さを $a$ と $b$、斜辺を $c$ とする直角三角形があることになるからだ。フェルマーの説は、本人が亡くなった後に、蔵書のある頁の余白に、証明なしで書き込まれているのが見つかった。書かれていたのは、自分の得たすごい証明はこの余白には書ききれないということだった。この命題はフェルマーの最終定理と呼ばれるようになったが、それが成り立つかどうかは、1995年に、イギリス人数学者のアンドリュー・ワイルズが書いた、特筆すべき独自の証明を含む論文が出てくるまで、ずっと不明だった。

$p \geq 2$ となる整数 $p$ が 1 と $p$ のみで割り切れる場合その整数を素数という。最初の10個の素数を挙げると、2, 3, 5, 7, 11, 13, 17, 19, 23, 29である。有名な数学者の中には素数がらみの問題を立てた人が多い。フェルマー数という数があり、これは、$t$ を負ではない整数として、

$F_t = 2^{2^t} + 1$ という形の整数のことである。いくつか挙げると、

$F_0 = 3, F_1 = 5, F_2 = 17, F_3 = 257, F_4 = 65{,}537$

となる。この五つの整数はすべて素数だ。1640 年、フェルマーは多くの人に、フェルマー数はすべて素数だと思うと書き送った（もちろん自分でフェルマー数と言ったわけではない）。しかしフェルマーは証明できなかった。

ほとんど 1 世紀後になって（1739 年）、優れた数学者のレオンハルト・オイラーが、フェルマー数 $F_5 = 4{,}294{,}967{,}297$ は 641 で割り切れ、素数ではないことを示した。近年になって、素数ではないことが示されたフェルマー数がいくつか見つかった。多くの数学者が、素数であるフェルマー数は、$F_0, F_1, F_2, F_3, F_4$ だけだという、正反対のことを信じている。

素数がかかわる問題の中でも有名なものとして、ドイツの数学者、クリスチャン・ゴールドバッハによるものがある。ゴールドバッハは 1742 年頃、2 より大きいすべての偶数は二つの素数の和であると思ったと述べた。たとえば、$4 = 2 + 2$, $6 = 3 + 3$, $8 = 5 + 3$, $10 = 7 + 3 = 5 + 5$ のようになる。この推測が正しいかどうかはまだわかっていない。

ここで取り上げた三つの問題には、「予想（コンジェクチャー）」と呼ばれる、数学の何らかの命題が成り立つとする推測がかかわっている。今見たように、予想の中には真であることがわかったものもあるし、偽であることがわかったものもあるし、まだわかっていないものもある。ここで挙げた例からは、有名な数学の問題は有名な数学者によるという印象を持たれたかもしれない。たいていの場合はそのとおりかもしれないが、必ずそうというわけではない。

# 四色問題の誕生

オーガスタス・ド・モルガン（1806〜1871）は、19世紀イギリスの数学者で、いちばん知られているのはおそらく、論理や集合の分野での、ド・モルガンの法則だろう。ド・モルガンは何年か、ロンドン大学のユニヴァーシティ・カレッジで数学を教えていた。1852年の秋、ド・モルガンのところにフレデリック・ガスリーという20歳前の学生がいた。その後、高名な物理学の教授となって、ロンドン物理学会を創始した人物である。フレデリックが研究した領域の一つに、自身が1873年に初めて報告した、熱による電荷放出の科学研究があった。フレデリックは、正電荷を帯びた鉄球を赤熱させるとその電荷が失われることを発見した。この作用は1880年にアメリカの有名な発明家トーマス・エジソンによって再発見された〔日本では「エジソン効果」と呼ばれることが多い〕。

フレデリックにはフランシス・ガスリー（1831〜1899）という兄がいて、フレデリックがド・モルガンの授業に出ていた頃、フランシスのほうは、イギリスの地図で州を彩色していて、4色あれば、境界線を共有するどの二つの州の色も異なるように彩色できることに気づいていた。そこでフランシスは、これはあらゆる地図について成り立つのではないかと考えた。これが有名な予想を生む元となる。

### 四色予想

すべての地図の領域は、4色以下で、境界線を共有する二つの領域の色がすべて異なるように彩色できる。

「四色問題」は四色予想が成り立つかどうかを判定するという問題となった。

フランシスは、1850年、四色問題のことを考えつくより2年前に、

ロンドン大学ユニヴァーシティ・カレッジで文学士号を取り、1852年には法学士となった。後には自らも南アフリカのケープタウン大学で数学教授となる。

フランシス・ガスリーは四色予想を証明しようとして、自分ではできたかもしれないと思ったが、その証明にはまったく満足できなかった。フランシスはこの発見について、フレデリックと話をした。フレデリックはフランシスの承諾を得て、この問題のことをド・モルガン教授に話すと、ド・モルガンはそれを喜び、これは新しい問題だと思った。どうやらフレデリックは、ド・モルガンに、この予想が真であることを確かめる論証を知っているかどうかを尋ねたらしい。

ド・モルガンは1852年10月23日、友人でダブリンにいた有名なアイルランド人数学者、ウィリアム・ローワン・ハミルトンに手紙を書いた。この二人の数学の巨人は一度しか会ったことがないようだが、長年、手紙のやりとりをしていた。ド・モルガンはこう書いている（抜粋）。

ハミルトン様、
　私の学生が、今日、私が本当かどうか知らなかったことについて、そうなる理由を教えてくれと言って来ました——今も成り立つかどうかわかりません。学生が言うには、図形が何らかの形に分割されていて、その区画を、境界線を共有する二つの部分がどれも色が異なるように彩色するとします—— 4色は必要ですがそれより多くはありません——学生はこんな例を挙げましたが、これは4色が必要です。ちょっと調べてみましたが、5色以上必要な場合は考えつきません。
　学生は、イングランドの地図を彩色していてそう思ったと言います。……考えるほど、それは明らかに思えます。私がただの馬鹿だということを明らかにするごく単純な例で切り返してくれたら、私

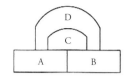
ABCDは色の名前

はスフィンクスのようにならなければならないと思います。……

ド・モルガンからハミルトンに宛てた手紙には「スピンクス」（スフィンクス）が出てくる。スフィンクスは、古代エジプトでは、頭は人で体はライオンという男の像で、神殿への入り口を警護しているが、ギリシア語のスピンクスは岸壁の上に座って、通りがかる人々にこんななぞなぞを出す、女性の怪物である。

朝には四本足、昼には二本、夜になると三本の動物は何？

この謎に答えられない人々は殺された。オイディプス（ソポクレス作の、人間がいかに自分の運命を掌握できないかを描いた芝居『オイディプス王』の主人公）だけは、この謎に「人間」という正解を出した。子どもの頃（人生の朝）には手と膝で這い、長じると（人生の昼）二本足で立って歩き、老齢になると（人生の夕方）杖をついて三本になるという。自分の出した謎に答えられたことを知ったスピンクスは、岩壁から身を投げて死んだ。ド・モルガンが自分の出した謎（四色問題）に簡単なすぐにわかる答えがあったらそうするとした運命とは、そのことだった。

ド・モルガンがハミルトンに宛てた手紙では、この問題がなぜ難しそうに見えるか、理由の説明を試みていて、この説明に続けて、次のように書いた。

しかしそれは厄介な作業で、細かい場合はすべては定かではありま

せん──先生はどう思われますか。そして、真かどうか、おわかりになりましたか。

ド・モルガンは、ハミルトンの研究に関心を示していたので、ハミルトンから熱のこもった返事があるのを期待していたらしい。しかしそういうことにはならなかった。実際には、3 日後の 1852 年 10 月 26 日付で、ハミルトンは素早くはあってもおそらく期待はずれの返信を出した。

　先生の色による「四元数」にはすぐには取り掛かれそうにありません。

ハミルトンは返事で「四元数」という言葉を使っているが、これはちょっとした駄洒落である。この名はハミルトンが発見していた 4 次元数に与えられていた名だった。ハミルトンの返事はそれでもド・モルガンの四色問題への関心を弱めることはなかった。ド・モルガンはその後、終生この問題に関心を抱き続けることになる。
　ド・モルガンからハミルトンへの手紙はフレデリック・ガスリーに名指しで言及してはいないので、ド・モルガンがこの手紙で言っている学生が本当にフレデリックなのかどうか、四色問題を考えたのが兄のフランシスだったかどうか、疑問に思われるのも無理はないかもしれない。それでも 1880 年には、フレデリックが次のようなことを書いて、四色問題の発端が誰だったかについて、疑いを払拭している。

　三十年ほど前、私がド・モルガン教授の授業に出ていたとき、兄で当時学校を終えたばかりのフランシス・ガスリー（今はケープタウンの南アフリカ大学の数学教授）が、地図にある線で隣接する区画が同じ色にならないように彩色するときに用いる色は 4 色あれば足りると

いう事実を示した。長い時間がたっているので、そのときの証明を再現しようとしても無理があるが、重要な図は、余白に記したようなものだった。

　私がその定理を、兄の許可を得てド・モルガン教授に見せると、先生は非常に喜ばれ、これは新しい問題だと認められた。そして後に授業に出ていた学生から、先生が決まってこの情報の出どころをきちんと挙げられていたことを教えてもらった。

　私の記憶が正しければ、兄は自分がつけた証明には納得しなかったらしいが、この問題に対する関心は兄によることを言っておかなければならない。……

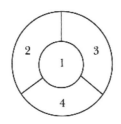

　四色問題が初めて活字になって述べられたのは、『アテネウム』という文芸誌の1860年4月14日号に掲載された、匿名の書評でのことらしい。書評の筆者は誰か特定はされていないが、ド・モルガンが書いたことは明々白々である。この書評によって、四色問題はアメリカでも知られるようになる。それでも、1852年（四色問題が最初に立てられたとき）から1878年のあいだには、この問題への関心も、それについて周知されることも、ほとんどなかったらしい。

　アーサー・ケイリーも18世紀イギリスの有名な数学者で、代数での業績で知られる。そのケイリーが、1878年6月13日、ロンドン数学会の学会に参加していたとき、この問題にあらためて関心を向ける質問をした。

> 国を州に分けた地図を彩色するときに、隣接する二州が同じ色にならないように彩色するには、4色で足りるという命題について、答えは出ていますか。

この質問は学会報に記録されている。『王立地理学会報』1879年4月号では、ケイリーはこう伝えた。

> 私は一般的な証明を得ることはできていない。難しさがどこにあるか説明するのも大事だろう。

ケイリーは、一定数の領域に分かれる地図が4色で彩色されてから、新たに一つの領域が加えられても、新しい地図が──元の地図をまず彩色しなおさなければ── 4色で彩色できるとはかぎらないことを見てとった。これは、四色予想について試みられた証明をどう試みても、すんなりとは行かないことを示していた。

### アルフレッド・ブレイ・ケンプ

アーサー・ケイリーの下で勉強した人々の中に、アルフレッド・ブレイ・ケンプ(1849〜1922)という、数学にも大いに熱心だったが、仕事は法曹界を選んだ人物がいて、ケイリーが四色問題の現状について質問をした学会にも参加していた。ケンプはこの問題に注目し、1879年7月17日には、イギリスの雑誌『ネイチャー』に、四色問題を解き、すべての地図の領域は、確かに、境界線を共有するどの二つの国も同じ色にならないようにして、4色以下で彩色できると述べるケンプの発表が掲載された。この結論のケンプによる証明は、1879年、『アメリカ数学ジャーナル』誌のある号に掲載された。

ケンプが四色予想の証明で用いた方法は巧妙で、その後の何年かの

あいだ他の人々も、この有名な予想を、その手法を使って独自に証明しようとした。これは次のように表すことができる。四色予想が偽であるとしよう。すると、4色では彩色されない地図があることになる。そうした地図の中で領域数が最小の $k$ となる地図 $M$ がある。つまり、$k-1$ 以下の領域数の地図はすべて4色で彩色できるということである。領域数が比較的少ない地図は確かに4色で彩色できるので、$k$ はそれほど小さい数ではありえない。

ケンプは、この地図 $M$ には隣接する領域が三つ以下となる領域はありえないと見た。たとえば、$M$ には、$R_1, R_2, R_3$ という三つが隣接する領域があるとしよう（図11.1a）。領域 $R$ を含まない地図 $M'$ を考えると、$M'$ の領域数は $k-1$ となり、したがって4色で彩色できる。$M'$ について、4色、たとえば赤、青、緑、黄での彩色が与えられるとする。領域 $R_1, R_2, R_3$ は $M'$ で互いに隣接する領域なので、この三つの領域は $M'$ で異なる色に彩色される。たとえば、図11.1b に示されるように、青、緑、黄としよう。ところが、この $M'$ の彩色を使って、$M$ の領域 $R$ を赤で塗り（図11.1c）、$M$ の4色による彩色を作ることができる。$M$ は4色では彩色されないことがわかっているので、$M$ は三つの領域に囲まれた領域を含むことはありえない。

他方、$M$ は三つ以下の領域で囲まれず、四つの領域 $R_1, R_2, R_3, R_4$ で

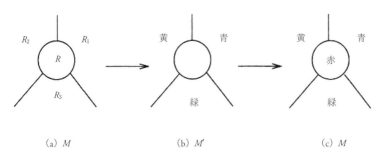

(a) $M$  (b) $M'$  (c) $M$

図 11.1　地図で隣接する三つの領域に囲まれた領域

囲まれる領域 $R$ を含むとしよう（図 11.2a）。$M'$ は $M$ から $R$ を除去することで得られるとする。そうであれば、$M'$ は $k-1$ 個の領域となり、4 色で彩色できる。$M'$ の $R_1, R_2, R_3, R_4$ が 2 色あるいは 3 色で彩色できるなら、$R$ 用に使える色がある $M$ に戻れる。これは、$M$ が 4 色で彩色できるということだが、それはありえない。つまり、$M$ に四つの隣接する領域で囲まれる領域 $R$ があるなら、$M'$ でのこの領域は、図 11.2b にあるように、4 色すべてで彩色されなければならない。

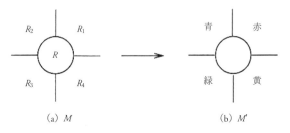

(a) $M$　　　　　　　　　(b) $M'$

図 11.2　地図の中の、隣接する四つの領域で囲まれる領域

ケンプの論文では、$M'$ に $R_1$ から赤と緑を交代して $R_3$ までの領域の連鎖があるかという問題が取り上げられていた。そのような鎖は後に、赤／緑の「ケンプ鎖」と呼ばれるようになる。まず、$R_1$ から $R_3$ までのそのような鎖が存在しない、つまり $M'$ には $R_1$ に始まって $R_3$ を含む赤／緑のケンプ鎖がないとする。$R_1$ で始まるすべての赤／緑ケンプ鎖では、赤と緑を入れ替えることができる。これは $M'$ に、隣接する領域が同じ彩色にならないような別の彩色の領域を生む。しかしこの彩色では、領域 $R_1$ は緑で彩色される。$M$ に戻り、領域 $R$ を赤で彩色すると、$M$ の彩色は 4 色を使って作られる。ところがこれはできないので、$M'$ には $R_1$ から $R_3$ までの赤／緑のケンプ鎖がなければならないことになる。しかしそうすると、$M'$ には $R_2$ から $R_4$ までの領域の青／黄ケンプ鎖がない。つまり $M'$ では、図 11.3 に示されるような状況になる（$r, b, g, y$ で赤、青、緑、黄を表す）。すると $R_2$ で始まる青／黄ケ

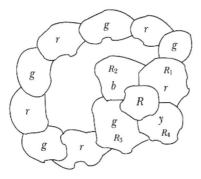

図 11.3　$R_1$ から $R_3$ までの赤／緑の領域の鎖

ンプ鎖では青と黄の色を入れ替えられる。これを行なった後は、$R_2$ と $R_4$ は両方とも黄色で彩色され、青は $M$ の $R$ に使えて、$M$ は 4 色で彩色できることになる。これもできないので、$M$ には四つ以下の隣接領域で囲まれた領域はありえない。

　すべての地図は五つ以下の隣接する領域に囲まれている領域を含むことが示せる。$M$ は四つ以下の隣接する領域で囲まれることはありえないので、$M$ にはちょうど五つの隣接する領域で囲まれた領域 $R$ がなければならない。地図 $M$ から $R$ を取り除いて得られる地図 $M'$ には $k-1$ 個の領域があり、4 色で彩色できる。ケンプは自分の「ケンプ鎖」方式を $M'$ にあてはめ、$M'$ をどう 4 色で彩色ようと、$R$ を囲む五つの領域用には 3 色だけが使えるように彩色しなおせることを確信した。これによって $R$ 用に使える色が 1 色残るので、$M$ は 4 色で彩色できる。これもまたできないので、四色予想を偽とすることはできない。ケンプの証明は完成した。

　ケンプはこの成果で、1881 年には王立協会の研究員に選ばれるなどの栄誉を受けた。その当時、他に四色問題に関心を抱くようになった人々がいて、中には独自の証明を考える人もいた。この問題に関心をいだいた人々の一人に、チャールズ・ラトウィッジ・ドジソン、む

しろ『不思議の国のアリス』の作者、ルイス・キャロルと言ったほうが通りのいい人物がいた。数学的関心を向けた有名人としては、ロンドン司教で後にカンタベリー大主教となったフレデリック・テンプルもいた。テンプルは、どんな地図も五つの国が、どの二つも国境を接するようにすることはできないことを証明し、そこから、5色を必要とする地図はないという結論を出した。テンプルは、そのような5か国を含む地図はありえないという点では正しかったが（第1章の「5人の王子の問題」を思い出すこと）、これが四色問題の解決になると考えた点では間違っていた。

## パーシー・ジョン・ヒーウッド

　数学の学生がどれほど注意深くなろうとしても、必ず間違う可能性がある。これは数学者にもある。アルフレッド・ブレイ・ケンプもそうなった。パーシー・ジョン・ヒーウッド（1861〜1955）は、50年以上にわたり、イングランドのダラム・カレッジの教員であり理事も務めた。ヒーウッドはケンプによる四色問題の解を読み、1889年、ケンプの答えに誤りがあるのを見つけた。手直しのしようがないほど重大な誤りだった。ヒーウッドはこのテーマについて論文を書き、1890年に発表した。その論文で、ケンプの証明方法が成り立たないことを示す地図の例を挙げた。

　それでも、ヒーウッドの例は四色予想が偽であることを示すわけではなかった。実際、ヒーウッドの地図の国々を4色で彩色するのは比較的容易だった。確かに、ヒーウッドの論文がしたことは、四色問題を、未解決問題という元の地位に戻すことだった。ケンプはすべての地図を4色で彩色できることを示す点では失敗だったとはいえ、ヒーウッドもケンプの証明手法を使って、すべての地図が5色以下で彩色できることを示せた。もっとも、実際に5色を必要とする地図を挙げ

ることは誰にもできなかった。

**定理 11.1（五色定理）**：すべての地図の領域は、境界線で接する二つの領域の色が異なるようにして、5色以下で彩色することができる。

**証明**：ケンプが四色定理を証明しようとして用いた方式の場合と同じように、5色では彩色されない地図があるとしよう。こうした地図の中に、領域の数が最小の $k$ となる地図 $M$ がある。すると、領域の数が $k-1$ 以下の地図は、5色で彩色できる。$M$ に、四つ以下の領域で囲まれる領域 $R^*$ があるなら、$R^*$ を含まない地図 $M^*$ は $k-1$ 個の領域があり、5色以下で彩色できる。すると、5色による $M^*$ のどんな彩色をしても一色は $R^*$ 用に使えることになるが、これはありえない。したがって、$M$ には隣接する四つ以下の領域で囲まれる領域 $R^*$ はない。

先に記したように、$M$ には、図 11.4 にあるように五つの領域 $R_1$, $R_2, \cdots, R_5$ に囲まれた領域 $R$ がなければならない。$R$ を含まない地図 $M'$ には $k-1$ 個の領域があるので、それは5色以下で彩色できる。そのような $M'$ の彩色が与えられているとする。$R_1, R_2, \cdots, R_5$ 用に4色以下だけが使えるなら、$R$ に使える色がある。つまり、$M$ は5色

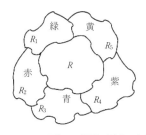

図 11.4　五つの隣接する領域で囲まれた領域 $R$

以下で彩色されることになるが、これはできない。ゆえに、図11.4にあるように、この五つの領域のために5色すべてを使わなければならない。

$R_1$から$R_3$までの緑／青のケンプ鎖が$M'$にないなら、$R_1$で始まるケンプ鎖すべての緑と青を入れ替えることができて〔それでも$R_3$は青のままになって〕、$R$を緑で彩色することができる。これは$M$が5色で彩色できることになり、ありえない。したがって、$M'$には$R_1$から$R_3$までの緑／青のケンプ鎖がなければならない。すると、$M'$の$R_2$から$R_5$までの赤／黄ケンプ鎖はない。この場合は、$R_2$で始まるケンプ鎖の赤と黄を入れ替えることができる。そうすると領域$R$は赤で彩色できて、$M$を5色で彩色できることになるが、これまたできない。■

ケンプの論文には、試みられた四色定理の証明に加えて、いくつかの興味深い所見が載せられている。その一つは、地図の上にトレーシングペーパーを1枚置き、それぞれの国の上に一つずつ点を打ち、対応する国が境界線を共有しているときに2点を線分で結ぶと、グラフが得られる（当時は「グラフ」という用語はまだ登場していなかったが）——実は、平面的グラフである（図11.5）。これが言っているのは、四色問題の見方をまったく別にすることができるということだった。すべての地図の領域が4色以下で彩色できることを示そうとするのではなく、すべての平面的グラフの頂点が、隣接する頂点の色が異なるように4色以下で彩色できるのを示そうとしてみることができる。グラフを使えば、四色予想は次のように言い換えられる。

### 四色予想

すべての平面的グラフの頂点は、どの隣接する二つの頂点どうしも色が異なるように、4色以下で彩色できる。

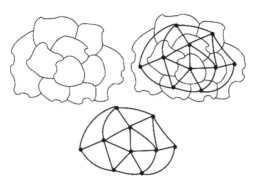

図 11.5　地図と対応する平面的グラフ

　数学史が、アルフレッド・ブレイ・ケンプを、四色問題を解いたことを発表し、これを「証明」する論文を書き、後にそれが間違っていることがわかった人物と記憶するのももっともだが、ケンプがしたことをそのように規定するのは適切ではない——また公正ではない。ケンプが考え出した技法は巧妙で、後には役に立つこともわかった。ケンプはその後も数学で多くの成果を得た。実際、誰もがケンプから学べることは、新しいアイデアを試してみるべきであり、間違いを恐れるべきではないということだ。他の人の誤りや、自分で犯す誤りから学べることは多い。

## 20 世紀の四色問題

　1951 年、デンマークの数学者、ガブリエル・アンドルー・ディラックが次のようなことを言った。

　抽象的グラフの彩色は地図彩色の一般化であり、抽象的グラフの彩色の研究は、数学の組合せ論の部門に新たな一章を開く。

すべての平面的グラフに次数5以下の頂点があるという事実（系10.3）は、すべての地図に五つ以下の隣接する領域の輪で囲まれたところがあるという、先に記したことを意味している。$M$ が4色では彩色できない地図で領域数が最小のものだとしたら、ケンプはその証明の試みで、$M$ に四つ以下の隣接する領域の輪で囲まれた領域があるなら矛盾が得られたことを見た。しかし、$M$ にはそのような領域はないなら、$M$ は五つの領域の輪で囲まれる領域がなければならない。この場合、ケンプは矛盾をもたらせなかった。実際、その場合には、誰にも矛盾は得られなかった。

　20世紀のあいだに四色問題を解こうとした多くの数学者はケンプの方式を用いたが、大きく違う点が一つあった。問題を解こうとした人々は、当該の地図 $M$ が五つの隣接する領域の輪で囲まれる領域を含む場合を考えるのではなく、領域にありうる膨大な数の配置を検討した。$M$ はそのうち少なくとも一つを含まなければならない。$M$ は、4色では彩色できない地図の中では領域数が最小なので、この配置がどれであれ、それを囲む領域の輪の上とその外の領域で構成される地図は、それぞれ4色で彩色できる〔$M$ よりは小さいから〕。この小さいほうの地図のそれぞれの4色によるすべての彩色について、地図全体を4色で彩色できることになるように、輪の内部にある配置の領域を4色で彩色できることが示せれば、矛盾が得られるだろう。

　しかし、そのような手法には多くの難点が伴っていた。まず、地図 $M$ がどういうふうに見えていようと、それには検討される配置の一つを含んでいなければならない、つまりこういう配置が避けられないことを示さなければならなかった。次に、それぞれの配置を囲む輪の上あるいは外にある領域でできている地図は4色で彩色できるとしても、その小さいほうの地図が4色でどう彩色されようと、その配置の中にある領域が、$M$ を4色で彩色する方法を含み、したがって矛盾を得るなんらかの方法があることを示す必要があった。この手法が試

みられていた長い年月を経て、やっと二人の数学者が成功した。1976年、イリノイ大学のケネス・アッペル（1932〜2013）とヴォルフガング・ハーケン（1928〜）が、それぞれの配置の外の地図の4色での彩色が$M$そのものの4色の彩色につながるという必要な性質を備えた避けられない配置を、1936種類特定できたことを発表した。ありうるそれぞれの彩色が$M$の彩色につながることを示すのは大掛かりな作業で、人間にはできないことでもあった。実は、この結果はこの目的のためだけに書かれたコンピュータプログラムを使って得られたものである。得られた結果は、コンピュータに頼る部分が大きい、四色問題の解き方としては異論のある結果だった。この「証明」は、数々の哲学的な問題を引き起こした。中には次のようなものがある。

（1）これは本当に四色問題の証明なのか。
（2）人が証明を読めることは必要か。
（3）数学の定理の証明とは何か。

これほど複雑でコンピュータに依存する証明が正しいかどうか、多くの人が確信できなかったので、1996年、ニール・ロバートソン、ダニエル・サンダース、ポール・セイマー、ロビン・トーマスが、独自の四色定理の証明を構成すべく、これを取り上げた。その証明に必要だったのは633通りの配置だけだったが、やはりコンピュータに頼るところが大きく、全体としては同じ方式を使っていた。しかし四色予想の正しさは、独立に確かめられた。

その結果、若い数学者フランシス・ガスリーによる四色問題は、124年かかって解かれた。この問題を解くことは、これほどの膨大な手間に値するのかと考えることもできるが、それに対しては、数学者がしているのはまさしくそういうことだと答えることもできる。興味深くも難しい問題があれば、数学者はそれが解けるようになりたいと

思い、なぜそれは難しいのかを知りたいと思う。しかし四色問題の場合には、この問題について手間をかけるに値するさらに重要な理由があった。四色問題と、それを解こうとする過程で考えられた数学が広まることで、グラフ理論は数学の重要な分野となり、彩色はグラフ理論の主要なテーマとなった。実際、グラフ理論の多くの問題が彩色がからむ問題に帰着し、そうして四色問題へと戻って行った。

グラフ理論はその過去がつねに今に現在する数学の分野である。

だからわれわれは、このことからグラフの頂点彩色という分野に導かれる——平面的グラフだけでなく、グラフ一般でのことである。

## 頂点彩色

グラフ $G$ の「頂点彩色」、あるいは単純に「彩色」とは、$G$ の各頂点に、色の集合 $S$ から色を選んで、隣接する2頂点の色が異なるように、1色ずつ色を割り当てることである。隣接する頂点に相異なる色を割り当てる必要がないグラフの頂点彩色もあるが、この定義が一般的で、この特性をもった彩色は $G$ の「最適彩色」と呼ばれる。色の集合 $S$ はどんな集合でもよい。色の数が少なければ、$S$ が赤、青、緑、黄などの実際にある色で構成されることも珍しくない。しかし一般には、正の整数を使って色を表す。つまり何らかの正の整数 $k$ について、$S=\{1, 2, \cdots, k\}$ としてよい。これを色の集合 $S$ として使うことで、使われている色の数を把握しておきやすくなる。実際、グラフ $G$ を彩色するのに必要な色の最小数が関心の対象になることが多い。この最小数は $G$ の「彩色数」(chromatic number)と呼び、$\chi(G)$ で表す(記号 $\chi$ はギリシア文字「キー」〔英語読みでは「カイ」。ローマ字では ch に相当する〕)。$k$ 色を使ってグラフ $G$ に彩色することを、$G$ の $k$-彩色という。すると、$G$

に $k$-彩色があるときの最小の整数 $k$ が $\chi(G)$ となる。四色定理から、すべての平面的グラフ $G$ については $\chi(G) \leq 4$ となる。

彩色数が求めやすいグラフの区分がある。まず、位数 $n$ の完全グラフ $K_n$ ではどの2頂点も隣接しているので、次のことが言える。

$\chi(K_n) = n$

また、位数 $n$ の空グラフ $\overline{K}_n$ には隣接する二つの頂点がないので、次のようになる。

$\chi(\overline{K}_n) = 1$

閉路については、容易に次のことがわかる。

**命題 11.2**：$n \geq 3$ となる整数 $n$ について、

$\chi(C_n) = \begin{cases} 2 & (n \text{ が偶数}) \\ 3 & (n \text{ が奇数}) \end{cases}$

次の所見はあたりまえに見えるかもしれないが、ときどき非常に役に立つことがある。

**命題 11.3**：グラフ $H$ がグラフ $G$ の部分グラフなら、

$\chi(H) \leq \chi(G)$

この命題の帰結として、グラフ $G$ が位数 $k$ の完全部分グラフを含んでいるなら、$\chi(G) \geq k$ である。また、$G$ が奇閉路を含むなら、$\chi(G) \geq 3$ となる。

彩色数が2のグラフはよく知られた区分をなす。

**命題 11.4**：グラフ $G$ が空でない二部グラフなら、その場合にかぎ

り、$G$ の彩色数は 2 である。

**証明**：まず、$G$ は空でない二部グラフとする。$G$ は空ではないので、$\chi(G) \geq 2$ である。$G$ は二部グラフなので、$G$ は、$G$ のすべての辺が $U$ の頂点と $W$ の頂点を結ぶような部集合 $U$ と $W$ を含む。$U$ の頂点に色 1 を割り当て、$W$ の頂点に色 2 を与えると、$G$ の 2-彩色ができ、$\chi(G) = 2$ となる。

逆については、$G$ の彩色数が 2 であるとする。すると、$G$ は空ではなく、奇閉路はない。定理 3.4 によって、$G$ は二部グラフである。■

一般に、グラフの彩色数を求めるのは並外れて難しいことが多い。グラフの彩色数を求める公式はない。しかし $G$ が位数 $n$ のグラフなら、次が成り立つ。

$1 \leq \chi(G) \leq n$

もちろん、$G$ の彩色数が 1, 2, $n$ になるときは、正確にわかっている。グラフ $G$ の頂点の次数がわかれば、$G$ の彩色数がいくつになりそうかについて、もっと多くのことが言える。$\Delta(G)$ は $G$ の頂点の最大次数を表すことを思い出そう。

**定理 11.5**：すべてのグラフ $G$ について、$\chi(G) \leq 1 + \Delta(G)$ である。

**証明**：$G$ が位数 $n$ で $G$ の $n$ 個の頂点が $v_1, v_2, \cdots, v_n$ の順に並べられている。まず $v_1$ に色 1 を与える。$v_2$ が $v_1$ に隣接しているなら、$v_2$ には色 2 を与える。そうでなければ $v_2$ にも色 1 を与える。もっと一般的に言えば、$1 \leq k < n$ として、$v_1, v_2, \cdots, v_k$ が、集合 $\{1, 2, \cdots, \Delta(G) + 1\}$ の色で彩色されているとする。そうして $v_{k+1}$ に、集合 $\{v_1,$

$v_2, \cdots, v_k\}$ に属する、$v_{k+1}$ の隣ではまだ使われていない色のうち、最小の数（正の整数）の色を割り当てる。$v_{k+1}$ の隣の数はたかだか $\deg v_{k+1}$ 個で、これがその集合にあり、また $\deg v_{k+1} \leq \Delta(G)$ なので、集合 $\{1, 2, \cdots, \Delta(G)+1\}$ にある色には $v_{k+1}$ 用に使えるものがある。したがって、$G$ の頂点はたかだか $\Delta(G)+1$ 色を使って彩色できる。 ■

$\chi(G) = \Delta(G)+1$ となるグラフ $G$ は見た。たとえば、$\chi(K_n) = n = 1 + \Delta(K_n)$ であり、$n \geq 3$ として $n$ が奇数なら、$\chi(C_n) = 3 = 1 + \Delta(C_n)$ である。イギリスの数学者ローランド・レナード・ブルックス（1916～1993）は、他の連結グラフにはこの性質はないことを証明した。

**定理 11.6（ブルックスの定理）**：$G$ が位数 $n$ の連結グラフなら、$G = K_n$ または $n \geq 3$ として $n$ が奇数であり $G = C_n$ でないなら、$\chi(G) \leq \Delta(G)$ である。

グラフ $G$ の彩色数を求めようとするとき、頭に入れておかなければならない重要な事実がある。$\chi(G) = k$ であることを示したいとしよう。すると、以下のことをしなければならない。(1) $G$ の $k$-彩色があることを示す、(2) $G$ の $(k-1)$-彩色はないことを示す。

**例 11.7**：図 11.6 のグラフ $G$ の彩色数を求めよ。

**解**：三つの頂点 $a, b, c$ は互いに隣接している（したがって長さ 3 の奇閉路をなす）ので、$\chi(G) \geq 3$ である。$a$ は色 1、$b$ は色 2、$c$ は色 3 に彩色されているとしてもよい。$\chi(G) = 3$ であるとしよう。すると $G$ のすべての頂点は色 1, 2, 3 で彩色できる。これによって、$G$ の頂点は次のように彩色せざるをえない。

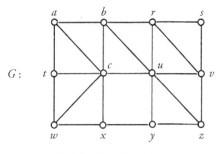

図11.6 例11.7のグラフ

$a-1, b-2, c-3, t-2, w-1, x-2, u-1, r-3, v-2, s-1, z-3, y-2.$

ところが、$x$ と $y$ は隣接する頂点なのに、どちらも 2 に彩色されている。これはできない。ゆえに、$\chi(G) > 3$ である。$G$ は平面的グラフなので、$\chi(G) \leq 4$ であり、したがって、$\chi(G) = 4$ である（もっと言えば、頂点 $y$ をたとえば色 4 で彩色し、$G$ の他の頂点は上記のように彩色するなら、$G$ の最適彩色が得られ、$\chi(G) = 4$ である）。◆

## 頂点彩色の応用

グラフで表せて、解にそのグラフの彩色数を求めることがかかわる問題は多い。本節では、第 1 章で出した例を思い出す二つの例を紹介する。

**例 11.8**：ある大学の数学科が、次の学期のグラフ理論（GT）、統計学（S）、線形代数（LA）、上級微積分学（AC）、幾何学（G）、現代代数学（MA）の授業の予定を組もうとしている。学生が 10 人いて（下記）、自分が取ろうとしている授業を挙げている。この情報から、グラフ理論を使って、共通の学生がいる授業は 1 日の異なる時間帯

に行なわれるようにして、この授業を開講するのに必要な最小の時間数を求めよ。もちろん、共通の学生がいない授業は同じ時間帯に開講できる。

アンデン——LA, S　　　　チェイス——MA, G, LA
エヴァレット——AC, LA, S　グレッグ——GT, MA, LA
アイリーン——AC, S, LA　　ブリン——MA, LA, G
デニス——G, LA, AC　　　　フランソワ——G, AC
ハーパー——LA, GT, S　　　ジェニー——GT, S

**解**：まず、頂点が六つの科目となるグラフ $H$ を構成する。二つの頂点（科目）は、誰かがその二つの授業を取ろうとしているときに辺で結ばれる。開講時間帯の最小数が $\chi(H)$ となる。$H$ には奇閉路（GT, S, AC, G, MA, GT）があるので、この閉路の頂点を彩色するのに3色が必要になる。LA はこの閉路のすべてに隣接するので、LA 用に第4の色が必要となる。つまり $\chi(H) \geq 4$ である。ところが、図11.7に示した $H$ の4-彩色があるので、$\chi(H) = 4$ である。このことはまた、四つの時間帯にこの六つの授業を予定する一つの方法を教えてくれる。第1時限——グラフ理論、上級微積分学、第2時限——幾何学、第3時限——統計学、現代代数学、第4時限——線形代数。◆

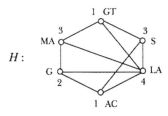

図11.7　例11.8のグラフ

**例 11.9**：図 11.8 は、交通量の多い 2 本の道路の交差点に 9 本の車線 L1, L2, ⋯, L9 があることを示している。この交差点には信号が 1 台設置されている。信号が切り替わるたびに、一定時間、この信号が青になっている車線の車が交差点を安全に通過してよい。（切替が一巡して）すべての車が交差点を通行してよいようにするためには、信号を最低何度切り替える必要があるか。

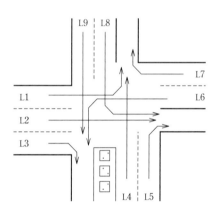

図 11.8　例 11.9 の道路交差点にある車線

**解**：まず、この状況をモデル化するグラフ $G$ を構成する。$V(G) = \{L1, L2, \cdots, L9\}$ で、二つの頂点（車線）は、その二つの車線の車が同時に交差点に入ると事故のおそれがあるため一度には通行できないときに、辺で結ばれる（図 11.9）。

この問題に答えるには、図 11.9 のグラフ $G$ の彩色数を求める必要がある。まず、4 頂点 L2, L4, L6, L8 が互いに隣接しているので、この頂点を彩色するのに 4 色必要であることに注目する。つまり、$\chi(G) \geq 4$ である。図 11.9 に示されているように 4 色 1, 2, 3, 4 を使う $G$ の最適彩色が存在するので、$\chi(G) = 4$ である。

したがって、信号の最小切替回数は 4 で、同じ色の車線にいる車

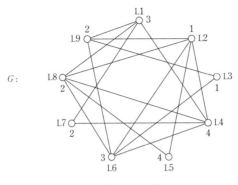

図 11.9　例 11.9 のグラフ

は、その車線に対する信号が青になったら、同時に交差点に入って進んでよい。◆

# 第 12 章
# グラフの同期

　スコットランドの物理学者、ピーター・ガスリー・テイト（1831〜1901）の関心対象の中に数学とゴルフがあった。ゴルフへの関心は息子のフレデリック（フレディ・テイトのほうが通りがよい）に引き継がれた。実際フレデリックは、当時最高のアマチュア・ゴルファーになった。

　本書で見た他の多くの人々と同様、ピーター・テイトも四色問題の歴史で活躍した。もちろん、テイトも自分で四色問題のいくつかの解き方に達した——残念ながらすべて間違っていた。テイトの四色問題の扱い方の一つは新しく、本人は、これで四色問題に別の答えができると思った。結局のところ、テイトのアイデアは解決には至らなかったが、確かに新種のグラフ彩色、つまり「辺彩色」をもたらした。

　3-正則で橋のない平面的グラフの領域が4色以内で彩色できるなら、どの平面グラフの領域でも4色以下で彩色できることはすでに知られていた。テイトが証明できたのは、3-正則で橋のない平面的グラフの辺が3色で彩色できて、どの2本の隣接する辺も異なる色で彩色されるなら、その場合にかぎり、このグラフの領域は4色以内で彩色できる、ということである。テイトはそのようなグラフの3色での辺彩色がそんなに難しいとは思わなかったので、自分は四色問題の新しい解き方を見つけたのだと思った。しかしそうは行かなかった。それでも、これによってグラフの辺を彩色するという概念が生まれた。

# グラフの彩色指数

グラフ $G$ の最適頂点彩色への主要な関心が、隣接する 2 頂点には必ず異なる色が割り当てられるようにする最小の色の数であるように、グラフ $G$ の辺彩色の主要な関心は、隣接する 2 本の辺に割り当てられる色が違っているようにする最小の数である。これは「最適辺彩色」と呼ばれる。グラフ $G$ の最適辺彩色では、隣接する 2 本の辺が同じ色に彩色されることはないので、特定の色を割り当てられた辺は $G$ のマッチングができる。グラフ $G$ の最適辺彩色に必要な最小の色数は $G$ の「彩色指数(クロマティック・インデックス)」と呼ばれ、$\chi'(G)$ で表される。

グラフ $G$ の最適辺彩色では、$G$ のそれぞれの頂点 $v$ に接続する辺を彩色するのに必要な色数は $\deg v$ である。したがって、$G$ のすべての辺を彩色するには、少なくとも $\Delta(G)$ 色を要する。つまり $\chi'(G) \geq \Delta(G)$ である。たとえば、図 12.1 に示されたグラフ $G_1$ と $G_2$ については、$\Delta(G_1) = \Delta(G_2) = 3$ なので、$\chi'(G_1) \geq 3$ であり、$\chi'(G_2) \geq 3$ である。$G_1$ には 3 色による最適辺彩色があるので (図 12.1)、$\chi'(G_1) = 3$

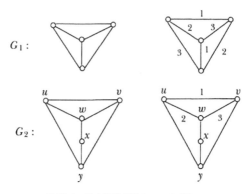

図 12.1　最大次数が 3 の二つのグラフ

となる。

図12.1のグラフ $G_2$ については事情が異なる。$\chi'(G_2)=3$ だとしよう。すると、色 1, 2, 3 による $G_2$ の最適辺彩色がある。頂点 $u, v, w$ は三角形をなすので、辺 $uv, uw, vw$ は別々の色、たとえばそれぞれ 1, 2, 3 を割り当てなければならない。これは、$uy$ が 3 で彩色され、$vy$ が 2 で彩色されることを意味する。したがって、$wx$ と $xy$ はどちらも 1 になり、この二つの辺が隣接しているので、これはできない。ゆえに、$\chi'(G_2) \neq 3$ である。$wx$ に色 1 を与え、$xy$ に色 4 を与えれば、$G$ の 4 色による辺彩色ができるので、$\chi'(G_2)=4$ である。

最もよく知られたグラフの彩色指数は次のように定まる。

**命題 12.1**：$n \geq 2$ となる $n$ について、

$$\chi'(K_n) = \begin{cases} n-1 & (n \text{ が偶数のとき}) \\ n & (n \text{ が奇数のとき}) \end{cases}$$

**証明**：$\Delta(K_n)=n-1$ なので、$\chi'(K_n) \geq n-1$ となる。$n$ が偶数なら、$K_n$ は定理 7.9 により、1-因子分解可能である。$F_1, F_2, \cdots, F_{n-1}$ を $K_n$ の 1-因子分解での 1-因子であるとする。$i=1, 2, \cdots, n-1$ について、$F_i$ の各辺に色 $i$ を割り当てることによって、$n-1$ 色を使った $K_n$ の辺の最適彩色が得られるので、$\chi'(K_n)=n-1$ である。

次に、$n$ が奇数であるとする。$K_n$ のマッチングが $(n-1)/2$ 本を超えて辺を含むことはありえず、$K_n$ で同じ色を割り当てられるのは、たかだか $(n-1)/2$ 本の辺である。$K_n$ には $n(n-1)/2$ 本の辺があるので、$K_n$ の辺を彩色するには少なくとも $n$ 色が必要となる。$K_n$ に新たな頂点 $v$ を加え、$v$ を $K_n$ の各頂点と結ぶと、$K_{n+1}$ ができる。$n+1$ は偶数なので、$\chi'(K_{n+1})=n$ である。つまり、$K_{n+1}$ の辺（したがって $K_n$ の辺も）は $n$ 色で彩色できる。ゆえに、$n$ が奇数なら、$\chi'(K_n)=n$ となる。∎

命題 12.1 によれば、すべての完全グラフの彩色指数は必ず奇数である。

## ヴィジングの定理

ロシアの数学者ヴァディム・ヴィジングは 1937 年生まれで、第 2 次世界大戦の後、母が半分ドイツ人だったために、家族でシベリア送りになった。大学の学部を終えると、モスクワにある有名なステクロフ数学研究所に送られ、関数近似の領域で博士号取得のための研究をした。ヴィジングはこの分野が好きではなく、領域の変更は認められていなかったので、研究所をやめて、子どもの頃に暮らしていたノヴォシビルスクへ行った。そこでアカデムゴロドク〔学術都市〕にある科学アカデミーの数学研究所で研究をして、正式な指導教授なしで博士号を取った。それでも、そこで自分の師となるアレクサンドル・ジーコフ教授に出会った。ジーコフの関心はグラフ理論にあり、それによってヴィジングもグラフ理論に関心を抱いた。

ノヴォシビルスクにいたあいだに、ネットワークの配線を彩色するという問題に関心を抱くようになり、そこからさらに理論的な問題の研究へ進んだ。本書ではすでに、空でないグラフ $G$ すべてについて、$\chi'(G) \geq \Delta(G)$ であることは見た。実際、本章で出会ったすべてのグラフ $G$ については、$\chi'(G) = \Delta(G)$ であるか、$\chi'(G) = \Delta(G) + 1$ だった。ヴィジングは、他に可能性がないことを証明した。つまり、グラフ $G$ の最大次数が $\Delta$ なら、必ず $G$ の辺を、隣接する辺が同じ色にならないように $\Delta + 1$ 色で彩色することができる。記号で表せば、これは次のように述べることができる〔前節で $\chi'(G) \geq \Delta(G)$ が言われている点に留意〕。

**定理 12.2（ヴィジングの定理）**：すべてのグラフ $G$ について、

$$\chi'(G) \leq \Delta(G) + 1$$

ヴィジングはこのめざましい結果を含む論文を書いて、それをロシアの一流数学誌に投稿したが、査読者が興味深い話ではないと思い、却下されてしまった。論文はその後、地元の学術誌で発表された。このことは、才能ある数学者や科学者でもがっかりすることがあるが、ヴィジングも含め多くの人が自分の関心のある分野で大きな貢献を続けるということの証明となる。

ヴィジングの定理によれば、すべてのグラフ $G$ の彩色指数は $\Delta(G)$ か $\Delta(G)+1$ のいずれかとなる。この事実は、グラフを二つの区分に分ける。$\chi'(G) = \Delta(G)$ となるグラフ $G$ は「クラス1」のグラフと呼ばれ、$\chi'(G) = \Delta(G)+1$ となるグラフは「クラス2」のグラフと呼ばれる。つまり、すべてのグラフはクラス1かクラス2か、いずれかに属する。とくに、図12.1のグラフ $G_1$ はクラス1のグラフで、図12.1のグラフ $G_2$ はクラス2のグラフである。そこで、最適辺彩色に関する主な問題はこうなる。どのグラフがクラス1で、どのグラフがクラス2か。もちろん、ヴィジングの定理は、すべてのグラフについて、色 $1, 2, \cdots, \Delta(G), \Delta(G)+1$ を使った最適辺彩色があることを保証している。グラフのクラスを決めるという一般的な問題は難しいが、位数が奇数のグラフがクラス2のグラフにならざるをえなくなる条件はある。

**定理 12.3**：グラフ $G$ の位数 $n$ が奇数でサイズを $m$ とする。もし

$$m > \frac{(n-1)\Delta(G)}{2}$$

ならば、$G$ はクラス2のグラフである。

**証明**：逆に、$G$ がクラス1のグラフであるとしてみよう。すると、$\chi'(G) = \Delta(G)$ で、色 $1, 2, \cdots, \Delta(G)$ を使った $G$ の最適辺彩色がある。すでに見たように、この色のいずれかを割り当てられた辺は $G$ におけるマッチングとなる。$n$ は奇数なので、$(n-1)/2$ 本を超える辺を含むマッチングはない。したがって、この彩色はたかだか $(n-1)\Delta(G)/2$ 本の辺を彩色できるだけである。$m > (n-1)\Delta(G)/2$ なので、$G$ のすべての辺が彩色できるわけではなく、これは矛盾する。■

$G$ が奇数位数 $n$ でサイズが $m$ の $r$-正則グラフである場合には、すべての頂点の次数 $r$ は偶数で $m = rn/2$ である。そもそも、

$$m = \frac{rn}{2} > \frac{r(n-1)}{2} = \frac{(n-1)\Delta(G)}{2}$$

なので、定理 12.3 から、$G$ がクラス2のグラフであることが導かれる。しかし $G$ が偶数位数の $r$-正則グラフならどうなるだろう。$G$ がクラス1のグラフなら、つまり $\chi'(G) = \Delta(G) = r$ なら、$G$ のすべての頂点はそれぞれの色の辺と接続していなければならない。これはつまり、正則グラフ $G$ が1-因子分解可能であるなら、その場合にかぎり、$G$ はクラス1のグラフであるということを言っている。この所見は、命題 12.1 について別の説明のしかたを提供する。しかし、偶数位数の正則グラフは、クラス1のグラフである必要はない。たとえば、定理 7.8 では、ピーターセングラフ（位数10の3-正則グラフ）は1-因子分解可能ではないことを見た。したがってこれはクラス2のグラフである。

## 辺彩色の応用

辺彩色は、スケジュールの問題を解くときに使えることが多い。

**例 12.4**：アルヴィン（A）は、3組の夫婦を1週間、別荘に招待した。ハンソン夫妻ボブ（B）とキャリー（C）、アーウィン夫妻デーヴィッド（D）とイーディス（E）、ジャクソン夫妻フランク（F）とジーナ（G）である。6人の客はみなテニスが好きなので、アルヴィンはテニスの試合を組むことにした。6人のそれぞれは、自分の配偶者以外の他の客全員と対戦する。さらに、アルヴィンはデーヴィッド、イーディス、フランク、ジーナと対戦する。誰も同じ日に2試合することがないとすれば、最小の日数でできる試合の予定はどうなるか。

**解**：まず、頂点がアルヴィンの別荘にいる人々となるグラフ $H$ を構成する。$V(H) = \{A, B, C, D, E, F, G\}$ で、$H$ の2頂点は、その二つ（二人）が試合をするなら隣接する（グラフ $H$ は図12.2 に示した）。問題に答えるために、$H$ の彩色指数を求める。

まず、$\Delta(H) = 5$ であることを見よう。ヴィジングの定理（定理12.2）によって、$\chi'(H) = 5$ または $\chi'(H) = 6$ である。また、$H$ の位数 $n = 7$ で、サイズ $m = 16$ である。さて、

$$m = 16 > 15 = \frac{(7-1) \cdot 5}{2} = \frac{(n-1)\Delta(H)}{2}$$

なので、定理 12.4 から、$\chi'(H) = 6$ が導かれる。図 12.2 は6色によ

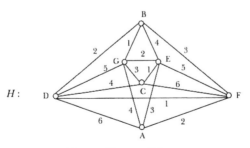

図 12.2　例 12.4 のグラフ $H$

る $H$ の辺彩色を示す。同じ彩色の辺は同じ日の試合予定を表す。そこで、ありうる試合予定は次のようになる。

第1日：ボブ–ジーナ、キャリー–イーディス、デーヴィッド–フランク

第2日：アルヴィン–フランク、ボブ–デーヴィッド、イーディス–ジーナ

第3日：アルヴィン–イーディス、ボブ–フランク、キャリー–ジーナ

第4日：アルヴィン–ジーナ、イーディス–フランク、キャリー–デーヴィッド

第5日：デーヴィッド–ジーナ、イーディス–フランク

第6日：アルヴィン–デーヴィッド、キャリー–フランク

この試合は最小の日数（つまり6日）にわたって行なわれる。◆

**例 12.5**：アレン（A）、ブライアン（B）、チャールズ（C）、ダグ（D）、エド（E）の5人がトランプのブリッジゲームのトーナメントに招待された。ブリッジは4人のプレーヤーが2人ずつの2チームに分かれて争う。どの2人組のチーム {X, Y} も、他のすべての2人組のチーム {W, Z} と試合をする。もちろん、WとZはXやYとは異なる。同じチームが同じ日に複数回のゲームをすることはないとしたら、ありうるすべての組合せでゲームをするために必要な最小の日数はいくらか。最小の日数で行なう予定表を立てよ。この状況はどんなグラフで表せるか。

**解**：頂点がすべて2人組のチームとなるグラフ $G$ を構成し、頂点 {X, Y} を簡単にして XY と表記する。二つの頂点（2人組のチーム）

XY と WZ は、ブリッジのゲームをするなら、グラフ $G$ で隣接している。グラフ $G$ は図 12.3 に示す。$G$ は有名なピーターセングラフであることを見ておこう。

ピーターセングラフ $G$ は 1-因子分解可能であることはすでに見ているので、$G$ はクラス 2 のグラフである。したがって、$\chi'(G) = 4$ となる。$G$ の 4 色での辺彩色は図 12.3 に示してある。これによって、次のようなゲームの予定ができる。

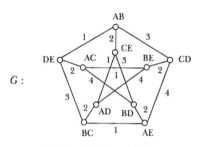

図 12.3 例 12.5 でのグラフ

第 1 日—— AB–DE, AE–BC, AC–BE, AD–CE
第 2 日—— AB–CE, AC–DE, AE–BD, AD–BC, BE–CD
第 3 日—— AB–CD, BC–DE, BD–CE
第 4 日—— AC–BD, AD–BE, AE–CD

最適辺彩色は最も知られていて調べられている辺彩色だが、最適ではない辺彩色で、興味深い問題をもたらしているものもある。そうした問題のうち、いくつかを見てみよう。

## ラムゼー数

先に触れた大学生対象のウィリアム・ローウェル・パトナム数学コ

ンテストは、1938年以来、第2次世界大戦中の3年を除き、毎年行なわれている。競技はアメリカ数学学会によって主催され（1962年以後）、12問の手ごわい問題で構成される。第9章では、このコンテストがアメリカとカナダの大学間に健全な対抗心を刺激する意図によるものであることを見た。1952年の競技には次のような問題があった。

**問題A2**：6点（頂点）と15辺からなる完全グラフの各辺を赤または青で彩色する。結ぶ3辺が同じ色になるような3点が見つかることを示せ。

この問題は、フランク・プラントン・ラムゼー（1903～1930）という、26歳で亡くなったイギリスの哲学者、経済学者、数学者の名にちなむ、ラムゼー数のテーマを取り上げている。ラムゼーは特筆すべき定理を証明した。その限定版を次に述べる。

**定理12.6（ラムゼーの定理）**：$k+1 \geq 3$ となる $k+1$ 個の正の整数 $t, n_1, n_2, \cdots, n_k$ について、集合 $\{1, 2, \cdots, n\}$ のうち、$t$ 個の元からなる部分集合のそれぞれが、$k$ 色 $1, 2, \cdots, k$ のうちの一つを割り当てられるなら、$1 \leq i \leq k$ となる何らかの整数 $i$ について、$\{1, 2, \cdots, n\}$ の $n_i$ 個の元を含む部分集合 $S$ があって、$S$ のどの $t$ 個の元になる部分集合も $i$ で彩色できるような正の整数 $n$ が存在する。

まず、このかなりややこしい感じがするラムゼーによる定理が、$t=1$ のときどういうことになるかを見よう。$n_1, n_2, \cdots, n_k$ を、$k \geq 2$ として $k$ 個の正の整数とする。その場合、集合 $\{1, 2, \cdots, n\}$ のそれぞれの元に、$1, 2, \cdots, k$ の $k$ 色のうち一つが割り当てられるなら、$1 \leq i \leq k$ とする何らかの整数 $i$ について、それぞれ色 $i$ で彩色される $n_i$ 個の元を含む、$\{1, 2, \cdots, n\}$ の部分集合 $S$ がある。この場合には、この条件

を満たす整数 $n$ を見つけるのは難しくない。実際、

$n = 1 + \Sigma_{i=1}^{k}(n_i - 1)$

はそのような整数である。今見たことは、実は「鳩の巣原理」〔$n$ 個のものを $m$ 個の箱に入れるとき、$n > m$ なら、必ず複数個が入っている箱ができる〕の一つの表し方に他ならない。

ラムゼーの定理にある整数は、どんな集合の対象でもありうる。たとえば、$k = 3$, $n_1 = 5$, $n_2 = 4$, $n_3 = 3$ とする。オリンピックのメダルの

$n = 1 + (n_1 - 1) + (n_2 - 1) + (n_3 - 1) = 1 + (5 - 1) + (4 - 1) + (3 - 1) = 10$

個の集合があるとして、メダルはそれぞれ金か銀か銅とすると、ラムゼーの定理は、金メダルが5個あるか、銀メダルが4個あるか、銅メダルが3個あるか、いずれかであることを言っている(メダルが9個だけなら、金が4個、銀が3個、銅が2個であってもよい。そうあってほしいわけではないが)。

また、$k = 2$ かつ $n_1 = n_2 = n_3$ で、$1 + (n_1 - 1) + (n_2 - 1) = 1 + (3 - 1) + (3 - 1) = 5$ 本の辺があって、それぞれが赤か青で彩色されるなら、3本の辺が赤になるか、3本の辺が青になるか、いずれかである。

しかし、$t = 2$ のときにラムゼーの定理が言うことは、さらに興味深い。何らかの集合の二つの元からなる部分集合について語ることにしよう。この場合、$k \geq 2$ としてどんな $k$ 個の正の整数 $n_1, n_2, \cdots, n_k$ についても、集合 $S = \{1, 2, \cdots, n\}$ の二つの元からなる部分集合それぞれが、$k$ 色のうちの一つ、$1, 2, \cdots, k$ を割り当てられるなら、$1 \leq i \leq k$ として何らかの整数 $i$ について、$S$ の部分集合で $|T| = n_i$ となる $T$ があって、そのすべての二つの元からなる部分集合が $i$ で彩色される。グラフ理論で言えば、ラムゼーの定理の整数は、完全グラフの頂点と解釈でき、したがって二つの元による部分集合は辺と解釈できる。その場合、$K_n$ の辺が $k$ 色ある中の色 $1, 2, \cdots, k$ の一つで彩色されるなら、何

らかの整数 $i \in \{1, 2, \cdots, k\}$ について、$K_n$ にすべての辺が $i$ で彩色される位数 $n_i$ の完全部分グラフが存在するような正の整数 $n$ が存在する。たとえば、$k = 2$ で $n_1 = n_2 = 3$ の場合、グラフ $K_n$ の各辺が 1 か 2 で彩色されるなら、すべての辺が色 1 で彩色される完全部分グラフ $K_3$ か、すべての辺が色 2 で彩色される完全部分グラフ $K_3$ か、いずれかが存在するような、正の整数 $n$ が存在する。色 1 を赤、色 2 を青と考えると、1953 年のパトナムコンテストの問題 A2 は、学生に、$n = 6$ がこの条件を満たすことを示すよう求めている。なぜそうなるのだろう。

$K_6$ のすべての辺を赤か青に彩色するとしよう。$K_6$ には 3 本の辺が赤く彩色された三角形があるか、3 本の辺が青く彩色された三角形があるかいずれかであることを示す。$v$ を $K_6$ の任意の頂点とすると、$v$ は次数 5 であり、したがって 5 本の辺と接続している。鳩の巣原理によって、この 5 本の辺のうち 3 本は同じ彩色になっている〔5-0, 4-1, 3-2 いずれかに分かれるので、どちらかは必ず 3 以上あるということ〕。たとえば $vv_1$, $vv_2$, $vv_3$ は赤く彩色されている。$v_1 v_2$, $v_1 v_3$, $v_2 v_3$ いずれかが赤に彩色されているなら、$K_6$ には 3 辺とも赤に彩色された三角形ができる。そうでなければ、この 3 辺は青に彩色されており、3 辺とも青の三角形ができる。

いっぽう、$n = 5$ は条件を満たさない。$K_5$ の辺が図 12.4 に示されているように（赤を $r$、青を $b$ で表している）彩色されているなら、3 辺が

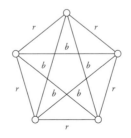

図 12.4　3 辺が同じ色になる三角形がない $K_5$ の彩色

同じ色となる三角形はない。

　もっと一般的に言えば、グラフ $G$ の「赤・青彩色」は、すべての辺が赤か青に彩色される $G$ の辺彩色のことを言う。隣接する辺が同じ色になってもよい。$G$ の中の、すべての辺が赤に彩色されている部分グラフ $F$ は「赤の $F$」と呼ばれ、すべての辺が青に彩色されている部分グラフ $H$ は「青の $H$」と呼ばれる。

　ラムゼーの定理の帰結の一つは、どの二つのグラフ $F$ と $H$ についても、必ず、$n$ を正の整数として、$K_n$ のすべての赤・青彩色について、赤の $F$ か青の $H$ か、いずれかができるような $n$ があるということである。この性質をもつ整数 $n$ の最小数は、$F$ と $H$ のラムゼー数と呼ばれ、$R(F,H)$ と表記される。次の問題を思い出されるかもしれない。

　会合で、必ず3人が互いに知り合いであるか、3人は初対面であるか、いずれかとなるような人数の最小数はいくらか。

この問題は、1.1節で「3人の知り合いか、3人の初対面どうしか」の問題として立て、この答えは6であることを見た。$n$ 人による会合は、頂点が人で、$u$ と $v$ が知り合いなら辺 $uv$ を赤で彩色し、$u$ と $v$ が初対面なら $uv$ は青で彩色した完全グラフ $K_n$ で表すことができる。ここまで来ると、この問いへの答えは、ラムゼー数 $R(K_3, K_3) = 6$ であることがわかる。

　最も調べられているラムゼー数 $R(F,H)$ は、$F$ と $H$ がともに完全グラフである場合だ。その場合のラムゼー数は、「古典的ラムゼー数」と呼ばれる。たぶん意外なことに、$s, t \geq 3$ となる整数 $s, t$ について、$R(K_s, K_t)$ が知られている組合せは、ほんの一握りしかない。たとえば、

$R(K_3, K_3) = 6, R(K_3, K_4) = 9, R(K_3, K_5) = 14,$
$R(K_3, K_6) = 18, R(K_3, K_7) = 23, R(K_3, K_8) = 28,$

$$R(K_3, K_9) = 36, R(K_4, K_4) = 18, R(K_4, K_5) = 25$$

とくに言うと、古典的ラムゼー数、$R(K_5, K_5)$ は知られていない。次の例では、古典的ラムゼー数 $R(K_3, K_4)$ が確かめられている。

**例 12.7**：$R(K_3, K_4) = 9$ であることを確かめよ。

**解**：$R(K_3, K_4) \geq 9$ であることを確かめるために、$K_8$ について、赤の $K_3$ と青の $K_4$ がない赤・青彩色があることを示そう。図 12.5 に示した $K_8$ の赤・青彩色を考える。ここでは $K_8$ の赤の部分グラフが図 12.5a、青の部分グラフが図 12.5b（描き直したものを図 12.5c）に、それぞれ示されている。図 12.5a の $K_8$ の赤の部分グラフは赤の $K_3$ を含まず、図 12.5b の青の部分グラフは青の $K_4$ を含まないので（図 12.5c ではっきりする）、$R(K_3, K_4) \geq 9$ である。

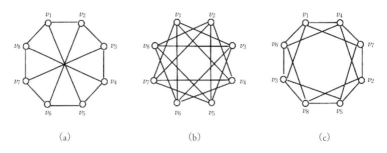

図 12.5　赤の $K_3$ と青の $K_4$ がない $K_8$ の赤・青彩色

今度は $R(K_3, K_4) \leq 9$ であることを示す。この不等式を確かめるために、$K_9$ のすべての赤・青彩色には、赤の $K_3$ か青の $K_4$ が含まれることを示す。$K_9$ の赤・青彩色が与えられているとしよう。まず、いかなるグラフも奇頂点を奇数個含むことはないので、得られる $K_9$ の赤の部分グラフは 3-正則ではありえない。したがって、$K_9$ の何らかの頂

点 $v$ は、ちょうど3本の赤の辺とは接続していない。二つの場合を考えよう。

**場合1**：$v$ が4本以上の赤の辺と接続している場合。この場合、辺 $vv_1, vv_2, vv_3, vv_4$ がすべて赤であるような $K_9$ の頂点 $v_1, v_2, v_3, v_4$ が存在する。集合 $A=\{v_1, v_2, v_3, v_4\}$ にあるどの二つの頂点も、赤の辺で結ばれていれば、赤の $K_3$ ができる。そうでなければ $A$ のどの二つの頂点も青で結ばれ、青の $K_4$ ができる。

**場合2**：$v$ が2本以下の赤の辺と接続している場合。すると、$v$ は6本以上の青の辺と接続している。この場合、$K_9$ には、辺 $vu_1, vu_2, \cdots, vu_6$ がすべて青になるような頂点 $u_1, u_2, \cdots, u_6$ が存在する。$R(K_3, K_3)=6$ なので、頂点集合 $\{u_1, u_2, \cdots, u_6\}$ の部分グラフ $H=K_6$ には、赤の $K_3$ または青の $K_3$ が含まれる。$H$ が赤の $K_3$ を含むなら、$K_9$ も赤の $K_3$ を含む。$H$ が青の $K_3$ を含むなら、$v$ は $H$ のすべての頂点と青の辺によって結ばれるので、$K_9$ は青の $K_4$ を含む。

ゆえに、いずれの場合にも、$K_9$ の赤・青彩色から、赤の $K_3$ か青の $K_4$ いずれかができる。◆

今度は、古典的ラムゼー数ではない二つのラムゼー数を考えよう。

**例12.8**：$R(P_3, K_3)=5$ であることを確かめよ。

**解**：まず、$R(P_3, K_3) \geq 5$ であることを確かめる。図12.6に示された $K_4$ の赤・青彩色（$K_4$ の赤の辺それぞれが太線で引かれている）は、赤の $P_3$ と青の $K_3$ 両方がなく、したがって、$R(P_3, K_3) \geq 5$ である。

今度は $R(P_3, K_3) \leq 5$ を示す。$K_5$ の赤・青彩色が与えられているとする。$K_5$ の中の頂点 $v_1$ を考えよう。$v_1$ が2本の赤の辺と接続し

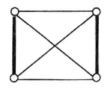

図 12.6　赤の $P_3$ と青の $K_3$ がない $K_4$ の赤・青彩色

ているなら、赤の $P_3$ ができる。そうでなければ、$v_1$ が接続する赤の辺はせいぜい 1 本である。したがって、$v_1$ と接続する青の辺が 3 本ある。辺 $v_1v_2$, $v_1v_3$, $v_1v_4$ が青の辺であるとしよう。頂点 $v_2$, $v_3$, $v_4$ のどの二つでも結ぶ青の辺があれば、青の $K_3$ ができる。そうでなければ、$v_2v_3$ と $v_3v_4$ は赤の辺であり、赤の $P_3$ ができる。ゆえに、$R(P_3, K_3) \leq 5$ である。◆

**例 12.9**：$R(K_{1,3}, K_3) = 7$ を確かめよ。

**解**：まず、$R(K_{1,3}, K_3) \geq 7$ を示す。図 12.7 に示された $K_6$ の赤・青彩色を考えよう。やはり $K_6$ の赤の辺が太線で引かれている。赤の部分グラフが $K_3$ の互いに疎のコピー二つからなり、青の部分グラフが完全二部グラフ $K_{3,3}$ なので、この彩色には、赤の $K_{1,3}$ も、青の $K_3$ もない。したがって、$R(K_{1,3}, K_3) \geq 7$ である。

次に、$R(K_{1,3}, K_3) \leq 7$ を示す。$K_7$ の赤・青彩色が与えられているとする。$K_7$ の頂点 $v_1$ を考えよう。$v_1$ が 3 本の赤の辺と接続してい

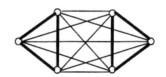

図 12.7　赤の $K_{1,3}$ と青の $K_3$ を避ける $K_6$ の赤・青彩色

るなら、赤の $K_{1,3}$ ができる。そうでなければ、$v_1$ は 4 本の青の辺と接続しており、これを $v_1v_2$, $v_1v_3$, $v_1v_4$, $v_1v_5$ とする。$\{v_2, v_3, v_4, v_5\}$ にある頂点の二つを結ぶいずれかの辺が青なら、青の $K_3$ ができる。そうでなければ、$\{v_2, v_3, v_4, v_5\}$ の頂点のいずれか二つを結ぶ辺すべてが赤で彩色される。具体的には、辺 $v_2v_3$, $v_2v_4$, $v_2v_5$ は赤に彩色され、赤の $K_{1,3}$ ができる。◆

ここで取り上げた二つのラムゼー数は、$F$ が木で、$H$ が完全グラフというタイプに属する $R(F, H)$ である。『グラフ理論ジャーナル』(1977年発刊) の創刊号では、ヴァシェク・フヴァータルが、そのようなラムゼー数について簡単な公式を確かめている。

**定理 12.10**：位数 $m \geq 2$ のすべての木 $T$ と、位数 $n \geq 2$ の完全グラフ $K_n$ について

$R(T, K_n) = (m-1)(n-1) + 1$

ラムゼーの定理が述べているように、ラムゼー数は二つの色に限定されるわけではない。単純でない多色版ラムゼー定理で、得られる古典的ラムゼー数の正確な値がわかっている場合が一つある。$k=3$ で $n_1 = n_2 = n_3 = 3$ の場合である。とくに、ラムゼー数 $R(K_3, K_3, K_3)$ は、$K_n$ のすべての辺が赤、青、緑のいずれかで彩色されるなら、すべての辺が同じ色に彩色される $K_3$ があるような正の整数 $n$ の最小値である。

**例 12.11**：$R(K_3, K_3, K_3) = 17$ であることを確かめよ。

**解**：まず、$R(K_3, K_3, K_3) \leq 17$ であることを示す。$K_{17}$ の赤・青・緑彩色が与えられているとする。つまり、$K_{17}$ のそれぞれの辺が赤、青、

緑いずれかで彩色されている。$v$ を $K_{17}$ の頂点とする。その場合、$\deg v = 16$ である。鳩の巣原理によって、$v$ は同じ色の 6 辺と接続するので、辺 $vv_i$ ($i = 1, 2, \cdots, 6$) はすべて緑に彩色されるとしておこう。$S = \{v_1, v_2, \cdots, v_6\}$ の任意の二つの頂点が緑の辺で結ばれるなら、$K_{17}$ には緑の $K_3$ が含まれる。逆に、$S$ のどの 2 辺も緑の辺で結ばれないなら、$S$ のどの 2 本の辺も、赤の辺か青の辺で結ばれている。$R(K_3, K_3) = 6$ なので、頂点集合が $S$ の完全グラフ $K_6$ には、赤の $K_3$ か青の $K_3$ が含まれる。つまり、言われている通り、$R(K_3, K_3, K_3) \leq 17$ である。

$H$ を図 12.8 に示されるような、位数 16 の 5-正則グラフであるとすると、$K_{16}$ は $H$-分解可能であることがわかっている。このグラフ $H$ は、「クレブシュグラフ」と呼ばれ、まったく三角形が含まれないという特性がある。$K_{16}$ の $H$ 分解には、$H_1, H_2, H_3$ という、三つのコピーがある。$H_1$ の各辺を赤、$H_2$ の各辺を青、$H_3$ の各辺を緑に彩色することによって、$K_{16}$ について、同じ色に彩色される $K_3$ を含

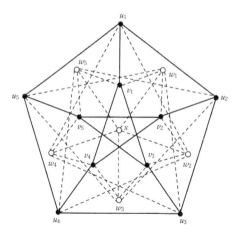

図 12.8 クレブシュグラフ

まない赤・青・緑彩色がある。つまり、$R(K_3, K_3, K_3) \geq 17$ であり、したがって、$R(K_3, K_3, K_3) = 17$ である。◆

辺が同じ色に彩色されるグラフ $H$ は、「単色(モノクロマチック)」$H$ と呼ばれる。つまり、$R(K_3, K_3, K_3) = 17$ は、$K_{17}$ の3色によるどんな辺彩色も、単色 $K_3$ を生むということだが、一方、3色による $K_{16}$ の辺彩色は、単色 $K_3$ を生まない。どの2本の辺も同じ色に彩色されないグラフ $F$ は、「虹(レインボー)」$F$ と呼ばれる。単色グラフ、レインボーグラフいずれについてもそれに関する多色ラムゼー数がある。「レインボー・ラムゼー数」$RR(K_3, K_3)$ は、$K_n$ の赤・青・緑彩色すべてがレインボー $K_3$ か単色 $K_3$ かいずれかを生むような正の整数 $n$ の最小値である。

グラフ $K_{10}$ は、図 12.9 に示すように、グラフ $F_1 = K_{5,5}$、二つの互いに疎の 5-閉路からなるグラフ $F_2$、やはり二つの互いに素の 5-閉路からなる $F_3$ に分解できる。$F_1$ の各辺を赤、$F_2$ の各辺を青、$F_3$ の各辺を緑に彩色することによって、レインボー $K_3$ も単色 $K_3$ もない。したがって、$RR(K_3, K_3) \geq 11$ である。$RR(K_3, K_3) \leq 11$ を示すのはもっと難しいが、ともあれ、$RR(K_3, K_3) = 11$ である。

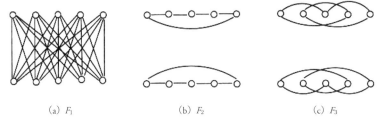

(a) $F_1$　　　(b) $F_2$　　　(c) $F_3$

図 12.9　$K_{10}$ の分解の一つ

# 道色分け問題

有限状態自動機械(オートマトン)の概念に関係する興味深い辺彩色問題がある。これは計算機科学ではしばしばお目にかかるテーマである。この問題を取り上げる前に、まず次のような例を考えよう。

**例 12.12**：あるモーテルには洗濯室があって、客はそこで衣類の洗濯・乾燥ができる。この部屋には洗濯機と乾燥機が何台かあるだけでなく、自動販売機と両替機があって、1ドル札と5ドル札がすべて25セント硬貨かすべて50セント硬貨かに両替できる。自動販売機では洗剤と柔軟剤が買えて、それぞれ1本75セントである。自動販売機は25セント硬貨と50セント硬貨だけを受け付け、75セントを超えて投入されると、直ちに超過分を釣り銭として戻す。自動販売機は、下の表のような四つの状態 $s_0, s_1, s_2, s_3$ のうちいずれかがとれる。

$s_0$ ——何も投入されていない
$s_1$ —— 25セント硬貨が投入された
$s_2$ —— 50セント硬貨が投入された
$s_3$ —— 75セントが投入された

自動販売機にはボタンが二つついていて、LD(洗剤(ロンドリー・デタージェント))とFS(柔軟剤(ファブリック・ソフナー))と表記されている。自動販売機が $s_0, s_1, s_2$ のいずれかの状態で、いずれかのボタンが押されても何も起きない。しかし、自動販売機の状態が $s_3$ なら、LDかFSいずれのボタンが押されたかによって、洗剤か柔軟剤のボトルを出す。そのうえで、自動販売機は $s_0$ の状態に戻る。

ある日、このモーテルの客の一人マシューは、衣類を洗濯することにした。柔軟剤も洗剤も持っていないので、自動販売機でそれぞれを買うことにする。マシューは 50 セント硬貨 2 枚と 25 セント硬貨 2 枚を持っている。まず 2 枚の 50 セント硬貨を入れ（2 枚めの 50 セント硬貨が入れられたとたん、25 セント硬貨のおつりが出る）、FS と書かれたボタンを押して、柔軟剤を得る。次に 3 枚の 25 セント硬貨を入れて、今度は LD のボタンを押すと、洗剤が出てくる。図 12.10 の表は、(1) 50 セント硬貨を 1 枚ずつ入れて FS のボタンを押したとき、(2) 25 セント硬貨を 1 枚ずつ入れて LD のボタンを押したときに、どうなるかを記述する。

| 状態 | $s_0$ | $s_2$ | $s_3$ |
|---|---|---|---|
| 入力 | 50¢ | 50¢ | FS |
| 出力 | 無 | 25¢ | 柔軟剤 |

| 状態 | $s_0$ | $s_1$ | $s_2$ | $s_3$ |
|---|---|---|---|---|
| 入力 | 25¢ | 25¢ | 25¢ | LD |
| 出力 | 無 | 無 | 無 | 洗剤 |

図 12.10　マシューが自動販売機でしたことに対応する表

　この自動販売機のありうる動作は、「有向グラフ」、あるいは「ダイグラフ」とも呼ばれる $D$ によってモデル化される。この場合、並行する「有向辺」と「有向ループ」が許容される。$D$ の頂点集合は、$V(D) = \{s_0, s_1, s_2, s_3\}$ である。このことは図 12.11 に示されている。ここでは LD が洗剤ボタン、FS が柔軟剤ボタン、N が出力なしを表す。たとえば、(25, N) で表された、状態 $s_0$ から状態 $s_1$ への弧がある。これは状態 $s_0$ のときに 25 セントを投入すると、状態は $s_1$ に変化し、出力は何もないことを意味している。(FS, 柔軟剤) と記された $s_3$ から $s_0$ の弧がある。これは、状態 $s_3$ で FS が押されると、柔

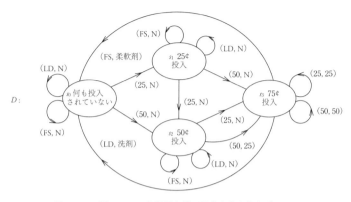

**図 12.11** 例 12.12 の自動販売機の動作を表す有向グラフ $D$

軟剤が出てきて、自動販売機は状態 $s_0$ に戻ることを意味する。$s_3$ にある（50, 50）と記された有向ループは、状態 $s_3$ で 50 セント硬貨が投入されると 50 セント硬貨が返却されて販売機は状態 $s_3$ にとどまることを意味する。

この種の有向グラフは、「有限状態機械」とも呼ばれる。図 12.11 にある有向グラフ $D$ の各頂点の出次数は 4 であることを読み取ろう。これは、どの状態でも、ありうる動作は、25 セント硬貨が投入される、50 セント硬貨が投入される、LD ボタンが押される、FS ボタンが押されるという四つのうちの一つだからだ。有限状態機械を表す有向グラフでは、頂点が同じ出次数を持つのは珍しいことではない。頂点にある有向ループは、出次数にも入次数にも 1 を加える。しかし、$D$ の頂点の入次数はすべてが 4 となるのではない。実際には id $s_0$＝id $s_2$＝4 だが、id $s_1$＝3、id $s_3$＝5 である。

出力を生まない有限状態機械がある。これは「有限状態自動機械（オートマタ）」と呼ばれる。「オートマタ」の単数形は「オートマトン」である。たとえば、有限状態自動機械が町の道路網をモデル化しているというこ

ともある（図12.12）。状態はいろいろな交差点への入り口で、入力値は、「左折して1ブロック進む」（*l*）、「右折して1ブロック進む」（*r*）、「直進して1ブロック進む」（*s*）である。どの状態にあろうと、入力値の一つを入れれば、新しい状態になる。入力の列、たとえば *rsslssl*（右折して1ブロック進む、直進して2ブロック進む、左折して1ブロック進む、直進して2ブロック進む、左折して1ブロック進む）は、ある状態（この場合は交差点の位置）から別の状態（目的地）への車での進み方を与える。これが図12.12に図解されている。

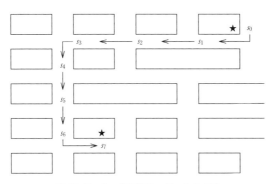

**図12.12　町の道路網をモデル化する図**

たとえば、八つの状態がある有限状態自動機械 $A$ があるとしよう。状態は $s_1, s_2, \cdots, s_8$ で表す。この例では、入力値は2種類あるとして、それを $r$ と $b$ で表す。$A$ を表す有向グラフを図12.13に示す。$A$ には二つの入力値があるので、それぞれの状態で実行できる動作は二つあり、$D$ のすべての頂点の出次数は2となる。

次のような入力値のリスト（「入力列」と呼ばれる）を取り上げるとしよう。

*brrbrrbrr*：(12.1)

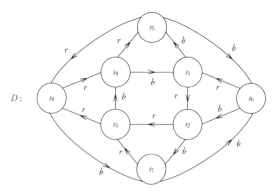

**図 12.13** 有限状態自動機械を表す有向グラフ

初期状態に $s_5$ を選んでこの列を適用する。入力値 $b$ は $s_5$ の状態を $s_6$ に変える。したがって今度は $s_6$ にいることになる。次の入力値 $r$ を適用すると、状態は $s_6$ から $s_1$ に変わる。これを続けると、次のような有向歩道になる。

$(s_5, s_6, s_1, s_2, s_7, s_3, s_8, s_7, s_3, s_8)$

つまり、入力列（12.1）は、有向の $s_5$-$s_8$ という歩道になる。次に、同じ入力列を、たとえば初期状態 $s_4$ に適用するとしてみよう。これは有向歩道

$(s_4, s_1, s_2, s_3, s_4, s_5, s_8, s_7, s_3, s_8)$

をもたらす。この場合も、最終状態は $s_8$ となる。実は、この同じ入力列を、どの状態に当てはめても、最終状態は必ず $s_8$ になる。

ここで、入力値 $r$ と $b$ が何を表す意図なのかを説明しよう。これは色、すなわち赤と青を表すが、状態 $s_1, s_2, \cdots, s_8$ は位置を表す。弧は一方通行の道路を表す。$r$ でラベルされた弧は赤の道路で、$b$ とラベルされた弧は青の道路である。すると、$s_5$ の位置から始まり、青の道路

を通るとすれば、これは $s_6$ につながる。そこで赤の道路を進むと（$s_6$ から）、$s_1$ につながる。$s_1$ から出る赤の道路を進むと、$s_2$ につながって、以下同様に続く。実は、入力列（12.1）は、車での進み方の指示と解釈できる。指示（12.1）に従えば、どこから始めようと、$s_8$ に行ける。したがって、車で $s_8$ へ行く指示が欲しければ、入力列（12.1）が運転の指示として使える——人が今どこにいるかを知る必要はない。

次に、別の入力列、たとえば

$bbrbbrbbr$：(12.2)

を考え、これをまた初期状態として $s_5$ を使って当てはめてみよう。この場合には、次のような有向歩道が得られる。

($s_5, s_6, s_2, s_3, s_4, s_1, s_2, s_7, s_6, s_1$)

こうして有向歩道 $s_5$-$s_1$ が得られる。入力列（12.2）を、たとえば初期状態 $s_6$ に当てはめると、次の有向歩道が得られる。

($s_6, s_2, s_7, s_3, s_4, s_1, s_2, s_7, s_6, s_1$)

つまり、この場合にも、有向歩道の最終状態は $s_1$ となる。実は、どの初期状態に入力列（12.2）を適用しても、有向歩道は $s_1$ で終わる。

たぶん意外なことに、$V(D)$ にあるどんな状態 $s$ を選んでも、必ず、どの初期状態に適用しても最終状態が $s$ となる有向歩道をもたらす入力列（運転の指示）がある。つまり、図 12.13 の有向グラフ $D$ には、おそらく予想外の特性がある。そこからもっと一般的な問題につながる。

「ここ」から「そこ」へどう行くかの指示を出すことにかかわる、とくに役に立たない返答がいくつかある。

ここからそこへは行けない……

第 12 章　グラフの同期

とか、こんな困ってしまう答えもある(往年の野球選手ヨギ・ベラのもの)。

分かれ道にさしかかったら、それを進め

　有向グラフ $D$ の頂点の出次数が同じなら、$D$ は「出正則」、あるいは「一様出次数」と呼ばれる。予想されるとおり、有向グラフ $D$ は、$D$ のすべての2頂点 $u$ と $v$ の組について、$D$ に有向歩道 $u$-$v$ と有向歩道 $v$-$u$ があるなら、「強連結」である。有向グラフ $D$ は、$V(D)$ が、$k \geq 2$ として $k$ 個の部分集合 $V_1, V_2, \cdots, V_k$ に分けられて、$D$ のすべての弧 $(u, v)$ について、$1 \leq i \leq k$、$V_{k+1} = V_1$ として、$u \in V_i$ かつ $v \in V_{i+1}$ が導かれるようにできるなら、「周期的」である。この場合、$D$ は「$k$-周期的」と呼ばれる。周期的でない有向グラフ $D$ は、「非周期的」である。

　図12.13の有向グラフ $D$ は強連結で、非周期的で、一様出次数2を持つ。図12.14aの有向グラフ $D'$ も強連結で、一様出次数2を持つが、こちらは周期的である。実際、$D'$ は、部分集合 $V_1 = \{u_1, v_1\}$、$V_2 = \{u_2, v_2\}$、$V_3 = \{u_3, v_3\}$ とすれば、$V_1, V_2, V_3$ について3-周期的である。$D'$ の

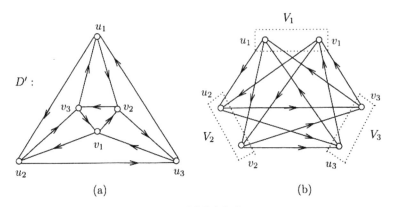

図12.14　周期的有向グラフ

周期的な性質は、$D'$を図 **12.14b** のように描き直すともっと明らかになる。

$D$ が一様出次数 $\Delta$ の強連結の有向グラフなら、$D$ のすべての頂点について、その頂点から出る $\Delta$ 本の弧がある。$D$ のすべての頂点 $w$ について、$w$ から出る $\Delta$ 本の弧が、集合 $S = \{1, 2, \cdots, \Delta\}$ にある異なる $\Delta$ 色で別々に彩色されているとしよう。この彩色は、$D$ の「最適 $\Delta$-弧彩色」と呼ばれる。$u = u_0$ を $D$ の頂点とし、$s = a_1 a_2 \cdots a_k$ を $S$ にある色による有限の列とする。色が $a_1$ の初期頂点 $u_0$ による $a_1$ の弧が 1 本だけあり、$(u_0, u_1)$ とする。初期頂点 $u_1$ による色が $a_2$ の弧が 1 本だけあり、$(u_1, u_2)$ とする。以下同様となる。つまり、$s$ は一意的な有向歩道

$$W = (u = u_0, u_1, \cdots, u_k = v)$$

を定め、長さは $k$ で、$1 \leq i \leq k$ として、弧 $(u_{i-1}, u_i)$ は $a_i$ に彩色されている。その結果、$s$ は初期頂点を $u$ とする有向歩道に一意的な終端頂点 $v$ を定める。

一様出次数 $\Delta$ の強連結有向グラフ $D$ について、$D$ の最適 $\Delta$-弧彩色 $c$ は、$D$ のすべての頂点について、初期頂点が $u$ であり、$s_v$ で決まる有向歩道が終端頂点 $v$ になるような色の列 $s_v$ が存在するなら、「同期している」と言われる。この場合、列 $s_v$ は頂点 $v$ にとっての「同期系列」と呼ばれる。一様出次数 $\Delta$ の周期的な強連結有向グラフは、同期した $\Delta$-弧彩色を持つことはありえない。たとえば、図 **12.14b** では、$u_1$ から $v_1$ への有向歩道の長さは 3 で割り切れなければならない。したがって、$v_1$ にとっての同期系列の長さも 3 で割り切れなければならない。しかしそうなると、そのような列で決まる初期頂点 $u_2$ の有向歩道は、$u_2$ または $v_2$ で終わらなければならない。これはつまり、$v_1$ で終わる同期系列がなく、したがって $D'$ の同期 2-弧彩色はないということを意味する。

1970年、ロイ・L・アドラーとベンジャミン・ワイスは、記号力学と符号化理論の脈絡でこのテーマについての問題を出した。1977年にはこの問題が、アドラー、L・ウェイン・グドウィン、ワイスによって有向グラフの用語で述べられた。頂点が地点を表し、それぞれの弧が、ある地点から別の地点への一方通行の道路を表し、色 $i$ ($1 \leq i \leq k$) に彩色された弧は $i$ 色の道路と考えると、この問題は、次のような言い方にすることができる。

　都市の集合の中に、一方通行の道路網があって、次のようになっているとしよう。

(1) 道路網にある都市はすべて、道路網の他の都市から到達可能である。
(2) それぞれの都市からは $\Delta \geq 2$ として、同じ数 $\Delta$ 本の道路が出ている。
(3) 道路網は非周期的である。つまり、都市群を、$k \geq 2$ として、集合 $S_1, S_2, \cdots, S_k, S_{k+1} = S_1$ に分割して、$S_i$ ($1 \leq i \leq k$) にある都市を出るすべての道路が $S_{i+1}$ にある都市につながるようにすることはできない。

各都市を出る1本の道路だけを、色 $1, 2, \cdots, \Delta$ のうちの1色で彩色し、道路網にあるそれぞれの都市 A が、普遍的な運転指示（集合 $\{1, 2, \cdots, \Delta\}$ にある整数の列 $s_A$）を割り当てられるようにすることはできるだろうか。つまり、「そこ」が都市 A を指し、「ここ」が任意の都市 B を指すなら、その運転指示に従えば「ここ」から「そこ」へ行けるか。

　有向グラフで言うなら、ワイスとアドラーによる1970年の問題は、次のように述べられる魅力的な名を得た。

## 道色分け問題

$\Delta \geq 2$ として、一様出次数 $\Delta$ を持つすべての強連結の非周期的有向グラフに同期的 $\Delta$-弧彩色があるか。

何年ものあいだに、多くの数学者がこの問題を解こうとして失敗してきた。しかし 2008 年、『ニューヨーク・タイムズ』紙で発表されたように、ロシア生まれのイスラエル人数学者、アヴラハム・トラフトマン（1944〜）が証明を得ることに成功した。

**定理 12.13（道色分け定理）**：$\Delta \geq 2$ として、一様出次数 $\Delta$ を持つすべての強連結の非周期有向グラフには、同期的 $\Delta$-弧彩色がある。

たとえば、有限状態自動機械を表す図 12.13 の有向グラフ $D$ は、強連結の非周期的有向グラフで、一様出次数 2 を持つ。道色分け定理によって、$D$ には同期的 2-弧彩色が存在する。実際、図 12.13 に示された $D$ の弧の彩色は、最適 2-弧彩色である。確かに、（12.1）の

*brrbrrbrr*

は、頂点 $s_8$ にとって同期系列であり（12.2）の、

*bbrbbrbbr*

は、頂点 $s_1$ にとっての同期系列であることは見た。有向グラフ $D$ は強連結なので、$s_1$ から $D$ の各頂点への有向歩道（実際には有向通路）がある。とくに、$(s_1, s_2, s_3)$ は $D$ における有向通路 $s_1$-$s_3$ である。ゆえに、$s_1$ にいたとして、赤の道をたどって $s_2$ へ行き、それから $s_2$ を赤の道で出るなら、$s_3$ に達する。つまり、列 *bbrbbrbbr* に列 *rr* を追加して *bbrbbrbbrrr* を作ったら、$s_3$ についての同期系列も得られる。これはもっと一般的な所見をもたらす。

一様出次数 $\Delta$ の強連結の非周期有向グラフ $D$ について $\Delta$-弧彩色が見つかり、$D$ の何らかの頂点 $v$ について同期系列 $s_v$ が見つかるなら、これは $D$ の同期的 $\Delta$-弧彩色である。このことを見るために、$u$ を $D$ の別のどこかの頂点としよう。$D$ は強連結なので、$D$ には $v$-$u$ の有向通路 $P=(v=v_0, v_1, \cdots, v_k=u)$ がある。$i=1, 2, \cdots, k$ について、$a_i \in \{1, 2, \cdots, \Delta\}$ である $a_i$ を、弧 $(v_{i-1}, v_i)$ の色とする。すると、$s_v = s_v a_1 a_2 \cdots a_k$ は $u$ にとっての同期系列である。もちろん、$D$ の頂点について、他の頂点の同期系列に何かの列を追加するだけでは得られない同期系列を求めることには、もっと大きな関心が向けられるかもしれない。たとえば、

*rbrrbrrbr*

は、図 12.13 の 2-弧彩色された有向グラフ $D$ で $s_3$ にとっての同期系列である。さらに、

*brbbrbbrb* は $s_5$ にとっての同期系列
*rbbrbbrbb* は $s_6$ にとっての同期系列
*rrbrrbrrb* は $s_7$ にとっての同期系列

とはいえ、一様出次数 $\Delta$ の、与えられた強連結非周期有向グラフ $D$ について、$D$ に同期する $\Delta$-弧彩色を見つけるのは難しい。

エピローグ
# グラフ理論——回顧と展望

　グラフ理論という数学の分野は誕生から3世紀めだが、最初はつつましいものだった。18世紀の東プロイセンに位置するケーニヒスベルクの街は、7本の橋を1回ずつ渡って町を巡ることができるかという問題の舞台となった。史上有数の数学者レオンハルト・オイラーは、この問題やそれを一般化したものが、微積分を考えた一人であるゴットフリート・ライプニッツに由来する「位置の幾何学」と呼ばれる手法の助けを借りれば、解けるのではないかと見た。1736年、オイラーが解を含めて発表した論文が、グラフ理論の始まりと認められており、この論文がグラフ理論でのオイラーグラフというテーマを生んだ。実は、過去の多くのゲームやパズルを振り返ると、その多くにグラフ理論の成分がある。こうした数々のゲームやパズルにかかわった有名な数学者は他にもいる。高名な数学者、物理学者で、四元数と呼ばれる数を考案したウィリアム・ローワン・ハミルトンは、自分のイコシアン計算が、十二面体上の各頂点を通る閉路とつながりがあることを見てとった。多面体上の各頂点を含む閉路については、すでにトマス・カークマンが考えてはいたが、ハミルトンの見解は、グラフ理論のハミルトングラフというテーマをもたらした。

　19世紀に紹介されてグラフ理論の発達に最大の影響を及ぼした問題は、有名な四色問題だった。この問題は、若いフランシス・ガスリーが1852年の10月に、すべての地図の各領域を、境界線を共有する領域どうしの色が異なるように彩色する場合、4色以下で足りるかと問うたことで生まれた。この問題は、当初はつまらない問題と思う

人が多かったらしいが、オーガスタス・ド・モルガンという、この問題に出会った最初の有名な数学者は、この問題を興味深くまた手ごわい問題と見て、他の人々に知らせる役目もした。しかし、また別の有名な数学者アーサー・ケイリーがいなかったら、この問題も歴史に埋もれてしまったかもしれない。1878年、ロンドン数学会の会合に出ていたケイリーは、四色問題の現状について尋ね、そのためにこの問題はヨーロッパ以外にまで知られることになった。ケイリーの学生だったアルフレッド・ブレイ・ケンプという人物は、自分はこの問題を解いたと信じて、自分の証明案を入れた論文を書いて1879年に発表したが、10年後、ケンプの証明には修正しようのない誤りがあることがわかった。この間違いを発見したのはパーシー・ジョン・ヒーウッドという人物で、こちらはケンプの手法を使って、すべての地図の領域は5色以下で彩色できることを示すことはできたが、実際に5色でないと彩色できない地図の例は、ヒーウッドも他の人も示すことはできなかった。基本的にはこのことがきっかけで、多くの数学者がこの問題を解こうといろいろな攻略法を試みるようになった。1976年には、異論も多いコンピュータに補助された四色問題の解決が登場したが、結果として得られた四色定理よりも重要なことは、この問題と格闘しているあいだに発達したグラフ理論その応用の全体だった。

　ゲーム、パズルなど、娯楽のような問題がグラフ理論を生んだとはいえ、グラフ理論が確かに数学の理論的な一部門であることを示したのは、1891年に出たユリウス・ピーターセンによる論文だった。これがグラフ理論が大きく成長する始まりとなり、この主題は、それに関心を示し、多大な貢献をした多くの数学者によって支えられた。そうした人々の一人にデネーシュ・ケーニヒという、ハンガリーのブダペスト出身の人物がいて、グラフ理論の先頭に立ち、第2次世界大戦に至るまでの年月に、やはりグラフ理論に足跡を残すことになる学生

を育てた。1936年、グラフ理論を専門に取り上げた最初の本を書いたのもケーニヒだった。第2次世界大戦後には、この本のドイツ語版が出て、グラフ理論はさらに知られるようになった。1958年、グラフ理論に関する本の第二弾が、クロード・ベルジュによってフランス語で書かれ、これによって、ヨーロッパでグラフ理論をさらに知られるようになった。その後、英語で書かれてアメリカで出版されたグラフ理論の本が2点続いた。一つは1961年、イェール大学のオイスティン・オアが出したもので、もう一つは1969年、ミシガン大学のフランク・ハラリーが出したものだ。

ケーニヒの学生の一人がポール・エルデシュで、たぶん、20世紀後半では最も有名な数学者となった。エルデシュは疲れを知らない数学者で、何百人もの研究者と共同研究をした。その主な関心の一つがグラフ理論であり、エルデシュが世界中を旅して講演をしたという事実が、グラフ理論をさらに知られることに貢献した。

グラフ理論に大きな貢献をした重要な数学者としては、ウィリアム・タットもいる。イギリスの学生だった頃、第2次世界大戦でドイツの暗号解読に活躍をした。後に大学院生のときにグラフ理論の重要な定理を発見する。博士号を取ってからはカナダに移り、20世紀後半のグラフ理論の主要人物の列に加わった。

1960年代以来、(1) グラフ理論に関心がある、あるいは研究をしている世界中の数学者、(2) グラフ理論が主なテーマに入っている世界中での学会、国際会議、(3) グラフ理論が主なテーマの一つである学術誌、(4) グラフ理論が主なテーマか主要なテーマの一つである書籍・専門書の数が爆発的に増えてきた。世界がデジタル時代に入り、テクノロジーの時代にしっかり根を下ろすにつれて、通信や社会的ネットワークを取り上げるグラフ理論の応用がますます増え、インターネット一般が栄えるようになっている。とくに言えば、ウェブグラフはウェブのページを頂点とし、辺（あるいは有向辺）がページ間の

リンクに相当する。このグラフはすでに徹底して調べられている。確かに、インターネットの数理についての情報が求められるようになれば、グラフ理論は中心的な活躍をする。

　こうして、ケーニヒスベルクについての興味深いささやかな問題や、地図を彩色するのに必要な色の数に関する疑問が、とどめようのない成長を示す数学の一分野に育ってきた。たぶんウィリアム・タットが（ブランシュ・デカルト名義で）描いた状況がいちばんだろう。1969年、「膨張する霧中」という次のような詩を書いて、グラフ理論の過去を振り返り、未来を指し示した。

　ケーニヒスベルクの住民たちが
　そぞろ歩いた
　プレーゲル川
　橋が7本かかっていた。

　「オイラー、一緒に歩こうよ」
　住民たちは頼み込んだ。
　「7本の橋を回るんだが
　1本を1回ずつにしたいんだ」。

　「無理、証明はかくのごとし」
　とオイラーはきっぱり言う。
　「陸地はただの頂点とし、
　そのうち四つが奇数次数」。

　ケーニヒスベルクからケーニヒまで、
　　グラフの物語は次々続き、
　　ミシガンやらイェールやらで

さらに延び、いろんな色つき。

(この詩は *Proof Techniques in Graph Theory*, ed. Frank Harary, p.25, ©Academic Press [1969] に掲載されている)

# 練習問題

### 第1章の練習問題

(1) 王様の息子が4人で、王国を四つの領域に分け、それぞれが他の三つの領域と境界線を共有するようにしたいとしたら、それは可能か。この状況をグラフで表せ。

(2) 昔むかし、6人の息子がいる王様がいました――その6人は、3組のふたごでした。王様は亡くなるとき、王国を六つに分け、それぞれの息子にその領地を一つずつ分け与え、双子の相手以外のすべての領地と境界線を共有するようにすることを望みました。そんなことができるでしょうか。グラフを使ってこの問いに答えよ。

(3) 4軒の家が建設中で、それぞれの家に2種類の公共設備のそれぞれをつながなければならない。「3軒の家と3種の公共設備の問題」と同じ条件の下で、この「4軒の家と2種の公共設備の問題」についても同じ条件が満たせるか。グラフを使ってこの問いに答えよ。

(4) 図1は九つの領域からなる地図を示している。

 (a) 領域に頂点が対応し、境界線を共有する二つの領域に2頂点が対応する場合にその2頂点が隣接するような、グラフ $G$ を作図せよ。

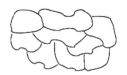

**図1　練習4の地図**

（b）地図の各領域は、4色あれば、境界線を共有する二つの領域が異なる色になるように彩色できることを示せ。

(5) 図2に示された二つの多面体について、頂点の数 $V$、辺の数 $E$、面の数 $F$ を求めよ。それぞれの場合に「オイラーの多面体公式」が成り立つことを示せ。

**図2　練習5の二つの多面体**

(6) 図3はある都市（架空の都市）を通って川が流れ、川には8本の橋がかかっているところを示している。この状況をグラフ（あるいはマルチグラフ）$G$ で表せ。ただし、都市の陸地を $G$ の頂点で表し、二つの陸地の領域が橋で結ばれているときには辺ができるようにする

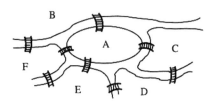

**図3　練習6の都市図**

こと。

(7) 立方体で、各頂点を1回だけずつ通って一巡する閉じた経路は求められるか。

(8) ナイトツアーが標準の8×8のチェス盤では可能なことを見た。そのようなナイトツアーは以下のようなチェス盤では不可能であることを示せ。

(a) 4×4のチェス盤
(b) 3×5のチェス盤
(c) 3×4のチェス盤

(9) アレクサンダー、カーヴァー、デニス、ジョーダン、パーキンス、トーマスが商談会に出席している。会ったことがない人どうしも何組かいる。具体的には、アレクサンダーはカーヴァー、パーキンス、トマスとは会ったことがなく、カーヴァーはデニスとジョーダンとは会ったことがない。さらに、デニスはジョーダンとは会ったことがなく、パーキンスとトマスも同様である。会ったことがない人どうしは初対面の握手をする。この状況をグラフで表し、「グラフ理論の第一定理」（握手のレンマ）を使って、この場で行なわれる初対面の握手の総数を計算せよ。

(10) 8枚の硬貨が3×3の9マスによる盤のマスに置かれている。1マスに置かれるのは1枚までである。したがって、硬貨が置かれていないマスが一つだけある。図4はありうる9通りの配置を示している。ただし、$(i, j)$ というラベルは硬貨がないマスが第 $i$ 行第 $j$ 列であることを表す。配列 $(i, j)$ にある一つの硬貨を縦か横に動か

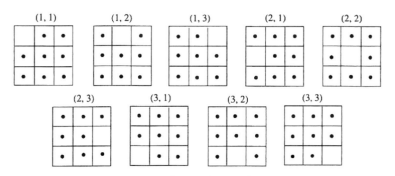

図 4　練習 10 の盤上の硬貨

して隣の空いたマスに動かして、配列 $(k, l)$ を作れるなら、配置 $(i, j)$ は配置 $(k, l)$ に変形できると言う。配置 $(i, j)$ が配置 $(k, l)$ に変形できるなら、配置 $(k, l)$ は配置 $(i, j)$ に変形できることを示せ。この状況がグラフで表せることを示せ。

(11) 練習 10 では、8 枚の硬貨を $3 \times 3$ の盤 9 マスのうちの 8 マスに置いた。今度は硬貨を 1 枚だけ同じ盤の 1 マスに置くとする。$i, j \in \{1, 2, 3\}$ として、配置 $(i, j)$ はその硬貨が第 $i$ 行第 $j$ 列に置かれていることを示す。配置 $(i, j)$ にある硬貨を縦か横に 1 マス動かせて、配置 $(k, l)$ に変形することができる。この状況をグラフで表せ。

(12) アル ($a$)、ボブ ($b$)、チャーリー ($c$)、デーヴ ($d$)、エド ($e$) の 5 人の仲間は、ときどき集まって食事をしたり遊んだりする。ありうるすべての二人組のチームに分かれ、そのチームでゴルフをすることにした（もちろん対戦チームの両方に入る人はいない）。全部で以下の 10 チームができる。

$\{a, b\}, \{a, c\}, \{a, d\}, \{a, e\}, \{b, c\}, \{b, d\}, \{b, e\}, \{c, d\}, \{c, e\}, \{d, e\}$

たとえば、チーム $\{a, b\}$ は、チーム $\{c, d\}, \{c, e\}, \{d, e\}$ とゴルフで対戦する。実際には、どのチームも他の 3 チームと対戦することになる。この状況がグラフで表せることを示せ。

(13) 4 人の大学生、フレッド（F）、ルー（L）、マット（M）、ピート（P）が、地元のスポーツクラブのテレビでフットボールの試合を見ている。ハーフタイムのあいだに、自分が見ていた試合が、ニューイングランド・ペイトリオッツ（NE）、ニューヨーク・ジャイアンツ（NG）、ダラス・カウボーイズ（DC）、シカゴ・ベアーズ（CB）の中のどのチームだったかという話になった。わかったことは次のとおり。

F: NE, NG, CB;　L: NE, DC, CB;　M: NE, NG, DC;　P: NG, DC, CB

この状況がグラフで表せることを示せ。

(14) クリスマスシーズン、ある町内で 3 本のツリーを飾り、台の上に 1 列に並べる。それぞれのツリーの灯りは、すべてブルーがともるか、すべてシルバーがともるか、いずれかとする。毎分、ともっている灯りの色が変わる（すべてブルーからすべてシルバーになるか、すべてシルバーからすべてブルーになるか）。この状況を表すグラフを描け。

(15) 練習 14 のツリーの灯りがすべてブルー、すべてシルバー、すべてレッドのいずれかになったとする。練習 14 のときのように、ツリーのライトが 1 分ごとに色を変える。この状況を表すグラフの位数とサイズはいくらか。

(16) ある病院の外来部門は、患者に、診療を受け付けてもらうときに、午後 1：30 ～ 4：00 のあいだで少なくとも 30 分の時間は予定しておくよう求めている。ある日の午後、8 人の患者、$P_1, P_2, \cdots, P_8$ がいて、次のような時間をとった。

$P_1$：1：30–2：15 pm;　　$P_2$：1：40–2：35 pm;
$P_3$：1：45–2：20 pm;　　$P_4$：2：00–2：45 pm;
$P_5$：2：25–3：00 pm;　　$P_6$：2：30–3：15 pm;
$P_7$：2：50–3：30 pm;　　$P_8$：3：10–4：00 pm

病院の管理部門は、誰と誰の診療時間が重なるかを知りたい。この状況を、頂点が患者で、予定時間が重なる患者の頂点どうしを辺で結ぶようなグラフで表せ。

(17) ある航空会社は、多くの都市での発着便がある。その都市のうち八つを $C_1, C_2, \cdots, C_8$ で表す。この航空会社はそのうちいくつかの組合せで直行便を飛ばしている。この情報は 8×8 の行列で与えられる。

$$\mathbf{A} = [a_{ij}] = \begin{bmatrix} 0 & 1 & 0 & 0 & 1 & 1 & 0 & 0 \\ 1 & 0 & 0 & 0 & 0 & 0 & 1 & 0 \\ 0 & 0 & 0 & 1 & 0 & 1 & 0 & 1 \\ 0 & 0 & 1 & 0 & 0 & 0 & 0 & 1 \\ 1 & 0 & 0 & 0 & 0 & 1 & 1 & 0 \\ 1 & 0 & 1 & 0 & 1 & 0 & 0 & 0 \\ 0 & 1 & 0 & 0 & 1 & 0 & 0 & 0 \\ 0 & 0 & 1 & 1 & 0 & 0 & 0 & 0 \end{bmatrix}$$

ただし、$a_{ij}=1$ とは都市 $C_i$ と都市 $C_j$ のあいだに直行便があること

を意味する。この状況をグラフを用いて表せ。

(18) 会社の代表者が $c_1, c_2, \cdots, c_8$ で表される 8 都市に出張すると都合がいいと考えている。いつも使っている航空会社は、この 8 都市のうちのいろいろな 2 都市間の組合せに直行便を飛ばしている。具体的には、$c_1$ から $c_3$、$c_4$、$c_7$ のあいだには、行き帰りとも直行便があり、そのことを、$c_1$: $c_3, c_4, c_7$ と表記する。直行便の集合をすべて挙げるとこうなる。

$c_1$: $c_3, c_4, c_7$;  $c_2$: $c_4, c_8$;  $c_3$: $c_6, c_8$;  $c_4$: $c_5, c_7$;  $c_5$: $c_6, c_7$

この状況を、頂点集合がこの 8 都市となるグラフ $G$ でモデル化せよ。$G$ の 2 頂点（都市）は、その 2 都市間に直行便があるとき隣接する。このグラフの位数とサイズはいくらか。

(19) 図 5 は交通量の多い交差点の車線を示している。車両がこの交差点に入ってくるとき、通れる車線は L1, L2, …, L9 のいずれかである。この交差点には、それぞれの車線にいる運転者に、交差点へ

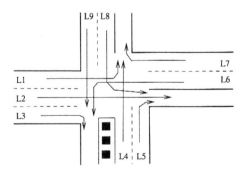

図 5　練習 19 の交差点の車線

の進入が許可されているときにそれを教える信号灯がある。もちろん、L1 と L7 のように、車両が同時に進入してはいけない車線の組合せもある。しかしたとえば L1 と L5 の車両なら、同時に進入するのは問題にはならない。この状況をグラフで表せ。

(20) ある大学のダンスの授業で、講師はクラスの 6 人の男子学生（ポール、クイン、ロン、サム、ティム、ウォルト）と 6 人の女子学生（アリス、ベティ、カーラ、ダナ、イーディス、フラン）を組み合わせたい。講師は男子学生はそれぞれ、次のような女子学生と組みたがっていると思っている。

　ポール——ベティ、ダナ、イーディス
　クイン——アリス、カーラ、フラン
　ロン——ベティ、ダナ、イーディス
　サム——アリス、ベティ、カーラ、ダナ、イーディス、フラン
　ティム——ベティ、ダナ、イーディス、フラン
　ウォルト——ベティ、ダナ、イーディス

(a) この状況がグラフで表せることを示せ。
(b) 講師は 12 人の学生を可能な 6 組に分けられることを示せ。
(c) ありうるすべての 6 組の中で、フランにとっては何通りの相手があるか。

### 第 2 章の練習問題

(1) $n \geq 2$ となるすべての整数 $n$ について、次数 $n-1$ の頂点を含み、同じ次数の対を一組だけ含む位数 $n$ のグラフは一つだけある。この同じになる次数はいくらか。

(2) 10人の学生がパーティに出ていて、それぞれの学生は、出席者の中に少なくとも一人の友人がいる。アルフォンソが他の9人に何人の友人が出席しているかと尋ねたところ、それぞれが相異なる数を答えた。アルフォンソの友人は何人出席しているか。

(3) 図2.1は位数2, 3, 4の、同じ次数の頂点が1対だけある二つのグラフを示している。位数5と6の場合について、同じ性質をもつグラフを求めよ。

(4) 位数4で、次数0, 1, 2, 3の頂点を一つずつ持つグラフはない。この次数の頂点を一つずつだけ持つグラフの最小の位数はいくらか。

(5) 図6の、サイズ $m \geq 2$ のグラフ $G$ が、各辺に重みを割り振ることによって、非正則重み付きグラフに変換されるとする。この重み付きグラフにある頂点 $v$ にありうる最小の次数はいくらか。

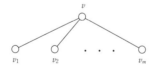

図6　練習5のグラフ $G$

(6) 図7の三つのグラフについて、非正則性の強さを求めよ。

図7　練習6の三つのグラフ

(7) 図8の二つのグラフの非正則性の強さを求めよ。

**図8 練習7の二つのグラフ**

(8) 図9のそれぞれのグラフのそれぞれの辺に、重み 1, 2, 3 のいずれかを与えると、得られる重み付きグラフの隣接する2頂点はいずれも次数が異なるようにできることを示せ。

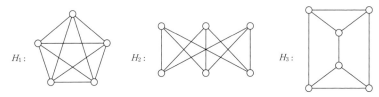

**図9 練習8のグラフ $H_1, H_2, H_3$**

(9) 位数9の $r$-正則グラフを、ありうるすべての $r$ について一つずつ描け。

(10) 4-正則グラフ $K_{4,4}$ と $Q_4$ を描け。

(11) $G$ は、$V(G) = \{(a, b, c) : a, b, c \in \{0, 1\}\}$ となる位数8のグラフとする。二つの頂点 $u = (r, s, t)$ および $v = (x, y, z)$ は、$|r-x|+|s-y|+|t-z|=1$ であるなら、つまり $u$ と $v$ の座標が1だけ違うなら隣接する。このグラフを描け。このグラフは何か。

(12) 図10のグラフ $G$ について、すべての誘導部分グラフを求めよ。

(13) 図2.21のグラフ $G$ を誘導部分グラフとして含む、最小位数の3-

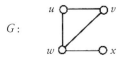

図10 練習12のグラフ $G$

正則グラフ $H$ を求めよ。

(14) 4人で構成される委員会で、そのうちの二人は友人ではなく、互いに握手するのを拒んでいる。他の対はいずれも握手することに同意している。誰とでも喜んで握手をする人からなるグループ $S$ がある。グループ $S$ から何人かを委員会に加えて、新委員会では誰もが3人とだけ握手するようにした場合、加える人数の最小値はいくらか。

(15) 図11のグラフ $G$ を誘導部分グラフとして含む3-正則グラフの最小位数はいくらか。

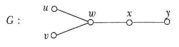

図11 練習15のグラフ $G$

(16) 同じ位数の同型でない二つの2-正則グラフの例を挙げ、それが同型でないことを示せ。

(17) 図12のグラフ $G$ と $H$ は同型であるかどうかを判定せよ。

(18) すべての正則グラフは再構成可能であることを証明せよ。

(19) 7人による会合のとき、知り合いどうしの対もあれば、そうで

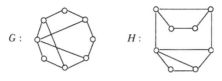

図 12　練習 17 のグラフ $G$ と $H$

ない対もある。それぞれの対（知り合いでもそうでなくても）が他の 5 人に、知り合いどうしの対は何組あるかを尋ねる。その数すべてが記録される。7 人のうち何組が知り合いどうしかを求めることは可能か。

## 第 3 章の練習問題

(1) 図 3.6 のグラフ $F$ について、長さが 7 より大きい $u$-$v$ 通路はあるか。

(2) 三つの成分がある位数 10 のグラフの例を示せ。

(3) 二つの切断点と三つの橋を含む位数 8 の連結グラフの例を示せ。

(4) $G-v$ が四つの成分を持つような頂点 $v$ を含む、位数 10 の連結グラフ $G$ の例を示せ。

(5) 定理 3.2「$G$ を連結グラフとする。$G$ のすべての $u$-$v$ 通路に辺 $e$ があるような $G$ の頂点 $u$ と $v$ があるなら、その場合にかぎり、$e$ は $G$ の橋である」を証明せよ。

(6) 定理 3.3「$G$ を連結グラフとする。$G$ に頂点 $w$ とは異なる頂点 $u$ と $v$ があって、$G$ のすべての $u$-$v$ 通路に $w$ があるなら、その場合にかぎり、$w$ は $G$ の切断点である」を証明せよ。

(7) 図 13 のグラフ $G$ に中心頂点を求めよ。

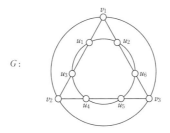

図 13　練習 7 のグラフ $G$

(8) ある連結グラフ $G$ の最長経路の長さは 6 である。$G$ に長さ 6 の二つの通路 $P$ と $P'$ があるなら、$P$ と $P'$ は少なくとも一つの頂点を共有しなければならないことを示せ。

(9) すべての正の整数 $k$ について、中心頂点 $u$ があり、平均距離が最小である頂点が $v$ を含み、$u$ と $v$ の距離が $k$ となる連結グラフ $G$ が存在することを示せ。

(10) 連結グラフ $G$ と三つの頂点 $u, v, w$ が次の 3 条件を満たすような例を示せ。

(a) $v$ と $w$ は $u$ の離心頂点である。
(b) $w$ は $v$ の離心頂点である。
(c) $v$ は $w$ の離心頂点ではない。

(11) ある山賊が砂漠の中でグラフ $G$（図 14）の形の図に遭遇する。山賊は頂点 $p$ にいて、「ここから最も遠い頂点へ行ってメッセージを読め」という、瓶に入ったメッセージを捜し当てる。その頂点には、同じことが書いてあるメッセージがある。次の頂点でも同じことが

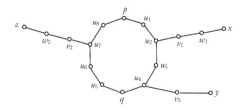

図 14　練習 11 のグラフ $G$

繰り返される。以上の指示に従った後、山賊は宝の地図を見つける。その地図はどの頂点にあったか。

(12) 図 15 の二部グラフ $G$ について、次を求めよ。

(a) $z$ から $G$ のすべての頂点までの距離
(b) $G$ の何らかの閉路の長さとなるすべての数

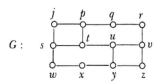

図 15　練習 12 のグラフ $G$

(13) $r \geq 1$ として、$G$ を $r$-正則二部グラフとすると、$G$ の頂点集合は、$G$ のすべての辺が、互いに疎の部分集合 $U$ と $W$ のそれぞれの頂点を結ぶように $U$ と $W$ に分けることができる。この場合、集合 $U$ と $W$ には同じ数の頂点が含まれることを示せ。

(14) $n \geq 3$ として、位数 $n$ のある連結グラフ $G$ に、$G$ のすべての 2 頂点 $u$ と $v$ について、$P$ が長さ $k$ の $u$-$v$ 通路であり、$P'$ は長さ $k'$ の $u$-$v$ 通路であるなら、$k$ と $k'$ はともに偶数かともに奇数かのいずれ

かであるという性質がある。$G$ は二部グラフであることを示せ。

（15）ある施設は $R_1, R_2, \cdots R_9$ の 9 室から成っている（図 16）。この部屋の一つに置かれたセンサーには、火災が発生した部屋とこの部屋までの距離を検出する性能がある。

（a）火災が発生した部屋を特定するのに必要なセンサーの数の最小値はいくらか。

（b）この施設を表すグラフを描け。センサーを置くと火事の正確な発生部屋を検出できる最小数の部屋からなる集合 $S$ について、そのグラフの頂点に、それぞれの頂点（部屋）から集合 $S$ にある頂点（部屋）までの距離を示す距離ベクトル（つまり順序付き対、順序付き三つ組など）を割り当てよ。

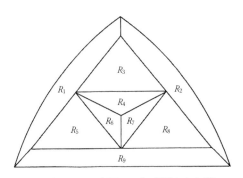

図 16　練習 15 の 9 部屋から成る施設を表すグラフ

（16）$n \geq 3$ として、それぞれの整数 $n$ について、位置決定数が 1 となる、位数 $n$ のグラフはあるか。

（17）図 17 に示されたグラフ $G$ の支配数を求めよ。

図 17　練習 17 のグラフ

(18) 図 18 に、ある都市の七つの区画から成る一部が示されている。

(a) 警備員には、直線的に見通せる 1 ブロック先の交差点まで見えるとして、すべての交差点を監視するために必要な警備員の最小数はいくらか。

(b) 各警備員が他の警備員から 1 ブロック以内にいるとすると、すべての交差点を見るのに必要な警備員の最小数はいくらか。

図 18　練習 18 の都市図

(19) 定理 3.6 を使って、すべてのグラフ $G$ には、$G$ のすべての頂点が集合 $S$ の奇数個の頂点によって支配されるような支配集合 $S$ が含まれることを示せ。

(20) 図 19 のグラフ $G$ の灯りを、押すとすべてオンからすべてオフに変えるスイッチの最小数を求めよ。

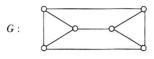

図 19　練習 20 のグラフ $G$

(21) 図20のグラフ $G$ の灯りを、押すとすべてオンからすべてオフに変えるスイッチの最小数を求めよ。

**図20　練習21のグラフ $G$**

(22) 図21のグラフ $G$ について、押すとすべてオンからすべてオフに切り替えるスイッチの最小数を求めよ。

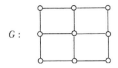

**図21　練習22のグラフ $G$**

(23) $n \geq 2$ として、位数が $n$ で、すべての灯りがオンの連結グラフ $G$ がどんなグラフなら、全スイッチが押されるとすべてオフとなるグラフができるか。

(24) オンのライトもオフのライトもあるが、それについて、すべてのライトをオフにすることはできないようなグラフ $G$ の例を示せ。

(25) オンのライトもオフのライトもあるすべてのグラフ $G$ について、必ず少なくとも半分のライトをオフに変えられることを示せ。

(26) 共著グラフを、数学書を書いたことがある、あるいは共著で書いたことがある数学者が頂点となるグラフ $G$ と定義するとしよう。数学者 $A$ と $B$ に数学の共著書があるなら、二つの頂点 $A$ と $B$ は隣

接する。数学者 $A$ と $B$ について、$A$ と $B$ の共著グラフでの距離が $k$ なら、その場合にかぎり、数学者 $A$ が $B$ 数 $k$ を持つことと、数学者 $B$ は $A$ 数 $k$ を持つこととは同値である。

(a) $G$ に孤立点 $C$ があると、それは何を指しているか。
(b) $G$ の頂点 $D$ が次数 $d$ を持つとはどういう意味か。
(c) 二人の数学者 $A$ と $B$ について、$B$ が $A$ 数 2 を持つような例を求めよ。

## 第 4 章の練習問題

(1) グラフ $G$ の二つの相異なる頂点すべてが二つだけの通路で連結されるような $G$ の例を示せ。

(2) 位数 $n$ の連結グラフすべては少なくとも $n-1$ であることを証明せよ。

(3) 系 4.4「$T$ が位数 $n$、サイズ $m$ の木で、頂点を $v_1, v_2, \cdots, v_n$ とすると、$\deg v_1 + \deg v_2 + \cdots + \deg v_n = 2m = 2(n-1) = 2n-2$」を証明せよ。

(4) $i = 2, 3, \cdots, \Delta$ について、木 $T$ が次数 $i$ の頂点を一つずつだけ持つなら、$T$ に葉は何枚あるか。

(5) 位数 7 の異なる（非同型の）木を描け。

(6) 定理 4.7 によると、頂点の次数が

$\quad$ 5, 5, 4, 4, 3, 3, 2, 2, 1, 1, 1, 1, 1, 1, 1, 1, 1, 1, 1, 1, 1

となる木は存在するか。存在するなら、そのような木を描け。

(7) 飽和炭化水素では、すべての炭素原子は原子価が4で水素原子は原子価が1であることを見た。すべての飽和炭化水素分子の化学式は、$n$を何らかの整数として、$C_nH_{2n+2}$となることを示せ。つまり、$T$が次数1と次数4の頂点のみからなり、次数4の頂点は$n$個であるなら、$T$には$2n+2$枚の葉があることを示せ。

(8) $n=5, 6$について、炭素$n$個の飽和炭化水素に対応する木を描け。

(9) 位数6の木の、ラベル$1, 2, \cdots, 6$によるラベルの付け方は1296通りあることを示せ。

(10) 図22の木のプリューファーコードを求めよ。

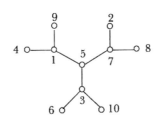

図22 練習10の位数10のラベル付き木

(11) 次のプリューファーコードとなるラベル付き木はどんなものか。

(a) $(1, 2, 3, 4, 5, 6, 7)$
(b) $(3, 3, 3, 3, 3, 3, 3)$
(c) $(1, 2, 3, 4, 3, 2, 1)$
(d) $(2, 3, 2, 3, 2, 3, 2, 3)$

(12) 例 4.10 の問題を、最初に硬貨 1 を $A$ に置き、硬貨 2 を $B$ に置くことで、2 回測って解け。それに伴う決定木を描け。

(13) 硬貨が 3 枚あるとする。2 枚は本物で、1 枚は偽造である。偽造硬貨は本物よりも少し軽い。どの硬貨が偽物かを決定するのに測らなければならない必要最小回数は何回か。それに伴う決定木を描け。

(14) 硬貨が 4 枚あり、そのうち 3 枚は本物で 1 枚は偽造である。偽造硬貨は本物と重さが異なる。本物より少し重いか軽いかいずれかである。どの硬貨が偽物かを決定するのに測らなければならない必要最小回数は何回で、どうやって偽物を見つけるか。それに伴う決定木を描け。

(15) 1, 2, 3, 4 と番号をつけた 4 枚の硬貨のうち 2 枚は本物で、互いに重さは等しい。残りの 2 枚は偽造で、一方は本物より少しだけ軽く、もう一方は少しだけ重いが、2 枚の偽造硬貨を合わせた重さは本物 2 枚に等しい。重さを 3 回測って偽造硬貨がどれか、いずれが軽いほうかを見つけられることを示せ。

(16) (a) 例 4.10 と 4.11 に述べられた問題を、硬貨が 8 枚あり、本物は 7 枚、偽物は 1 枚で、偽物は本物より少し軽いという条件で解け。それに伴う決定木を描け。
(b) 8 枚ではなく 9 枚で、偽造の 1 枚は本物の 8 枚のそれぞれよりも軽いとしたらどうなるか。

(17) 領域内のどの 2 都市間についても鉄道を引くコストは 2 都市間の距離に比例するという性質がある領域があるとする。図 23 は、この領域にある 4 都市 A, B, C, D と、各都市間の距離を示している

（つまり A, B, C, D は長方形 $R$ の頂点となる）。

(a) 頂点 A, B, C, D によるグラフ $G$ にできる最小全域木のコストはいくらか。
(b) 長方形 $R$ の対角線 AC と BD の交点の位置を E とする。頂点 A, B, C, D, E によるグラフの最小全域木のコストはいくらか。
(c) (a) と (b) の結果からどんなことが言えるか。
(d) BC 間の距離と AD 間の距離が 30 km ではなく 40 km だったとして、(a) と (b) の問いに答えよ。

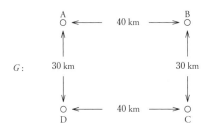

**図 23** 練習 17 の都市 A, B, C, D による領域をモデル化したグラフ $G$

(18) 領域内の任意の 2 都市間を鉄道でつなぐ費用がその 2 都市間の距離に比例する領域に、長方形 $R$ の頂点をなす 4 都市、A, B, C, D がある。AB 間と CD 間の距離を $a$ とし、AD 間と BC 間の距離を $b$ として、$a \leq b$ とする。E は長方形 $R$ の 2 本の対角線の交点にあるとする。頂点 A, B, C, D, E による最小全域木の重みが、頂点 A, B, C, D による最小全域木の重みより小さくなる条件は何か。

(19) 領域内の任意の 2 都市間に鉄道を引くコストがその 2 都市間の距離に比例する領域に、長方形 $R$ の頂点 A, B, C, D をなす 4 都市があり、AB 間の距離と CD 間の距離は 96 km、AD 間と BC 間の距離

は 40 km である。$R$ の 2 本の対角線の交点を $E$ とする。

(a) 頂点 A, B, C, D による最小全域木の重みを求めよ。
(b) 頂点 A, B, C, D, E による最小全域木の重みを求めよ。
(c) 頂点 A, B, C, D, X, Y (図 24) による最小全域木の重みを求めよ。
この 6 地点の任意の 2 点間に鉄道を引くコストは両者間の距離に比例するものとする。

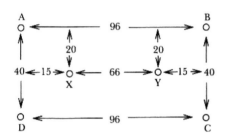

図 24 練習 19 の都市 A, B, C, D, X, Y による領域

(20) 補グラフがやはり木になる木をすべて求めよ。

(21) ある考古学の教授と調査隊が長く危険な旅を経て、古代文明の王の墓にたどり着いた。教授が持っている地図によれば、この墓には内部にいくつかの区画がある (図 25)。教授は壁に開ける穴をできるだけ少なくして各区画を調べたい。

(a) どの部屋にも入れるように墓の壁に開けなければならない最小の穴の数はいくつか。
(b) どの区画にも入れるように穴を開ける位置の数が最小となる例を示せ。
(c) 頂点がこの墓の区画と墓の外側で、2 頂点が (i)、(ii) のいず

れかに該当するとき辺で結ばれるようなグラフ $H$ を作図せよ。(i) 穴を開けた壁が境となる二つの区画、(ii) 墓の外から入る区画につながる壁に穴を開けた区画と外部。グラフ $H$ は何か。

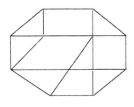

図 25　練習 21 の墓の図

## 第 5 章の練習問題

(1) ケーニヒスベルクの橋を 1 回だけずつ渡って歩いて回ることができたとしよう。その場合、歩道は陸地の領域 $A, B, C, D$ のいずれかで始まり、またこの陸地の領域のいずれかで終わらなければならない（始点と同じところで終わってよい）。$S$ をこの歩道が始まる陸地とし、$T$ は歩道が終わる陸地とする。$R$ を $S$ でも $T$ でもない陸地とすると、$R$ には歩道の途中にいるときだけに遭遇する。そうはなりえないことを示せ。

(2) 系 5.2「連結グラフ（あるいはマルチグラフ）$G$ のちょうど二つの頂点の次数が奇数なら、その場合にかぎり、$G$ はオイラー小道を含む。さらに、$G$ のそれぞれのオイラー小道はこの奇頂点の一方から始まり他方で終わる」を証明せよ。

(3) 図 26 は、$I_1, I_2, \cdots, I_9$ で表される 9 か所の交差点がある町の市街地を示している。郵便車がこの区域の街路を、それぞれ 1 回ずつ

通って郵便を配達することは可能か。

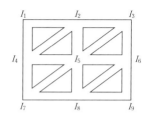

図 26　練習 3 の町の市街地

（4）図 27 のグラフのうち、オイラー回路またはオイラー小道を含むのはどれか求めよ。

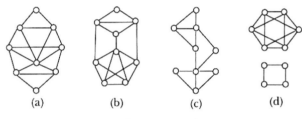

図 27　練習 4 の四つのグラフ

（5）定理 5.1 と系 5.2 を使うと、図 5.2 の線画に関する第 5 章冒頭ページにある問いに答えられることを示せ。

（6）図 28 の図は、大邸宅の 2 階にある、いろいろな部屋をつなぐドアがある 9 部屋を示している。いずれかの部屋から始めてどのドアも 1 回だけずつ通って歩き回ることはできるか。この問題がグラフ理論とどう関係するか。説明せよ。

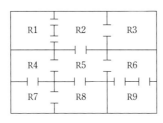

図 28　練習 6 の大邸宅の 2 階の図

(7) 捜査当局は、悪人ギルバートソン 3 世伯爵の謎の死を捜査している。この犯罪らしきものは、伯爵の屋敷で起きた（図 29）。執事は、不審人物がコンピュータ室（遺体が発見されたところ）に入り、それから同じドアから部屋を出るのを見たと述べる。捜査官が伯爵と商売上の取引があるガーフィールド・フロイド氏に事情聴取すると、氏は正面玄関から屋敷に入り、裏口から出たことを認めた。しかしフロイド氏は、自分が通ったドアはそれぞれ 1 回ずつだけだったので、執事が見た人物とは違うと言う。誰かが嘘を言っているのだろうか。

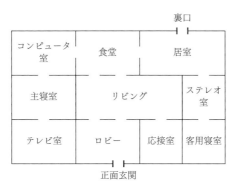

図 29　練習 7 のギルバートソン 3 世伯爵の屋敷

(8) 図 30 は遊園地の鏡の間の図である。客は入り口のドアとそれぞ

れの部屋のドアを通るたびに通ったドアが自動的に閉まってロックされる。部屋にあるすべてのドアがロックされていなければいずれ出口は見つかるものとして、鏡の間から必ず脱出できるか、どこかの部屋に永遠に閉じ込められるかを判定せよ。

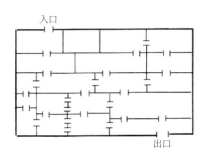

図 30　練習 8 の鏡の間

(9) ある偶数サイズの連結グラフ $G$ が奇頂点を四つだけ含む。したがって、$G$ にはオイラー回路もオイラー小道もない。

(a) $G$ には、$G$ すべての辺が、二つの小道 $T_1$ と $T_2$ のいずれか一方だけに属するような $T_1$ と $T_2$ があることを示せ。
(b) $G$ には偶数サイズの二つの小道 $T'_1$ と $T'_2$ があり、$G$ のすべての辺はこのいずれか一方だけに属することを示せ。

(10) 大きなホテルのロビーに、八つの島 A, B, C, D, W, X, Y, Z を囲む水路が作られている。ところどころに 10 本の橋がかけられ、a, b, c, d, e, f, g, h, j, k で表されている（図 31）。

(a) それぞれの橋を 1 回だけずつ渡って、陸地の部分をすべて歩いて回ることは可能か。
(b) ボートに乗って、水路の部分を、それぞれの橋を 1 回だけずつ

くぐって回ることはできるか。

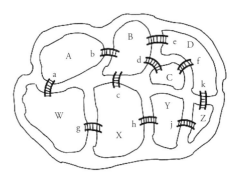

図31　練習10の大型ホテルのロビー

(11) 7本の橋のそれぞれを少なくとも1回は渡ってケーニヒスベルク巡りを行なうために、渡らなければならないケーニヒスベルクの橋の最小数（繰り返しは一つと数える）はいくつか。

(12) 図32のグラフにあるオイラー歩道の長さを求め、このグラフについてオイラー歩道を一つ描け。

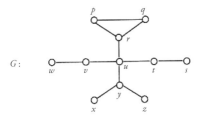

図32　練習12のグラフ

(13) 定理5.3によって、連結グラフ $G$ のオイラー歩道はすべて $G$ の橋を2回ずつ渡らなければならない。$G$ が橋を $e$ 一つだけ含むとしよう。$G$ に $e$ を2回通って、$G$ の他の辺は1回だけずつ通るオイラー

歩道は可能か。

(14) $n \geq 2$ として、位数 $n$ の木にできるオイラー歩道の長さはいくらか。

(15) 図 33 の重み付きグラフのオイラー歩道の長さを求め、この重み付きグラフのオイラー歩道を描け。

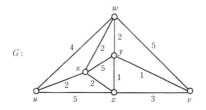

図 33　練習 15 の二つの奇頂点があるグラフ $G$

(16) 図 34 には、外出禁止令の出たある町の街路を表す重み付きグラフ $G$ が示されている。$G$ の頂点は街路の交差点を表し、辺は街路

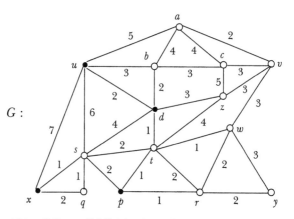

図 34　練習 16 の外出禁止令の出た区域にある街路を示すグラフ

を表し,重みは,その街路を,両側の家屋と地面を調べて通るのにかかるふつうの時間(分)を表す.町全体を監視するために警備員が一人雇われた.毎晩,警備員は交差点 $a$ から始まって,各街路を少なくとも1回は通って回り,$a$ に戻ってくる.実行するためにかかる最小の時間はいくらか.

(17) ある大学生は,毎朝,自分が住んでいるところの近所を走って回る.各道路を少なくとも1回は走りたい.この区域は図35の重み付きグラフで表せる.各辺の重みは,その道路を走るのにかかる時間(秒)を表す.各道路を少なくとも1回通り,走って戻って来るのにかかる最小時間はいくらか.

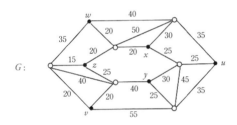

図35 練習17の一帯を表すグラフ

### 第6章の練習問題

(1) $C$ は十二面体上の各頂点を通る閉路とする.十二面体の辺のうち,$C$ 上にないのは何本か.

(2) 二十面体上にハミルトン閉路 $C$ がある.二十面体の辺のうち,$C$ 上にないのは何本か.

(3) 図36は,$A, B, C, D, R, S, T$ とラベルされた七つの部屋から成る展

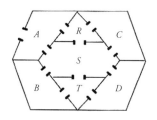

図36 練習3の展示を見て回る

示室の図を示す。来訪者は外からまずAに入って見て回る。

(a) 各部屋に1回だけずつ入って展示を見て回り、Aに戻って外へ出ることは可能か。
(b) 来訪者がAに入ってから、各ドアを1回だけずつ通って展示を見て回り、Aに戻って外に出ることは可能か。

(4) 図37は6×6の迷路 (36マスから成る) を示している。マスのどれかから、たとえば左上の角から始めて、それぞれのマスを1回だけずつ通り、最初のマスに戻ってくることは可能か。

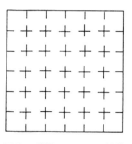

図37 練習4の6×6の迷路

(5) 図38は5×5の市松模様の盤を示している。いずれかのマスに置いたチェスの何かの駒が、縦横いずれかの隣接するマスに進めるも

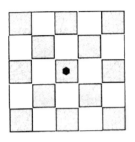

図38 練習5の5×5の盤

のとする。その駒がまん中のマスにあるなら、これを動かして、各マスを1回だけずつ通って盤上を巡り、まん中のマスに戻ってくるようにすることはできるか。

(6) (a) 5×5の盤ではナイトツアーはないことを示せ。
(b) 5×5の盤で、まん中のマス以外はすべてのマスに寄る修正ナイトツアーはあるか。

(7) 図39は「モーターワールド」と呼ばれる遊園地のエリアマップを示す。モーターワールドの各部分はアメリカの大都市の名がついている。子どもがモーターワールドに入ると、その子は小型の車を

図39 練習7のモーターワールド

借りて、この区域を運転して回る。子どもがいずれかの「都市」から始めてすべての都市に 1 回だけずつ寄り、最初の都市へ戻ってくることは可能か。なお、子どもが偶数文字数の都市から出たら、奇数文字数の都市に（またはその逆に）入らなければならない。

(8) 図 40 は位数 18 のグラフを示している。$G$ はハミルトングラフか。

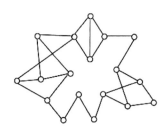

図 40　練習 8 の位数 18 のグラフ $G$

(9) 位数 20 のグラフ $G$ が、頂点として整数 1, 2, ⋯, 20 を与えられている。$i+j$ が奇数なら、頂点 $i$ と頂点 $j$ は隣接する。$G$ はハミルトングラフか。

(10) $n \geq 4$ として、位数 $n$ のグラフ $G$ の各頂点について、$\deg v \geq (n+1)/2$ となっている。

　(a) $G$ がハミルトングラフであることを示せ。
　(b) $v$ が $G$ の頂点なら、$G-v$ はハミルトングラフか。

(11) 図 41 のグラフ $G$ はハミルトングラフかどうか判定せよ。

(12) 図 42 は多面体の見え方を示している。すべての面に頂点を置き（底面にあって隠れている面は除く）、加えた頂点を、その面を囲む三角

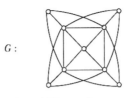

図 41　練習 11 のグラフ $G$

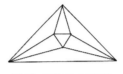

図 42　練習 12 の多面体

形の 3 頂点と結ぶと、グラフ $G$ ができる。$G$ はハミルトングラフか。

(13) ニューヨーク市の実業家が、来年、四つの支社（マイアミ、ヒューストン、ミネアポリス、ロサンゼルス）を 1 週間ずつ回る必要があることを知る。各都市間の移動費用を調べると、どの区間もいずれかの方向の片道切符を買うより往復の切符を買う方が費用は少ないことがわかる。この旅費は次のようになっている。

ニューヨーク・マイアミ間＝232;
マイアミ・ミネアポリス間＝279;
ニューヨーク・ヒューストン間＝333;
マイアミ・ロサンゼルス間＝322;
ニューヨーク・ミネアポリス間＝325;
ヒューストン・ミネアポリス間＝292;
ニューヨーク・ロサンゼルス間＝315;
ヒューストン・ロサンゼルス間＝552;
マイアミ・ヒューストン間＝285;

ミネアポリス・ロサンゼルス間＝260

（何年か前の実際の航空料金）

(a) 費用を最小にするためには、各都市をどんな順番で回ってニューヨークに戻ってくるのがいいか。

(b) 後で、ミネアポリスには行く必要がないことがわかる。これは旅程と費用にどう影響するか。

(c) (a) で 12 通りありうる巡回と、(b) で 3 通りありうる巡回を比べて何か興味深いことが言えるか。


### 第 7 章の練習問題

(1) 次の集合に別個代表系があるかどうかを判定せよ。

$S_1 = \{c, f\}$, $S_2 = \{a, b, f\}$, $S_3 = \{b, e, g\}$, $S_4 = \{d, g\}$, $S_5 = \{a, b, f\}$, $S_6 = \{c, d, e\}$, $S_7 = \{d, f\}$

(2) 次の集合に別個代表系があるかどうかを判定せよ。

$S_1 = \{3, 5\}$, $S_2 = \{1, 2, 4, 6\}$, $S_3 = \{3, 4, 5\}$, $S_4 = \{4, 5\}$, $S_5 = \{3, 4\}$, $S_6 = \{1, 3, 5, 6\}$

(3) $n \geq 2$ として、集合の集まり $\{S_1, S_2, \cdots, S_n\}$ の中では、どの二つの集合も、元の個数は同じではない。この集まりには別個代表系があることを示せ。ただし、

(a) ホールの定理を使って。
(b) ホールの定理を使わずに。

(4) $\{S_1, S_2, S_3, S_4, S_5\}$ を、五つの空ではない有限集合の集まりとする。

整数 $k$ ($1 \leq k \leq 5$) のそれぞれについて、これらの集合のうち、和集合が少なくとも $k$ 個の元を持つようになるものが $k$ 個存在する。この集合の集まりには別個代表系があるか。

(5) ある高校に教師 6 人の空きができて、数学、化学、物理、生物、心理学、生態学のそれぞれの教師が必要となっている。どの分野でも、採用される教師はその科目を主専攻か副専攻いずれかで修得していなければならない。この空きに 6 人の応募者がいて、各自の専攻は、アロウスミス（主＝物理、副＝化学）、ベックマン（主＝生物、副＝物理、心理学、生態学）、チェイス（主＝化学、副＝数学、物理）、ディアフィールド（主＝化学、生物、副＝心理学、生態学）、エヴァンズ（主＝化学、副＝数学）、フォーム（主＝数学、副＝物理）となっている。この学校がこの応募者から雇える教師の最大数は何人か。

(6) 二人の子どもが 100 枚のカードをもらった。それぞれのカードの上半分には丸が、下半分には四角が描かれている。どちらの子も 10 色入りのクレヨンの箱を一つずつ持っている。一方の子は 100 枚のすべての丸を、各色で 10 個ずつ、すべて塗りつぶす。100 枚のカードを混ぜてもう一人の子に渡し、こちらはすべての四角を、各色で 10 個ずつ、すべて塗りつぶす。色分けがどうであれ、100 枚のカードは 10 枚ずつの 10 のグループに分けて、それぞれのグループでは丸の色がすべて異なり、四角の色がすべて異なるようにすることができることを示せ。

(7) 図 43 のグラフ $G_1$ と $G_2$ には 1-因子があるかどうかを判定せよ。

(8) 1-因子を含む三つの橋がある立方体グラフは存在するか。

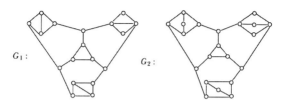

図43 練習7のグラフ $G_1$ と $G_2$

(9) 3-ケージと4-ケージをすべて求めよ。

(10) ピーターセングラフは唯一の5-ケージであることを示せ。

(11) 6人のテニス選手 $t_1, t_2, \cdots, t_6$ について、どの選手も同じ日に2試合以上はせず、どの選手も他の5人の選手と1試合ずつするように、5日間の日程を組め。

(12) チーム1からチーム $n$ までの $n$ チームがソフトボールの大会をして、どの2チームも1試合ずつのみ試合をするものとする。$n=10$ の場合と $n=9$ の場合について、どのチームも1日に1試合までとして、最小の日数で行なわれる試合日程を組め。

(13) 図7.13のグラフ $G$ は1-因子分解可能ではないことを示せ。

(14) 橋のない立方体グラフがハミルトングラフなら、1-因子分解可能でもあることを示せ。

(15) 図44の6-正則グラフがハミルトン分解可能であるかどうかを判定せよ。

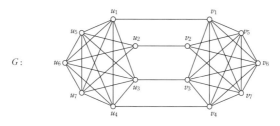

図44 練習15の6正則グラフ

(16) 7人の学生による委員会が学期中に3回、昼休みに会議をする。集まるときには、7脚の椅子がある丸テーブルに座る。どの二人も隣どうしになるのは、3回の会議のうち1回だけになるようにすることが可能であることを示せ。

(17) 図7.14は、4-正則グラフについて、2-因子のうち一つがハミルトン閉路ではないような2-因子分解を示している。このグラフはハミルトン分解可能か。

(18) 11人の教授が、学部学生に数学研究の手ほどきをする方法を論じる5日間(月曜から金曜まで)の学会に招待された。11人用の丸テーブルが準備され、この教授は5日間、毎日、昼食時にも会うことができる。この5回の昼食時に、どの二人の教授も期間中、再び隣どうしになることはないような座席の手配ができることを示せ。

## 第8章の練習問題

(1) サイズ $m$ のグラフ $G$ が、$m$ は $m'$ で割り切れるようなサイズ $m'$ の部分グラフ $H$ を含むとしても、$G$ は $H$ 分解可能でなくてもよいことを示せ。

(2) $S_n$ がシュタイナー三重木なら、$S_{2n+1}$ もシュタイナー三重木であることを示せ。

(3) $K_7$ は異なる長さの閉路に分解できることを示せ。

(4) ある会社の9人の重役が、6日間の会議に出る。丸テーブルを6台用意して、それぞれに少なくとも3人が着く。最大は9人で、どの二つのテーブルをとっても着席数が同じにはならないようにしたい。それぞれのテーブルを6日のうち1日だけで使い、各重役は6日のうち4日に出席して、同じ人の隣には再び座らないようにできることを示せ。

(5) 完全グラフ $K_4$ は優美であることを示せ。

(6) 図45のグラフ $G_1$ と $G_2$ は優美であること示せ。

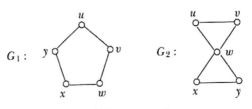

図45 練習6の二つのグラフ

(7) (a) 位数5の通路 $P_5$ は優美であることを示せ。
(b) $K_9$ のサイクリック $P_5$-分解を求めよ。

(8) (a) グラフ $K_{1,m}$ は、すべての正の整数 $m$ について優美であることを示せ。
(b) 定理8.6によって、完全グラフ $K_{2m+1}$ は、$H = K_{1,m}$ について、

$H$-分解可能である。$K_{2m}$ も $H$-分解可能であることを示せ。

(9) グラフ $H = K_{1,3}$ について、正の整数 $n \leq 7$ として、$K_n$ が $H$-分解可能となるようなすべての $n$ を求めよ。

(10) $H = K_{1,6}$ について、正の整数 $n \leq 13$ として、$K_n$ が $H$-分解可能となるようなすべての $n$ を求めよ。

(11) 次の27人の女生徒問題を解け。ある寄宿学校には27人の女生徒がいて、毎日散歩に出かけたいと思っている。女生徒は3人一組で9組になって歩く。どの二人も再び同じ組で歩くことがないようにして、13日間散歩できることを示せ［ヒント──27人の女生徒に $0, 1, 2, \cdots, 26$ の番号をふる。円周上に等間隔に26の頂点を置いて、その頂点を時計回りに $1, 2, \cdots, 26$ とし、閉路 $C = (1, 2, \cdots, 26, 1)$ を作る。$C$ の各頂点は、$C$ 上の二つの頂点に対しては距離が $1, 2, \cdots, 12$ で、1個の頂点に対しては距離が13である。$C$ 上の頂点の各対を直線で結ぶことによって、完全グラフ $K_{26}$ ができる。そこで頂点0を都合のよいところに置いて、それと $C$ 上のすべての頂点と結ぶと、$K_{27}$ ができる。そこで、$K_{27}$ にできる頂点 $\{1, 0, 14\}$ の三角形と、四つの三角形の対、$\{2, 26, 18\}$ と $\{5, 13, 15\}$、$\{3, 4, 9\}$ と $\{16, 17, 22\}$、$\{6, 10, 25\}$ と $\{12, 19, 23\}$、$\{7, 21, 24\}$ と $\{8, 11, 20\}$ とを考える。次に、$\{1, 0, 14\}$ を $\{2, 0, 15\}$ に代えて、四つの三角形の対をしかるべく時計回りに回転させる］。

(12) 図8.16は、例8.7で与えられたインスタント・インサニティのパズルに対する答えを示している。四つの立方体が図8.16のように攻略されてしまってから、てっぺんの立方体を取り去って、この立方体の上面がやはり上面になるようにしてテーブルの上に置く。

この手順を残りの三つの立方体について続ける。この四つの立方体の上面の色を見る。同じ立方体の底面についても見ておく。そこから何が言えるか。これはあたりまえのことか。

(13) 図46のインスタント・インサニティを、次によって解け。

(a) それぞれの立方体のマルチグラフを作る。
(b) この四つの立方体について複合マルチグラフを作る。
(c) 関連する部分マルチグラフ（前面・背面と左・右）を作る。
(d) 答えを出す。

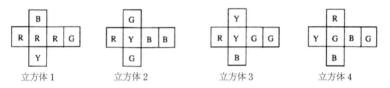

図46　練習13の立方体

(14) 図47は各面を赤（R）、青（B）、緑（G）、黄（Y）、白（W）の5色のうちの1色で彩色した五つの立方体を示している。この五つの立方体を一つずつ積み上げて、各側面に見える色がどの側面でも異なるようにすることはできるか。

図47　練習14の立方体

### 第 9 章の練習問題

(1) 図 48 に示した街路網をグラフ $G$ で表し、$G$ の強連結の向きづけ $D$ を求め、$D$ を用いて、車が町中の任意の地点から他の任意の地点まで（合法的に）行けるように、街路を一方通行路網に変換せよ。

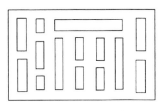

図 48　練習 1 の街路網

(2) 図 49 の各グラフに強連結の向きづけがあるなら、それを求めよ。

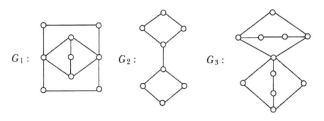

図 49　練習 2 のグラフ

(3) 図 50 のグラフ $G$ は連結グラフで橋を含まない。$G$ の強連結の向きづけを求めよ。

(4) $D$ は連結グラフ $G$ の向きづけで、$G$ の各頂点 $v$ について、$v$ に向かう辺もあれば、$v$ から出る辺もあるとする。$D$ は $G$ の強連結の向きづけか。

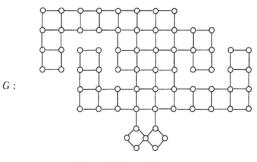

図50　練習3のグラフ $G$

(5) 図51のトーナメントにハミルトン有向路を求めよ。

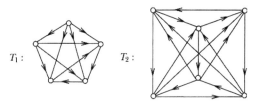

図51　練習5のトーナメント

(6) 図52のトーナメント $T'$ と $T''$ について、$T'$ には位数5、$T''$ には6の反方向路の例を示せ。

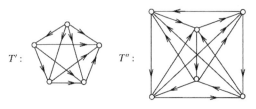

図52　練習6のトーナメント $T'$ と $T''$

(7) まず硬貨を1枚用意する。そこで、頂点集合 $\{v_1, v_2, \cdots, v_8\}$ による位数8のトーナメント $T$ を構成する。頂点 $v_1$ について、残った

頂点を $v_2, v_3, \cdots, v_8$ の順で考える。硬貨をはじく。表が出れば、辺 $v_1 v_2$ に $v_1$ から $v_2$ への向きをつける。裏が出たら、$v_2$ から $v_1$ への向きをつける。また硬貨をはじく。表が出たら、辺 $v_1 v_3$ に $v_1$ から $v_3$ の向きをつける。裏が出たら、$v_3$ から $v_1$ への向きをつける。これを辺 $v_1 v_8$ の向きが決まるまで続ける。今度は $v_2$ を、$v_3, v_4, \cdots, v_8$ とともに取り上げる。硬貨を全部で 28 回はじくと、位数 8 のトーナメント $T$ ができる。次に

$p\_q\_r\_s\_t\_x\_y\_z$

という、8 文字であいだが七つの列を考える。そこで硬貨を 7 回はじく。最初の結果が表なら、$p$ と $q$ のあいだを→とする。逆なら←とする。これを列が埋まるまで続ける。先に構成されたトーナメント $T$ には、頂点を $p, q, r, s, t, x, y, z$ と呼んで、今得られた有向路が含まれることを示せ。

(8) 次の例を示せ。

 (a) 位数 5 の強連結のトーナメントグラフ、非同型のものを二つ。
 (b) 位数 5 で、遷移的でも強連結でもないトーナメントグラフ、非同型のものを二つ。

(9) キングを含む $C_4$ の向きづけはあるか。

(10) $n \geq 5$ として $n$ チームによる総当たり戦の競技会を終えた後で、チームを勝ち数の順によって並べる――勝ち数が最大のチームが首位で、勝ち数が最小のチームが最下位。最下位のチームがトーナメントグラフでキングになりうることを示せ。

（11）位数が 3 より大きく、キングを三つだけ持つトーナメントグラフの例を示せ。

（12）定理 9.8 によれば、位数 $n$ で、出次数が $n-1$ の頂点を含まないトーナメントグラフはすべて、キングが少なくとも三つある。そのようなトーナメントグラフでは、すべての頂点は、そのキングのうち少なくとも一つからの隣接であることを示せ。

（13）大学で学生委員長選挙をしようとしていて、今年の候補はアリス、ブルース、チャールズの 3 人であるとしよう。学生の意見を最大限に取り入れるために、各学生は、投票用紙にある次の選択肢〔3 人の順位による〕のうち一つを選んで投票するよう求められる。

| ☐ | ☐ | ☐ | ☐ | ☐ | ☐ |
|---|---|---|---|---|---|
| A | A | B | B | C | C |
| B | C | C | A | B | A |
| C | B | A | C | A | B |

たとえば、第 3 列のチェックボックスに印を入れると、ブルース（B）が第 1 希望で、チャールズ（C）が第 2、アリス（A）が第 3 ということになる。選挙結果は次のようになった。

| <u>100</u> | <u>500</u> | <u>75</u> | <u>425</u> | <u>50</u> | <u>350</u> |
|---|---|---|---|---|---|
| A | A | B | B | C | C |
| B | C | A | C | A | B |
| C | B | C | A | B | A |

選挙結果を次のうち一つによって決めるものとする。

(i) 各票の第1希望だけを数える。
(ii) (i)で最小得票の候補を除いて、残りの候補者二人の得票数を数え直す〔消去した後に上位に来るほうを「第1希望」として数える〕。
(iii) 3人の候補の対比較によるトーナメントを構成する。

それぞれの場合の当選者を判定せよ。

(14) 3人の候補者 (A, B, C) に対する98票の選好投票の結果が次のようになった。

| <u>18</u> | <u>17</u> | <u>16</u> | <u>13</u> | <u>18</u> | <u>16</u> |
|---|---|---|---|---|---|
| A | A | B | B | C | C |
| B | C | C | A | B | A |
| C | B | A | C | A | B |

(a) 第1位とした投票者が最多の候補者が当選なら、誰が当選者か。
(b) 3人の候補の対比較によるトーナメントグラフを構成せよ。このトーナメントグラフによれば、どの候補者を当選とすべきか。

(15) A, B, C を、ある職の候補3人として、45人の投票者が3人の6通りの順位付きリストから一つを選んで投票するよう求められる。この選択肢の票について、次のような結果になりうるそれぞれの選択肢の得票数の例を示せ。(i) 投票者の首位の選択のみを数えた場合、Aが首位、Bが2位、Cが3位となる、(ii) 対比較のトーナメントグラフを構成した場合にCが首位、Bが2位、Aが3位となる、(iii) (i)で得票が最下位だった候補者を除いて、あらためて残った二人の候補者の票を数えるとBが当選する。

## 第10章の練習問題

（1）「5軒の家と2種の公共設備問題」を解け。

（2）図53に示した多面体（角柱）についてオイラーの多面体公式が成り立つことを示せ。

図53　練習2の多面体（角柱）

（3）図54のグラフ $G$ は平面に埋め込めることを示し、この平面埋め込みにオイラーの等式が成り立つことを示せ。

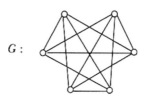

図54　練習3の平面的グラフ。平面に埋め込まれていない。

（4）次数4以下の頂点を含まない平面的グラフの例を示すことによって、系10.3はこれ以上改良できないことを示せ。

（5）（a）ピーターセングラフは $K_5$ の細分割を含まないことを示せ。
　　（b）ピーターセングラフは非平面的であることを示せ。

(6) 位数 7 の 4-正則平面的グラフは存在するか。

(7) $n \geq 5$ として位数 $n$、サイズ $m = 3n - 5$ で、$G$ のすべての辺 $e$ について、$G - e$ が平面的になるようなグラフをすべて求めよ。

(8) $n \geq 3$ として、位数 $n$ の閉路 $C_n$ で、それに対する $\overline{C_n}$ が非平面的グラフとなるようなものをすべて求めよ。

(9) 正の整数 $k$ と、位数 $k$ の木 $T$ について、$\overline{T}$ が平面的であるいっぽう、位数が $k$ より大きいすべての木についてはその補グラフが非平面的であるような $k$ と $T$ を求めよ。

(10) (a) 第 1 章で、次の問題が出された。

「5 人の王子の問題」　昔々あるところに、王様と 5 人の息子がいました。王様は遺言で、その死後は、国を 5 人の息子のために五つの領地に分けて、それぞれの領地が他の 4 人の息子と境界線で接するようにすべしと言いました。王様の条件は満たされるでしょうか。

国王の遺言の条件は満たせないことを示せ。

(b)「五つの館の問題」　王様はさらに、5 人の息子それぞれに、領地に館を建て、それぞれの館どうしを道で結び、いずれの 2 本の道も交わらないようにすることを求めていました。そんなことができるでしょうか。

(11) $\mathrm{cr}(K_{3,4}) = 2$ であることを見た。$\mathrm{cr}(K_{3,4}) = \overline{\mathrm{cr}}(K_{3,4})$ であることを

示せ。

（12）図 54 のグラフ $G$ について、$\overline{\mathrm{cr}}(G) = 0$ であることを示せ。

（13）図 55 は平面に描かれた 2 か所で交差するグラフを示している。$\mathrm{cr}(G) = 2$ と言えるか。

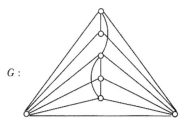

図 55　練習 13 の 2 か所で交差するグラフ

（14）図 56 に示した五角形について、その内側の点 $P$ と五角形の各頂点を結ぶ直線分が五角形の内部にあるような、点 $P$ が存在することを示せ。

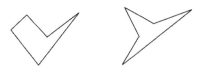

図 56　練習 14 の五角形

（15）内部の点と各頂点が、内部の直線分では結べないような六角形の例を示せ。

（16）美術館監視問題では、$\lfloor n/3 \rfloor$ 人を超える警備員は不要であることを示せ。

(17) 完全グラフ $K_6$ はトーラスに埋め込めることを示せ。

(18) $K_5$ と $K_{3,3}$ は図 10.13 にあるグラフ $G$ のマイナーであることを示せ。

(19) 連結グラフ $H$ が木 $T$ のマイナーであるとする。$H$ も木であることを示せ。

(20) トーラスに埋め込めるグラフの集合について、禁止マイナーの有限集合 $M$ があることについて触れた。そこで次のような形の定理がある。「グラフ $G$ は、……なら、その場合にかぎり、トーラスに埋め込める」。……の部分はどうなるか。


### 第 11 章の練習問題

(1) ピュタゴラスの三つ組数は、$a^2+b^2=c^2$ になるような三つの正の整数 $(a, b, c)$ である。

 (a)$(a, b, c)$ がピュタゴラスの三つ組数なら、すべての正の整数 $k$ について、$(ka, kb, kc)$ もピュタゴラスの三つ組数となることを示せ。
 (b) $a^2+b^2+c^2=d^2$ となり、$a, b, c, d$ をすべて割り切る正の整数は 1 だけとなる正の整数の四つ組数 $(a, b, c, d)$ は無限にたくさんあることを示せ。

(2) 図 57 の地図 $M$ について、境界を接する領域の色が異なるように $M$ の領域を彩色するのに必要な色の最小数はいくらか。

(3) 図 58 はアメリカ西部のいくつかの州の地図を示している。この

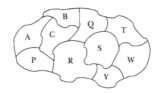

図 57　練習 2 の地図 $M$

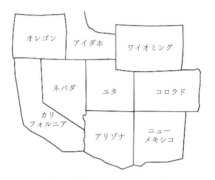

図 58　練習 3 のアメリカ西部

地図から、各州を頂点に対応させ、対応する州が境界線を（1 点ではなく）共有しているときに 2 頂点を辺で結ぶようにして、平面的グラフ $G$ を構成せよ。このグラフ $G$ の頂点は、隣接する頂点の色が異なるように彩色するのは、4 色でできるが 3 色ではできないことを示せ。

(4) 南米の地図（図 59）の国々を、境界線を共有するどの 2 か国も異なる色になるように 4 色で彩色できることを示せ。しかし 3 色では彩色できないことを示せ。

(5) 境界線を共有する四つの隣国はないが、それでも彩色に 4 色を必要とする地図の例を示せ。

図 59　練習 4 の南米の地図

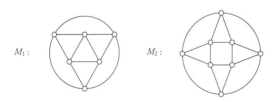

図 60　練習 6 の二つの地図 $M_1$ と $M_2$

(6) 図 60 は二つの地図 $M_1$ と $M_2$ を示している。地図 $M_1$ には外部領域を含めて 8 領域があり、$M_2$ には 10 の領域がある。四色定理によって、この地図は境界線を（1 点ではなく）共有する領域の色が異なるように 4 色で彩色できることはわかっている。

(a) 地図 $M_1$ の頂点は 3 色で彩色できるが、$M_2$ の地図の頂点はできないことを示せ。

(b) $M_1$ と $M_2$ の領域は 2 色で彩色できることを示せ。

(7) 得られる地図の頂点を彩色するのに必要な色の最小数が異なる二つの平面的オイラーグラフの例を示せ。

(8) 図 61 は、$R, R_1, R_2, \cdots, R_{15}$ で表される 16 の領域を含む地図 $M$ を示している。15 の領域 $R_1, R_2, \cdots, R_{15}$ のそれぞれは、赤（r）、青（b）、緑（g）、黄（y）の 4 色のうち 1 色で彩色され、境界線を（1 点だけでなく）共有するどの二つの領域も異なる色になる。

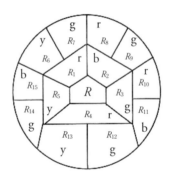

図 61　練習 8 の地図 $M$

(a) $M$ は $R_1$ から始まり $R_3$ で終わる赤・緑のケンプ鎖を持つか。もしそうなら、そのようなケンプ鎖を描け。

(b) $M$ は $R_5$ から始まり $R_2$ で終わる黄・青のケンプ鎖を持つか。もしそうなら、そのようなケンプ鎖を描け。

(9) 5-正則グラフを頂点彩色してそのうちの最小彩色数を $a$、最大彩色数を $b$ とする。$k$ を $a \leq k \leq b$ の任意の整数とすると、$\chi(G) = k$ と

なる 5-正則グラフ $G_k$ があることを示せ。

(10) ある小さな大学に数学専攻の学生が8人いて、不合格だった試験のすべてについて、休み明けの月曜ごとに行なわれる再試に合格したら、という条件で、卒業研究の打ち合わせに出席できる。この月曜の試験が受けられる時間帯は次のとおり。

(i) 8：00-10：00； (ii) 10：15-12：15； (iii) 12：30-2：30；
(iv) 2：45-4：45； (v) 5：00-7：00； (vi) 7：15-9：15

グラフ理論を使って、8人全員が試験を終えるいちばん早い月曜日を求めよ。ただし、同じ学生が受けなければならない二つの試験を一つの時限に行なうことはできない。8人の学生それぞれが受けなければならない科目［上級微積分（AC）、微分方程式（DE）、幾何学（G）、グラフ理論（GT）、線形計画法（LP）、現代代数（MA）、統計学（S）、トポロジー（T）］は、次のとおり。

アリシア── AC, DE, LP;　　ブライアン── AC, G, LP;
カーラ── G, LP, MA;　　　 ダイアン── GT, LP, MA;
エドワード── DE, GT LP;　 フェイス── DE, GT, T;
グレース── DE, S, T;　　　 ヘンリー── AC, DE, S

(11) 8種類の化学物質を、航空便で発送しなければならない。その費用は発送するコンテナの数で決まる。コンテナ一つの運賃は125ドルである。コンテナが一つ増えるごとに85ドルの追加料金がかかる。化学反応をするため一緒のコンテナで送るのは危ない物質もある。$c_1, c_2, \cdots, c_8$ と符号のついた化学物質と反応しやすい物質は次のとおり。

$c_1$: $c_2, c_5, c_6$;  $c_2$: $c_1, c_3, c_5, c_7$;  $c_3$: $c_2, c_4, c_7$;

$c_4$: $c_3, c_6, c_7, c_8$;  $c_5$: $c_1, c_2, c_6, c_7, c_8$;  $c_6$: $c_1, c_4, c_5, c_8$;

$c_7$: $c_2, c_3, c_4, c_5, c_8$;  $c_8$: $c_4, c_5, c_6, c_7$

輸送費の最少額はいくらで、コンテナにはどのように詰めればよいか。

(12) 図62に示した道路の交差点で、交通の流れを制御する信号機を必要としている。二つの異なる車線の車が衝突するおそれがある場合は、その車線の車が同時に交差点に入ることはできない。安全な通行を保証するためには、信号を最低何回切り替えなければならないか。

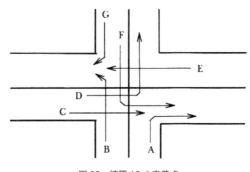

図62 練習12の交差点

### 第12章の練習問題

(1) 図63のそれぞれのグラフについて、彩色指数を求めよ。

(2) 正の整数 $k$ について、$H$ を位数 $4k+1$ の $2k$-正則グラフとする。$G$ は $H$ からサイズ $k-1$ のマッチングを除去することによって得ら

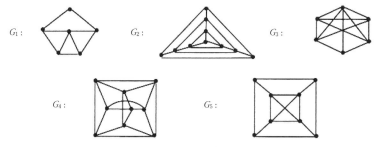

図 63 練習 1 のグラフ

れるものとする。$\chi'(G) = \Delta(G) + 1$ を証明せよ。

(3) 位数 6 の 3-正則グラフには非同型のものが 2 種類ある。このグラフはどちらもクラス 1 のグラフか、どちらもクラス 2 のグラフか、グラフ 1 とグラフ 2 に分かれるか。

(4) 図 64 の 3-正則グラフはクラス 1 のグラフか、クラス 2 のグラフか。

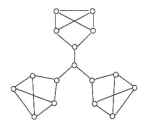

図 64 練習 4 の 3-正則グラフ

(5) 三つのグラフ $F, G, H$ について、$F$ が $G$ の部分グラフ、$G$ が $H$ の部分グラフ、$F$ と $H$ はクラス 1 のグラフ、$G$ はクラス 2 のグラフであるような例を示せ。

(6) アトランタ、ボストン、シカゴ、デンヴァー、ルイヴィル、マイアミ、ナッシュヴィルのソフトボールチーム七つが競技大会に招かれ、他の何チームかと試合が組まれる。

　　アトランタ——ボストン、シカゴ、マイアミ、ナッシュヴィル；
　　ボストン——アトランタ、シカゴ、ナッシュヴィル；
　　シカゴ——アトランタ、ボストン、デンヴァー、ルイヴィル；
　　デンヴァー——シカゴ、ルイヴィル、マイアミ、ナッシュヴィル；
　　ルイヴィル——シカゴ、デンヴァー、マイアミ；
　　マイアミ——アトランタ、デンヴァー、ルイヴィル、ナッシュヴィル；
　　ナッシュヴィル——アトランタ、ボストン、デンヴァー、マイアミ

どのチームも1日1試合まで。最小日数で行なえる試合予定を組め。

(7) ラムゼー数 $R(P_3, P_3)$ を求めよ。

(8) ラムゼー数 $R(K_{1,3}, P_3)$ を求めよ。

(9) パーティに何人かの人が集まっていて、どの二人も知り合いか初対面か、いずれかであるとする。知り合いが少なくとも3人の人がいるか、初対面が少なくとも3人の人がいるか、いずれかになるには、何人の人が出席していなければならないか。

(10) $n \geq 2, m \geq 2$ の整数 $n, m$ について、$R(K_m, K_n) = p$ とする。$K_{p-1}$ のすべての辺を赤か青で彩色すれば、赤の $K_{m-1}$ か青の $K_{n-1}$ のいずれかがあることを示せ。

(11) 完全グラフ $K_{66}$ のすべての辺を赤、青、緑、黄のいずれかで彩色すれば、単色三角形ができることを示せ。

(12) 図 12.13 の $D$ の同期 2-弧彩色について、$s_2$ と $s_4$ にとっての既知の同期系列に列を加えることでは得られない同期系列を求めよ。

(13) 図 65 の強連結有向グラフ $D$ は一様出次数 2 を持つ。

(a) $D$ が非周期的であることを示せ。
(b) $D$ の同期彩色と、$D$ の各頂点にとっての同期系列を求めよ。
(c) $D$ の非同期最適 2-弧彩色があることを示せ。

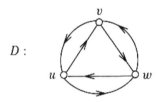

図 65　練習 13 の強連結非周期有向グラフ

(14) $D$ を図 66 にある一様出次数 2 の強連結非周期有向グラフであるとする。

(a) 図 66 に示された $D$ の最適 2-弧彩色 $c$（色名は 1 と 2 で表す）について、11221122 は頂点 $w$ にとっての同期系列であることを示せ。
(b) 頂点 $v$ にとっての同期系列を求めよ。
(c) 彩色 $c$ は同期しているか。

(15) $D$ は図 67 にある一様出次数 3 の強連結非周期有向グラフであるとする。$D$ の最適 3-弧彩色 $c$ を図 67 に示す。

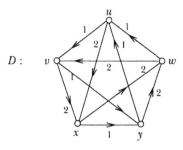

図66 練習14の強連結非周期有向グラフ

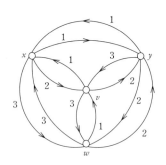

図67 練習15の強連結非周期有向グラフ $D$

(a) 112233 は $D$ の任意の頂点にとっての同期系列か。

(b) 頂点 $v$ にとっての同期系列を求めよ。

(c) 彩色 $c$ は同期しているか。

(16) ある造成地の近くに、4棟の建物と、8本の一方通行路からなる広い遊歩区域がある（図68）。この遊歩道のうち2本はそれぞれの建物を出て、一方はオストリッチレーン（O）と呼ばれ、図では細線で表して明示されている。もう一つはスパロートレイル（S）と呼ばれ、図では太線で明示されている。

過去の経験からすると、この区域を散歩する人々は、携帯、鍵、

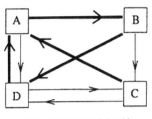

図68 練習16の遊歩区域

サングラスなどの品物を落とすことが多い。そのため、落とし物受付がいずれかの棟に設置された。建物の管理者は、各棟に次のような看板をおどけて掲示した。

　何かをなくしたら、SOSを思い出して。

落とし物係はどの建物に置かれたか。

(17) ある遊園地の中に、NOW EIGHTと呼ばれる区域がある。入園者はNOW EIGHTの駐車場まで車で行ける。駐車場はN, O, W, E, I, G, H, Tという棟の一つにある（図69）。

　建物に入った入園者は、ロケットカー（r）、アローカー（a）、デンジャーカー（d）という3種類の高速移動車のうち一つを選べる。この車両のそれぞれは、入園者を別の建物に連れて行き、そこで入園者はその車両を降りて、また同じ3種類の中から一つを選ぶ。ゲームの目標は、自分がどこにいるかを把握することである。自分の車をどこに停めたかを忘れるのはよくあることだ。そのため、各棟には入園者が駐車場に戻るのを助けるための電話がついている。どの電話も次のような同じ音声メッセージを出す。

　お車の場所がわからなくなってもご心配なく

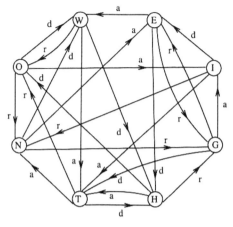

図 69 練習 17 の遊園地

現在地から radar(レーダー) を使って進みましょう

駐車場はどこにあるか。

# 訳者あとがき

　本書は、Arthur Benjamin, Gary Chartrand, Ping Zhang, *The Fanscinating World of Graph Theory*（Princeton University Press, 2015）を訳したものです（文中〔　〕でくくった部分は訳者による補足。また文献について邦訳がある場合は、その旨を適宜明記しましたが、本書の訳文は、とくに断りのないかぎり、本書の訳者による私訳です）。著者のアーサー・ベンジャミンはカリフォルニア州のハーヴィー・マッド大学数学教授で、数学の解説で業績があり、やはり共著書の『暗算の達人』（岩谷宏訳、ソフトバンククリエイティブ［2007］）のような邦訳もあります。ゲアリー・チャートランドはウェスタン・ミシガン大学の数学名誉教授で、グラフ理論の専門家として、その分野の専門書を、次のピン・チャンを含めた人々との共著で何点か出しており、『グラフとダイグラフ』（秋山仁ほか訳、共立出版［1981］）という邦訳がありますし、他の分野でも『証明の楽しみ』（基礎編、応用編、鈴木治郎訳、丸善出版［2014］）という邦訳も出ています。もう一人のピン・チャン（張苹）もチャートランドと同じウェスタン・ミシガン大学の数学教授で、チャートランドとの共著でグラフ理論の専門書や教科書を書き、さらに上記の『証明の楽しみ』にも共著者として名を連ねています。本書は以上のようなグラフ理論の専門家と、一般向けの数学解説書のプロフェッショナルが一緒になって、教科書的な解説も交えながら、この分野の入門的な総覧を示した本です。

　その「グラフ理論」という分野ですが、本書でも最初に断られているように、私たちが一般に「グラフ」と言われて思い浮かべるもの（関数のグラフとか、日本では一般にグラフと呼ばれる棒グラフや円グラフや折れ線グラフとかのチャートの類）とは違い、図形として言えば、点（頂点）と

線（辺）で構成される図ということになります（頂点は線の一部をなすような幾何学的な点ではなく、自立したものと考えられます）。人間どうしのつながりを表した「相関図」というのがありますが、グラフ理論の「グラフ」の基本的なイメージはそちらのほうと言えるでしょう。

　もちろん、複雑な人間関係を表すグラフはややこしいこと限りないでしょうし、グラフ理論の基礎を解説するには、それほど複雑なグラフは出てきませんが、一方ではそのような複雑な現実（ウェブページのネットワークのような膨大なものまで）につながっており、そのことがグラフ理論の現代的な価値を高めていると考えることはできます。ただグラフ理論のもう一方の側には、いかにも数学の一分野らしく、図形的に見たグラフは必須のものではないという面があります。つまり、グラフ理論は本来、集合論の一種で、集合の要素や部分集合どうしの関係を考えるという、むしろ抽象的なものだということです。図形としてのグラフはある意味で補助にすぎず、それを使うとわかりやすくなる場合は多々ありますし、空間の中で考えることがテーマになることもありますが（「平面埋め込み」のように）、グラフという言葉につられて、図形の部分にグラフの本質があると思ってしまうと、この分野の懐の深さを見逃してしまうことになります。

　つまり、抽象的であるがゆえに、逆にいろいろな「具体例」をグラフとして表すことができ、ひいてはそれを図形にして表すことができるということになります。本書でも、様々な状況をグラフとして表すということが一つのテーマになっています。つまり、必ずしも図形的にグラフに見えないものを、対象の集合での関係を表すグラフとしてモデル化し、さらには補助的に図形化してみるという思考のスタイルの練習が、本書に通底する意図であり、本書で紹介される様々な概念（用語）は、その表現のための道具ということになります（それがさらにまた反転して、「相関図」のような考え方が、ラムゼーの定理というグラフ理論のテーマや、ラムゼー数という一般論としてはまだまだ未開の問題へとつながって

いくというところも、やはりおもしろいところです)。

　著者は、本書を教科書として使うこともできるが、一般の教科書とは記述のスタイルが違うと言っています。公理から定理を導き組み上げていくような形式的なスタイルはとっていませんが、本書は本書のスタイルで一定の核から概念を積み上げていっており、読み進めることで、一定の体系的な理解が得られるものと思います。古典的な「ケーニヒスベルクの橋」から、有名な「四色問題」を経て、ネットワーク論に必須の彩色問題、さらにはアルゴリズムの表現ともつながる自動機械（オートマトン）の問題というふうに、グラフ理論が単純な道具立て（形も量もはずした位置とその関係のみが問題になる数学）が、数学としての概念を整えることで多彩なテーマに広がっていくところを見ていただき、その歴史の流れとともに、与えられた図形を考えるだけではないグラフ理論の（ひいては数学的思考の）要点をつかんでいただければと思います。

　本書は青土社の編集部におられた贄川雪氏のすすめにより、翻訳をすることになりました。そのような機会を与えていただいたことにお礼申しあげます。また、同氏が他へ移られた後、作業を引き継いでいただいた同社編集部の村上瑠梨子氏をはじめ、支援していただいた同社の方々、装幀を担当していただいた松田行正氏にもお世話になりました。さらに、グラフ理論をコンテンツとしてだけでなく、おそらくそれを支える仕組みとしてさえ含んでいる様々なネットワークにも、いつものことながら、あらためて感謝いたします。

2015 年 6 月

　　　　　　　　　　　　　　　　　　　　　　　　　　　訳者識

# 参考資料

＊邦訳があるものについてはその旨付記しましたが、本書で用いられている訳文は、とくに断りのないかぎり、本書訳者による私訳です。

### 第1章

(1) J. Petersen, "Die Theorie der regulären Graphen". *Acta Math.* **15** (1891) 193-220.

### 第2章

(1) L. Addario-Berry, R. E. L. Aldred, K. Dalal and B. A. Reed, "Vertex colouring edge partitions". *J. Combin. Theory Ser. B* **94** (2005) 237-244.
(2) G. Chartrand, M. S. Jacobson, J. Lehel, O. R. Oellermann, S. Ruiz and F. Saba, "Irregular networks". *Congr. Numer* **64** (1988) 197-210.
(3) W. Dunham, *Euler: The Master of Us All*. Mathematical Association of America, Washington, DC (1999). 〔『オイラー入門』黒川信重ほか訳、丸善出版 (2012)〕
(4) D. König, *Theorie der endlichen und unendlichen Graphen*. Akademische Verlagsgesellschaft, Leipzig (1936).
(5) J. Petersen, "Sur le théorème de Tait". *L'Intermédiaire des Mathématiciens* **5** (1898) 225-227.
(6) D. Wells, "Which is the most beautiful?" *Math. Intelligencer* **10** (1988) 30-31.
(7) D. Wells, "Are these the most beautiful?" *Math. Intelligencer* **12** (1990) 37-41.

### 第3章

(1) C. Berge, *Théorie des graphes et ses applications*. Dunod, Paris (1958).
(2) E. J. Cockayne and S. T Hedetniemi, "Towards a theory of domination in graphs". *Networks* **7** (1977) 247-261.
(3) C. F. de Jaenisch, *Application de l'analyse mathématique au jeu des échecs.* Petrograd (1862).
(4) C. Goffman, "And what is your Erdös number?" *Amer. Math. Monthly* **76** (1979) 791.
(5) T. Odda, "On properties of a well-known graph or what is your Ramsey number?" *Topics in Graph Theory. Ann. N.Y. Acad. Sci.* New York (1977) 160-172.
(6) O. Ore, *Theory of Graphs*. Amer. Math. Soc. Colloq. Publ., Providence, RI (1962).
(7) G. W. Peck, "Maximum antichains of rectangular arrays". *J. Combin. Theory Ser. A* **27** (1979) 397-400.

(8) P. J. Slater, "Leaves of trees". *Congr Numer.* **14** (1975) 549-559.

(9) C. A. B. Smith and S. Abbott, "The story of Blanche Descartes". *Math. Gazette* **87** (2003) 23-33.

(10) K. Sutner, "Linear cellular automata and the Garden-of-Eden". *Math. Intelligencer* **11** (1989) 49-53.

第4章

(1) O. Boruvka, "O jistém Problému minimálním". *Práce Mor. Přírodověd. Spol. v Brně (Acta Societ. Scient. Natur. Moravicae)* **3** (1926) 37-58.

(2) A. Cayley, "On the theory of analytical forms called tees". *Philos. Mag.* **13** (1857) 19-30.

(3) A. Cayley, "A theorem on trees". *Quart. J. Math.* **23** (1889) 376-378.

(4) R. L. Graham and P. Hell, "On the history of the minimum spanning tree problem". *Ann. Hist. Comput.* **7** (1985) 43-57.

(5) J. B. Kruskal, "On the shortest spanning tree of a graph and the traveling salesman problem". *Proc. Amer. Math. Soc.* **7** (1956) 48-50.

(6) H. Prüfer, "Neuer Beweis eines Satzes über Permutationen". *Arch. Math. Phys.* **27** (1918) 142-144.

第5章

(1) G. L. Alexanderson, "Euler and Königsberg bridges: A historical review". *Bull. Amer Math. Soc.* **43** (2006) 567-573.

(2) N. L. Biggs, E. K. Lloyd and R. J. Wilson, *Graph Theory 1735-1935*. Clarendon Press, Oxford (1976).〔『グラフ理論への道』一松信ほか訳、地人書館 (1986)〕

(3) L. Euler, "Solutio problematis ad geometriam situs pertinentis". *Comment. Acad. Sci. Imp. Petropol.* **8** (1736) 128-140.

(4) L. Euler, "Elementa doctrinae solidorum". *Novi Comment. Acad. Sci. Imp. Petropol.* **4** (1752-1753) 109-140.

(5) L. Euler "Demonstratio nonnullarum insignium proprietatum quibas solida hedris planis inclusa sunt praedita". *Novi Comment. Acad. Sci. Imp. Petropol.* **4** (1752-1753) 140-160.

(6) C. Hierholzer, "Über die Moglichkeit, einen Linienzug ohne Wiederholung und ohne Unterbrechnung zu umfahren." *Math. Ann.* **6** (1873) 30-32.

(7) B. Hopkins and R. J. Wilson, "The truth about Königsberg". *Colkge Math. J.* **35** (2004) 198-207.

（8）M. K. Kwan, "Graphic programming using odd or even points". *Acta Math. Sinica* **10** (1960) 264-266 (Chinese); translated as *Chinese Math.* **1** (1960) 273-277.

## 第6章

（1）D. Applegate, R. Bixby, V. Chvátal and W. Cook, *The Traveling Salesman Problem: A Computational Study.* Princeton Series in Applied Mathematics. Princeton University Press, Princeton, NJ (2006).

（2）N. L. Biggs, E. K. Lloyd and R. J. Wilson, *Graph Theory 1735-1936.* Clarendon Press, Oxford (1976).

（3）W. Cook, *In Pursuit of the Traveling Salesman: Mathematics at the Limits of Computation.* Princeton University Press, Princeton, NJ (2012).〔『驚きの数学 巡回セールスマン問題』松浦俊輔訳、青土社 (2013)〕

（4）G. A. Dirac, "Some theorems on abstract graphs". *Proc. Lond. Math. Soc.* **2** (1952) 69-81.

（5）O. Ore, "Note on Hamilton circuits". *Amer. Math. Monthly* **67** (1960) 55.

## 第7章

（1）B. Alspach, "The wonderful Walecki construction". *Bull. Inst. Combin. Appl.* **52** (2008) 7-20.

（2）P. Hall, "On representation of subsets". *J. Lond. Math. Soc.* **10** (1935) 26-30.

（3）A. B. Kempe, "A memoir on the theory of mathematical form". *Philos. Trans. R. Soc. Lond.* **177** (1886) 1-70.

（4）D. Köinig, "Über Graphen und ihre Anwendung auf Determinantentheorie und Mengenlehre". *Math. Ann.* **77** (1916) 453-465.

（5）D. König, *Theorie der endlichen und unendlichen Graphen.* Akademische Verlagsgesellschaft, Leipzig (1936).

（6）J. Petersen, "Die Theorie der regulären Graphen". *Acta Math.* **15** (1891) 193-220.

（7）J. Petersen, "Sur le théorème de Tait." *L'Intermédiaire des Mathématiciens* **5** (1898) 225-227.

（8）W. T Tutte, "A short proof of the factor theorem for finite graphs". *Canad. J. Math.* **6** (1954) 347-352.

## 第8章

（1）B. Alspach, "Research problems, Problem 3". *Discrete Math.* **36** (1981) 333.

（2）D. Bryant, D. Horsley and W. Pettersson, "Cycle decompositions V: Complete graphs into cycles of arbitrary lengths". *Proc. Lond. Math. Soc.* (2013). doi: 10. 1112/plms/pdf051.

(3) S. W. Golomb, "How to number a graph". *Graph Theory and Computing.* Academic Press, NewYork (1972) 23-37.

(4) T. P. Kirkman, "On a problem in combinatorics". *Cambridge and Dublin Math. J.* **2** (1847) 191-204.

(5) M. Reiss, "Über eine Steinersche combinatorische Aufgabe." *J. reine angew. Math.* **56** (1859) 326-344.

(6) G. Ringel, "Problem 25". *Theory of Graphs and its Applications.* Nakl. ČSAV Prague (1964) 162.

(7) A. Rosa, "On certain valuations of the vertices of a graph". *Theory of Graphs.* Gordon and Breach, New York (1967) 349-355.

(8) J. Steiner, "Combinatorische Aufgabe". *J. reine angew. Math.* **45** (1853) 181-182.

(9) O. Veblen, "An application of modular equations in analysis situs". *Ann. of Math.* **14** (1912) 86-94.

## 第 9 章

(1) D. J. Albers and G. L. Alexanderson (eds.), *Mathematical People: Profiles and Interviews.* Birkhauser, Boston (1985) 286-302. 〔『数学人群像』一松信監訳、近代科学社 (1987)〕

(2) P. Camion, "Chemins et circuits hamiltoniens des graphes complets". *C. R. Acad,. Sci. Paris* **249** (1959) 2151-2152.

(3) B. Grünbaum, "Antidirected Hamiltonian paths in tournaments". *J. Combin. Theory* **11** (1971) 249-257.

(4) F. Havet and S. Thomassé, "Oriented Hamiltonian paths in tournaments: A proof of Rosenfeld's conjecture". *J. Combin. Theory Ser. B* **78** (2000) 243-273.

(5) L. Rédei, "Ein kombinatorischer Satz". *Acta Litt. Szeged* **7** (1934) 39-43.

## 第 10 章

(1) V. Chvátal, "A combinatorial theorem in plane geometry". *J. Combin. Theory Ser. B* **18** (1975) 39-41.

(2) L. Euler "Elementa doctrinae solidorum". *Novi Comment. Acad. Sci. Imp. Petropol.* **4** (1752-1753) 109-140.

(3) L. Euler, "Demonstratio nonnullarum insignium proprietatum quibas solida hedris planis inclusa sunt praedita". *Novi Comment. Acad. Sci. Imp. Petropol.* **4** (1752-1753) 140-160.

(4) I. Fáry, "On straight line representation of planar graphs". *Acta Univ. Szeged Sect. Sci. Math.* **11** (1948) 229-233.

(5) O. Frink and P. A. Smith, "Irreducible non-planar graphs". *Bull. Amer. Math. Soc.* **36** (1930) 214.

(6) K. Kuratowski, "Sur le problème des courbes gauches en topologie". *Fund. Math.* **15** (1930) 271-283.

(7) A.-M. Legendre, *Elements de géométrie.* F. Didot, Paris (1794).

(8) N. Robertson and P. Seymour, "Graph minors. XX. Wagner's conjecture". *J. Combin. Theory Ser. B* **92** (2004) 325-357.

(9) S. K. Stein, "Convex maps". *Proc. Amer. Math. Soc.* **2** (1951) 464-466.

(10) P. Turán, "A note of welcome". *J. Graph Theory* **1** (1977) 7-9.

(11) K. Wagner, "Bemerkungen zum Vierfarbenproblem". *Jahresber. Dtsch. Math.-Ver.* **46** (1936) 26-32.

(12) K. Zarankiewicz, "On a problem of P. Turán concerning graphs". *Fund. Math.* **41** (1954) 137-145.

## 第11章

(1) K. Appel and W. Haken, "Every planar map is four colorable". *Bull. Amer. Math. Soc.* **82** (1976) 711-712.

(2) P. J. Heawood, "Map colour theorems". *Quart. J. Math.* **24** (1890) 332-338.

(3) P. J. Heawood, "On the four-colour map theorem". *Quart. J. Pure Appl. Math.* **29** (1898) 270-285.

(4) A. B. Kempe, "On the geographic problem of the four colours". *Amer. J. Math.* **2** (1879) 193-200.

(5) R. Wilson, *Four Colors Suffice: How the Map Problem Was Solaed*, rev. ed. Princeton University Press, Princeton, NJ (2013).〔『四色問題』茂木健一郎訳、新潮文庫 (2013)、旧版による〕

## 第12章

(1) R. L. Adler, L. W. Goodwyn and B. Weiss, "Equivalence of topological Markov shifts". *Israel J. Math* **27** (1977) 48-63.

(2) R. L. Adler and B. Weiss, "Similarity of automorphisms of the torus". *Mem. Amer. Math. Soc.* No. 98. American Mathematical Society, Providence, RI (1970).

(3) V. Chvátal, "Tree-complete graph Ramsey numbers". *J. Graph Theory* **1** (1977) 93.

(4) G. Gutin and B. Toft, "Interview with Vadim G. Vizing". *Neusl. Europ. Math. Soc.* **38**

(2000) 22-23.

(5) A. N. Trahtman, "The road coloring and Černy conjecture". *Israel J. Math.* **172** (2009) 51-60.

(6) V. G. Vizing, "On an estimate of the chromatic class of a *p*-graph". [In Russian]. *Diskret. Analiz.* **3** (1964) 25-30.

エピローグ

(1) B. Descartes, "The expanding unicurse". *Proof Techniques in Graph Theory* (F. Harary ed.). Academic Press, New York (1969) 25.

# 索引

## 人名索引

### あ行

アヴェ、フレデリック 228
アドラー、ロイ・L 322
アップルゲート、デーヴィッド 165
アッペル、ケネス 285
アッ=ルーミー、アル=アドリ 153
アームブラスター、フランツ 207
アルスパッチ、ブライアン 198-9
ヴァーグナー、クラウス 261, 264, 266-7
ヴィジング、ヴァディム 298-9, 301
ヴェブレン、オズワルド 200-1
ウェルズ、デーヴィッド 39-40, 42
ウラム、スタニスワフ 63-5
ウールハウス、ウェザリー 192
エーラー、カール 125-7
エルデシュ、ポール 9, 91-3, 104
オア、オイステイン 85, 159-60, 242
オイラー、レオンハルト 10, 41-2, 48, 124-43, 152-3, 155, 200-1, 244-6, 248-9, 252, 270, 326, 347-8, 350-2, 370, 376

### か行

ガウス、カール・フリードリヒ 41, 128
カークマン、トマス・ペニントン 11, 148, 191-2, 195-8
ガスリー、フランシス 271-2, 274, 285
ガスリー、フレデリック 271, 274
カミオン、ポール 230
キャロル、ルイス 93, 280
キューン、ハインリヒ 126
グアーレ、ジョン 92
クアン、メイクー（クヮン・メイコー）〔管梅谷〕 138
クック、ウィリアム 165
グドウィン、L・ウェイン 322
クラスカル、ジョゼフ・バーナード 117-21
クラトウスキー、カツィミエルツ 63, 251, 255, 264, 266
クーラント、リヒャルト 219-20
グリュンバウム、ブランコ 228
ケイリー、アーサー 104, 106, 108, 110, 275-6
ケーニヒ、デーネシュ 59, 169-70
ケリー、ポール・J 64-5
ケンプ、アルフレッド・ブレイ 158, 276-84, 376
コケイン、アーネスト 85
コツィヒ、アントン 203
ゴールドバッハ、クリスチャン 153, 245, 270
ゴールドマン、アラン 138
ゴロム、ソロモン 201

### さ行

サンダース、ダニエル 285
ジェイクス、ジョン 149, 151
ジーコフ、アレクサンドル 298
シュタイナー、ヤーコプ 193-7, 362
ショッソー、フレデリック 206
シルヴェスター、ジェームズ・ジョゼフ 131
スタイン、シャーマン 261
スートナー、クラウス 90-1
スレイター、ピーター 83

セイマー、ポール 267, 285
ソンドハイム、スティーヴン 13

た行
タット、ウィリアム 94, 174-6
テイト、ピーター・ガスリー 295
ディラック、ガブリエル・アンドリュー 155-6, 158-60, 163, 283
デカルト、ブランシュ 96
デュードニー、ヘンリー・アーネスト 241-2
テンプル、フレデリック 280
ド・イェニシュ、カール・フリードリヒ 83
トゥラーン、ポール 257-8
ドジソン、チャールズ・ラトウィッジ 93, 279
トーマス、ロビン 285
トマセ、ステファン 228
ド・モルガン、オーガスタス 271-5
トラフトマン、アヴラハム 323

は行
ハーケン、ヴォルフガング 285
ハミルトン、ウィリアム・ローワン 10, 145-51, 153-64, 181-3, 187-9, 197-8, 204, 225-6, 230, 272-4, 353, 356-7, 360-1, 366
ヒーウッド、パーシー・ジョン 280
ビクスビー、ロバート 165
ピーターセン、ユリウス 34, 54-5, 177, 183, 185, 187, 266, 300, 303, 360, 370
ヒールホルツァー、カール 136
ファーリ、イシュトヴァーン 261
フヴァータル、ヴァシェク 165, 261, 311
ブライアント、ダリン 199

プリューファー、ハインツ 110-2, 343
ブルックス、ローランド・レナード 94, 289
ペック、G・W 93-4
ベーコン、ケヴィン 92
ペターソン、ウィリアム 199
ヘデトニーミ、スティーヴン 85-6
ベルジュ、クロード 85
ホースリー、ダニエル 199
ホール、フィリップ 169-73, 358
ボルーヴカ、オタカル 117
ポントリヤーギン、レフ・セメノヴィチ 255

ら行
ライス、M 195-6
ライプニッツ、ゴットフリート 127-9
ラムゼー、フランク・プランプトン〔ラムジーとも〕 12, 303-5, 307-9, 311, 313, 380
リンゲル、ゲアハルト 203
ルジャンドル、アドリアン゠マリ 246
レーデイ、ラースロー 225-6
ローザ、アレクサンダー 201, 203
ロバートソン、ニール 267, 285
ロビンズ、ハーバート・エリス 218-25

わ行
ワイス、ベンジャミン 322
ワレッキー 188, 198

**事項索引**

あ行
1-2-3 問題 50

1-因子分解予想　186
握手のレンマ　38, 327
アルスパッチの予想　199
イコシアン（ゲーム）　10, 147-9, 151
位置決め集合　81, 83
位置決定数　83, 339
一様出次数　320-1, 323-4, 381
五つのクイーン（パズル）　53-4
インスタント・インサニティ（パズル）
　11, 205-9, 211-2, 214, 363-4
ヴァーグナーの定理　264, 266-7
ヴィジングの定理　298-9, 301
ヴェブレンの定理　201
エルデシュ数　9, 91-2
エンペラー（皇帝）　233
オイラー回路　132-4, 136, 140, 142, 348
オイラーグラフ　131, 133, 136, 139-42,
　155, 200-1, 376
オイラー小道　132-6, 347-8, 350
オイラーの多面体公式　245-6, 326, 370
オイラーの等式　244, 248-9, 252, 370
重み付きグラフ　48-52, 117, 120, 142-3

## か行

カークマンの女生徒の問題　11, 197
完全グラフ　10, 16, 19-20, 33, 37, 55-6, 156,
　183-4, 188, 193-4, 198, 201-4, 225, 232,
　243, 251, 259-60, 287, 298, 304-5, 307, 311-
　2, 362-3, 373, 381
完全マッチング　174-6, 178-9, 199-200
求職問題　21
球面埋め込み　262
協力グラフ　91-2
強連結の向きづけ　222, 224, 365
強連結有向グラフ　321, 381

極端をとる論法　98, 156
キングチキン定理　232
禁止マイナー　267-8, 373
空グラフ　36, 58, 287
クラス1（のグラフ）　299-300, 379
クラスカル法　117-21
クラス2（のグラフ）　299-300, 303, 379
クラトウスキーの定理　251, 255, 264, 266
グラフマイナー定理　267
グラフ理論の第一定理　9, 36-7, 99-100,
　232, 250, 327
クレブシュグラフ　312
木の公式、ケイリーの　106, 108, 110
結婚定理　173-4
決定木　113-6, 344
ケーニヒスベルクの橋問題　23-4, 124-5,
　128, 131, 133, 145, 244
ケンプ鎖　278-9, 282, 376
五色定理　281
古典的ラムゼー数　307-9, 311
5人の王子の問題　16-8, 25, 280, 371

## さ行

サイクリック分解　203-5, 362
再構成可能（グラフ）　65-6, 335
再構成問題　65
最小次数　37, 59
最小全域木　96, 116-21, 345-6
最大次数　37, 59, 100, 288, 296, 298
最大マッチング　174
最適彩色　286, 290, 292, 297
最適Δ-彩色　321
最適辺彩色　296-7, 299, 300, 303
細分割　254, 256, 264-6, 370

索引　403

3 軒の家と 3 種の公共設備の問題　17-8, 57, 241-3, 251-2, 262, 325, 370
3 人の知り合いか 3 人の初対面どうしかの問題　19-20, 307
自動機械, 有限状態　316-8, 323
周期的有向グラフ　320, 323
十二面体　10, 27, 147-51, 244-5, 247, 353
シュタイナー三重系　193-7
出次数　232-4, 316
出正則　320
巡回セールスマン問題　161-2, 164-5
上下関係（つつき順）　231-2
真部分グラフ　58-72
ステレオ投影　262-3
正則グラフ　9, 52-6, 58-61, 78, 80, 179-80, 182-3, 185-8, 300, 312, 334-5, 360-1, 376-80
世界一周問題　27-8
世界一周旅行（ゲーム）　150
切断点　72-4, 158-60, 336
全域木　116, 119, 121, 345
全域部分グラフ　58, 60-1, 179, 186, 211
遷移的トーナメント　229, 235
選好投票方式　238
総当たり戦　225, 367
補ラベル付け　202

**た行**

台グラフ　50
タットの定理　176
旅人の十二面体（パズル）　149
多面体　25-7, 41, 147-8, 244-7, 326, 356-7, 370
単純グラフ　80, 134
単色グラフ　313

炭素木　106
端点　36-7, 50-2, 60, 98
中国人郵便配達問題　10, 137-42, 376
頂点彩色　286, 290, 296, 376
頂点削除部分グラフ　58, 64-7, 73
頂点集合　32, 34-6, 44, 56, 58, 73, 78-9, 84-5, 193, 204, 212, 309, 312, 315, 331, 338, 366
超立方体　56
直線交差数　260
直線分描画　260
通路グラフ　107-8
同期系列　321, 323-4, 381-2
同型グラフ　61-3, 67
トーナメント　11, 33, 225-39, 302, 366-9
トーラス　262-4, 267-8, 373
貪欲法　95, 118

**な行**

ナイトグラフ　153
ナイトツアー（騎士遍歴, パズル）　28, 152-3, 327, 355
二十面体　147, 244-5, 247, 353
二部グラフ　78-80, 167, 170-4, 179, 251, 257, 287-8, 310, 338-9
二分木　113
入次数　316
入力列　317-9

**は行**

鳩の巣原理　305-6, 312
ハミルトングラフ　148, 151, 153, 155-6, 158-61, 181-3, 232, 356-7, 360
ハミルトン分解可能　187-9, 198, 360

ハミルトン閉路　148, 150-1, 154-5, 157-8, 160, 162-4, 181, 187-9, 198, 204, 353, 361
反方向路　228, 366
非周期有向グラフ　323-4, 381-2
美術館監視問題　261, 372
非正則グラフ　42-3, 45-6, 48
非正則マルチグラフ　48-9, 51
ピーターセングラフ　54-5, 179-83, 185, 266, 301, 303, 360
ピーターセンの定理　178-9, 182
非平面グラフ　258
非連結グラフ　71-2, 74, 224
ファーリの定理　261
部分グラフ　57-60, 64-7, 71-3, 116-7, 134, 168, 179, 186, 196, 211, 246, 252-4, 256, 259, 264, 266, 287, 306-10, 361, 379
プラトン立体　244-7
プリューファーコード　110-2, 343
ブルックスの定理　289
平均距離　77-8, 337
平面埋め込み　246, 262, 370
平面グラフ　247, 258, 262, 295
別個代表系　168-70, 358-9
ベーコン数　92
$\beta$ 付値　201
辺彩色　12, 295-7, 299-300, 302-3, 307, 313-4
辺集合　34-5, 179, 215
箒グラフ　108
補グラフ　44-6, 52, 55, 346, 371
星グラフ　107-8
ホールの定理　169-75, 358

ま行

マッチング　22, 168-71, 173-6, 178-9, 199-200, 296-7, 300, 378
マルチグラフ　24, 48-51, 69, 131-4, 136, 139-42
道色分け定理　12, 323
道色分け問題　314, 323

や行

有向グラフ（ダイグラフ）　11, 223-5, 230-2, 316-24, 381-2
有向ループ　315-6
誘導部分グラフ　58-60, 334-5
優美な木予想　203
四色定理　41, 281-2, 285, 287, 375
四色問題　11, 24-5, 63, 271, 273-6, 279-80, 283-6, 295
四色予想　271-2, 276-7, 279-80, 282, 285

ら行

ライツアウト（パズル）　87, 90
ラベル付きグラフ　36, 65
ラベルなしグラフ　36, 65
ラムゼー数　12, 303-4, 307-9, 311, 313, 380
ラムゼーの定理　304-5, 307, 311
離心性　76-7
離心頂点　78, 337
ループ　209, 211, 315, 316, 335, 359
レインボー（虹、グラフ）　313
煉瓦工場問題　11, 257-8
連結グラフ　70-6, 78, 80, 83, 90-1, 96-9, 116-9, 132-4, 138-43, 156, 200, 224, 232, 243, 248-9, 251, 258, 289, 336-8, 341-2, 347, 350-1, 365, 373
ロビンズの定理　223-4

THE FASCINATING WORLD OF GRAPH THEORY
by Arthur Benjamin, Gary Chartrand & Ping Zhang

Copyright © 2015 by Princeton University Press
Japanese translation published by arrangement with Princeton University Press through The English Agency (Japan) Ltd.
All rights reserved.
No part of this book may be reproduced or transmitted in any form or by any means, electronic or mechanical, including photocopying, recording or by any information storage and retrieval system, without permission in writing from the Publisher

## グラフ理論の魅惑の世界
巡回セールスマン問題、四色問題、中国人郵便配達問題…

2015年7月24日　第1刷印刷
2015年8月10日　第1刷発行

著者　アーサー・ベンジャミン＋ゲアリー・チャートランド＋
　　　ピン・チャン
訳者　松浦俊輔

発行者　清水一人
発行所　青土社
　　　　東京都千代田区神田神保町1-29　市瀬ビル　〒101-0051
　　　　電話　03-3291-9831（編集）　03-3294-7829（営業）
　　　　振替　00190-7-192955

印刷所　双文社印刷（本文）
　　　　方英社（カバー、表紙、扉）
製本所　小泉製本

装幀　　松田行正

ISBN978-4-7917-6873-8　Printed in Japan